3ds Max 与 SketchUp
协同建模和室内效果图表现

郭 剑 编著

机械工业出版社
CHINA MACHINE PRESS

本书以拓展单体模型建模思路，提升室内效果图制作效率为学习目的。本书涵盖完整的效果图制作流程内容：CAD施工图整理、3ds Max和SketchUp三维模型协同创建及Photoshop效果图后期处理。书中软件操作思路来自于多年课程教学和项目实践的积累及总结，章节的安排适合教学应用，符合高等院校环境设计专业的课程大纲要求。同时，模型创建过程有文字思路和场景模型两种记录方式，可以对照自学。每个章节都安排有任务点并配有对应的源文件资料，适合高等院校环境设计、建筑学专业的学生及相关行业从业者进行三维模型创建和室内效果图表现的系统学习。

图书在版编目（CIP）数据

3ds Max 与 SketchUp协同建模和室内效果图表现 /郭剑编著. —北京：机械工业出版社，2022.1
ISBN 978-7-111-69900-2

Ⅰ.①3… Ⅱ.①郭… Ⅲ.①三维动画软件—高等学校—教材②建筑设计—计算机辅助设计—应用软件—高等学校—教材 Ⅳ.①TP391.41②TU201.4

中国版本图书馆CIP数据核字（2021）第261045号

机械工业出版社（北京市百万庄大街22号 邮政编码100037）
策划编辑：宋晓磊 责任编辑：宋晓磊
责任校对：史静怡 张 薇 封面设计：鞠 杨
责任印制：李 昂
北京联兴盛业印刷股份有限公司印刷
2022年2月第1版第1次印刷
210mm×285mm·16印张·492千字
标准书号：ISBN 978-7-111-69900-2
定价：79.00元

电话服务 网络服务
客服电话：010-88361066 机 工 官 网：www.cmpbook.com
010-88379833 机 工 官 博：weibo.com/cmp1952
010-68326294 金 书 网：www.golden-book.com
封底无防伪标均为盗版 机工教育服务网：www.cmpedu.com

前　言

3ds Max软件建模命令和渲染技巧是本书的重点内容，对SketchUp软件的讲解主要集中在建模阶段和与3ds Max的比较。

3ds Max和SketchUp两种建模软件在学习内容上同步进行，在空间场景中协同建模是本书内容安排的特点。建模内容从基本体模型到室内家具，再到家居空间场景的创建，逐步深入。内容安排上，前期通过两种软件比较学习拓展建模思路，中期结合CAD、天正建筑和Photoshop辅助进行空间场景建模，并在效果图渲染过程中将两者结合起来。最后从真实性和设计感两个角度提出了材质贴图、灯光层次和摄像机角度三个方面的效果图评价标准。

第1章主要学习开机、视口操作以及基本操作命令，以期养成良好的软件操作习惯。同时利用模型原型BOX（盒子）的创建，阶段性提升到积木和家具基本体创建，横向比较 3ds Max和SketchUp创建形体的基本逻辑的差异和共同点，以先学认知经验带动新软件命令的学习。

第2章是建模命令主导的案例学习内容，将3ds Max常用的建模和编辑修改命令划分为三大模块，同时与SketchUp进行同步操作，以期能够掌握两种建模工具软件，达到以下目的：在比较中深刻体会建模逻辑，养成良好的建模思路；掌握一种造型的多种命令实现方式，提高建模效率，以及独立解决问题的能力。常见材质的讲解与大多数同类书中的材质球讲解有所不同，以材质单一属性作为分类方法，列举常见的七种材质属性类型，通过控制影响渲染速度的单一属性调节，精简模型面数，优化渲染环境，提升出图效率。

第3章通过 3ds Max和SketchUp两种软件同步创建家具及建筑空间模型的操作，比较各自优势。了解两种建模软件的特点和优势，为建模过程中进行软件选择以及适当的结合打下基础，并达到能够独立创建模型的训练目的。

第4章室内场景的创建是从二维图样到三维空间的过程，从模型创建过程的角度就是从墙体门窗的基础场景创建到三大界面设计，再到室内八大软装元素的引入。本章从CAD图样整理开始，培养预建模先读图的习惯，同时要学会施工图的整理，为空间创建打下良好的基础。除此之外，结合SketchUp、天正建筑及Photoshop主流软件尝试性地进行空间场景创建，开拓传统CAD导入描图挤出的思路，结合当下比较常用的辅助插件进行同案例比较，掌握更多的建模技巧。

第5章是有关材质、灯光、摄像机三者配合渲染出效果图的内容，以往初学者只是将材质属性参数调高，结果无限延长了渲染时间。本章从设计角度理解真实灯光体系与场景布置，将直接照明与间接照明灯光类型分六步进行灯光生成，体现室内灯光的比例和层次性，可操作性强，初学者往往容易接受。另外，对于渲染的参数与渲染过程的解读，能够帮助理解不同渲染阶段的参数作用，找到适合自身场景的参数调整方法，同时结合可能存在的问题的解决方案，提高效果图独立制作成功的概率。最后通过基本的效果图处理和素材的添加，完善效果图以期能够实现表达空间和界面的构成关系、使用功能等方面的初衷。

初学者在三维建模软件的操作过程中会遇到各种问题，而第6章的内容就来源于教学中学生大概率出错案例的汇总，按照模型管理、贴图、灯光和构图的过程进行分类。重点是结合效果图评价标准进行的课堂案例点评及调整方案，可降低初学者自身试错的时间成本，积累解决同类问题的思路经验。

软件学习过程中要注重操作习惯和建模思路的养成，传统的案例教学很难养成这种思路，本书案例是专门根据一种命令的练习设置的，能够让初学者先熟练掌握单一命令后再进行多命令组合的综合练习，以逐步形成自己的建模思路。案例建模采用3ds Max2020和SketchUp2020，2014版本可打开前4章建模案例进行学习，第5章场景需3ds Max2020加载Vray5.0进行练习。

　　扫描封底二维码可获取章节录屏视频及相关配套资料素材。配套资源中部分素材可关注微信公众号：3D SU协同建模与室内效果图表现，以后台留言方式获取。本书部分章节开设学习通网络示范课程（学习通APP课程邀请码：80025682），本书适合作为高等院校环境设计、建筑学相关专业教学用书，也可以作为室内设计爱好者的自学用书，同时推荐作为3ds Max与SketchUp培训班的培训教材。

编　者

特色章节链接

一、建模基本流程练习

1. 建模基本命令

1）开机四步设置：保存、单位调整、修改器按钮设置、渲染器设置（参照第1.2节）。

2）视口命令与基本操作命令，视口切换创建模型（参照第1.3节和第1.4节）。

3）相同构件的实例复制和编组（参照第1.4节）。

2. 材质灯光摄像机

1）Vray材质7种属性设置方法（参照第2.6.2小节）。

2）SketchUp空间场景创建和基础材质（参照第4.3.1小节）。

3）灯光六步生成流程，从局部照明到普遍照明（参照第5.1.2小节和第5.1.3小节）。

4）摄像机常见构图与摄像机设置（参照第5.2节）。

3. 渲染输出和后期处理

1）渲染细分调整和Vray渲染参数设置（参照第5.3节）。

2）通道图渲染和二次处理（参照第5.4.1小节）。

3）后期素材的添加流程（参照第5.4.2小节）。

4）日景和夜景效果图的处理（参照第5.4.4小节和第5.4.5小节）。

二、建模思路的拓展练习

1）同一造型特征的多种命令创建（参照第2.4节）。

2）同一模型的多种命令创建（参照第2.5.3小节）。

3）CAD施工图的整理思路（参照第4.1.2小节）。

4）空间场景7种创建思路（参照第4.2节）。

5）SketchUp导入 3ds Max场景后的材质替换思路（参照第4.3节）。

6）摄像机5种构图思路（参照第5.2.2小节）。

7）效果图5种快速渲染出图思路（参照第5.3.2小节）。

8）材质通道的二次调整与后期素材的添加思路（参照第5.4节）。

三、效果图制作常见问题专项训练

1）场景面数：导入模型的面数优化和材质贴图调整；Vray网格代理和利用插件进行代理及减面（参照第2.6.6小节）。

2）渲染速度：材质、灯光和采样细分调整（参照第5.3节）。

3）模型管理方法场景练习（参照第6.2.1小节）。

4）场景贴图调整场景练习（参照第6.2.2小节）。

5）场景灯光层次调整场景练习（参照第6.2.3小节）。

6）场景摄像机构图调整场景练习（参照第6.2.4小节）。

目　录

前　言

特色章节链接

第1章　基本界面与操作命令 …………………………………………………………… 1

1.1　界面介绍 ……………………………………………………………………… 1

1.2　开机设置 ……………………………………………………………………… 5

1.3　视口命令与基本操作命令 …………………………………………………… 8

1.4　基础原型BOX的创建、"复制三法"和"选择八法" ………………………… 14

1.5　基本模型创建及提升练习 …………………………………………………… 19

1.5.1　积木搭建练习 …………………………………………………………… 19

1.5.2　基本体家具创建练习 …………………………………………………… 26

1.5.3　基本空间体搭建练习 …………………………………………………… 31

本章小结 ……………………………………………………………………………… 38

第2章　多边形命令案例与材质创建 …………………………………………………… 39

2.1　多边形建模命令 ……………………………………………………………… 39

2.1.1　多边形编辑常用命令 …………………………………………………… 39

2.1.2　3ds Max多边形编辑命令与SketchUp命令比较 …………………… 46

2.1.3　多边形编辑命令专题案例 ……………………………………………… 47

2.2　样条线编辑命令与CAD命令 ……………………………………………… 56

2.2.1　样条线编辑命令 ………………………………………………………… 56

2.2.2　样条线编辑命令与CAD命令比较 …………………………………… 57

2.2.3　样条线编辑命令与SketchUp命令比较 ……………………………… 59

2.2.4　样条线编辑命令专题案例 ……………………………………………… 59

2.3　样条线转多边形建模命令 …………………………………………………… 60

2.3.1　渲染可见与修改器扫描命令比较 ……………………………………… 62

2.3.2　修改器挤出与多边形编辑面挤出及修改器壳命令的比较 …………… 64

2.3.3　修改器晶格命令与多边形面编辑（挤出和壳）的比较 ……………… 67

2.3.4　修改器车削与弯曲命令的比较 ………………………………………… 70

2.3.5　复合对象放样、修改器倒角剖面与修改器扫描命令的比较 ………… 75

2.3.6　复合对象图形合并与布尔运算的比较 ………………………………… 76

2.3.7　横截面、曲面与放样命令的比较 ……………………………………… 79

2.4　三大命令建模综合归纳 ……………………………………………………… 80

2.4.1　线框架效果：渲染可见、晶格、面编辑（挤出和壳）三法 ………… 80

2.4.2　延伸成体：放样、倒角剖面、扫描三法 ……………………………… 87

2.4.3　实现圆角效果的四种命令 ……………………………………………… 90

2.4.4　片成体效果的三种命令 ·· 92

2.4.5　单双面封口方式比较 ·· 94

2.4.6　实现镂空效果的方法 ·· 95

2.4.7　布尔效果：布尔和超级布尔二法 ··· 97

2.4.8　实现弯曲效果的方法 ·· 99

2.4.9　实现阵列效果的方法 ·· 101

2.5　建模思路的养成及表现形式 ·· 103

2.5.1　建模思路的三种类型 ·· 103

2.5.2　单一模型建模思路的两种形式 ··· 104

2.5.3　建模思路案例实训 ·· 105

2.6　材质的创建与导入 ··· 108

2.6.1　基本物理属性 ·· 108

2.6.2　七种常见类型材质的应用技巧 ··· 112

2.6.3　UVW展开贴图与贴图纹理映射二法 ···································· 124

2.6.4　材质插件与材质库的导入 ·· 130

2.6.5　家具组合场景的材质赋予训练 ··· 132

2.6.6　模型代理减面方法 ·· 138

2.6.7　模型贴图归档 ·· 140

本章小结 ··· 141

第3章　软件建模比较与模型互导过程 ·· 142

3.1　3ds Max和SketchUp两个软件建模方式的比较 ································ 142

3.1.1　多边形编辑三大命令差异 ·· 142

3.1.2　多边形修改器效果差异 ·· 145

3.1.3　模型管理差异 ·· 148

3.2　软件之间模型互导技巧 ··· 151

3.2.1　SketchUp模型导入3ds Max场景 ··· 151

3.2.2　3ds Max模型导入 SketchUp场景 ·· 154

3.3　SketchUp场景中的模型导入3ds Max时的材质替换过程 ··············· 155

3.4　下载模型导入3ds Max ·· 157

3.4.1　下载模型的格式 ··· 157

3.4.2　下载模型后进行的基本调整 ··· 157

3.4.3　下载模型的导入方式 ·· 158

本章小结 ··· 160

第4章　施工图整理到空间场景模型创建 ··· 161

4.1　建模思路与CAD图样整理 ·· 161

4.1.1　场景分析与单体建模的思路 ··· 161

4.1.2　CAD图样的整理过程 ··· 162

4.2　空间场景创建方法比较 ··· 169

4.2.1　SketchUp场景创建和建筑插件 ·· 169

4.2.2　3ds Max场景创建 ·· 172

4.2.3　用天正建筑绘制模型和三维输出 ·· 177

4.2.4 利用.jpg格式图片建模的技巧 ⋯⋯⋯⋯⋯⋯⋯⋯⋯⋯⋯⋯⋯⋯⋯⋯⋯⋯⋯180

4.2.5 顶棚、地面造型的建模补充 ⋯⋯⋯⋯⋯⋯⋯⋯⋯⋯⋯⋯⋯⋯⋯⋯⋯⋯⋯181

4.3 建模过程中软件的结合运用 ⋯⋯⋯⋯⋯⋯⋯⋯⋯⋯⋯⋯⋯⋯⋯⋯⋯⋯⋯⋯⋯182

4.3.1 利用SketchUp完成墙体界面框架及固定家具建模 ⋯⋯⋯⋯⋯⋯⋯⋯183

4.3.2 利用3ds Max完成室内软装素材导入及渲染 ⋯⋯⋯⋯⋯⋯⋯⋯⋯⋯⋯184

本章小结 ⋯⋯⋯⋯⋯⋯⋯⋯⋯⋯⋯⋯⋯⋯⋯⋯⋯⋯⋯⋯⋯⋯⋯⋯⋯⋯⋯⋯⋯⋯⋯184

第5章 3ds Max灯光摄像机布置与渲染输出 ⋯⋯⋯⋯⋯⋯⋯⋯⋯⋯⋯⋯⋯⋯⋯185

5.1 室内灯光类型及其空间布置 ⋯⋯⋯⋯⋯⋯⋯⋯⋯⋯⋯⋯⋯⋯⋯⋯⋯⋯⋯⋯⋯185

5.1.1 灯光原理 ⋯⋯⋯⋯⋯⋯⋯⋯⋯⋯⋯⋯⋯⋯⋯⋯⋯⋯⋯⋯⋯⋯⋯⋯⋯⋯⋯185

5.1.2 室内灯光的分类创建 ⋯⋯⋯⋯⋯⋯⋯⋯⋯⋯⋯⋯⋯⋯⋯⋯⋯⋯⋯⋯⋯187

5.1.3 六种室内灯光的生成流程 ⋯⋯⋯⋯⋯⋯⋯⋯⋯⋯⋯⋯⋯⋯⋯⋯⋯⋯⋯193

5.1.4 场景灯光布置练习 ⋯⋯⋯⋯⋯⋯⋯⋯⋯⋯⋯⋯⋯⋯⋯⋯⋯⋯⋯⋯⋯⋯196

5.2 构图形式与摄像机布置 ⋯⋯⋯⋯⋯⋯⋯⋯⋯⋯⋯⋯⋯⋯⋯⋯⋯⋯⋯⋯⋯⋯⋯200

5.2.1 居住空间室内场景构图形式 ⋯⋯⋯⋯⋯⋯⋯⋯⋯⋯⋯⋯⋯⋯⋯⋯⋯200

5.2.2 室内摄像机的布置 ⋯⋯⋯⋯⋯⋯⋯⋯⋯⋯⋯⋯⋯⋯⋯⋯⋯⋯⋯⋯⋯207

5.3 渲染细分调整与渲染提速方法 ⋯⋯⋯⋯⋯⋯⋯⋯⋯⋯⋯⋯⋯⋯⋯⋯⋯⋯⋯210

5.3.1 渲染细分调整 ⋯⋯⋯⋯⋯⋯⋯⋯⋯⋯⋯⋯⋯⋯⋯⋯⋯⋯⋯⋯⋯⋯⋯210

5.3.2 Vray渲染参数设置及出图方法 ⋯⋯⋯⋯⋯⋯⋯⋯⋯⋯⋯⋯⋯⋯⋯⋯211

5.3.3 渲染提速的方法 ⋯⋯⋯⋯⋯⋯⋯⋯⋯⋯⋯⋯⋯⋯⋯⋯⋯⋯⋯⋯⋯⋯217

5.3.4 渲染过程中常见问题的解决 ⋯⋯⋯⋯⋯⋯⋯⋯⋯⋯⋯⋯⋯⋯⋯⋯⋯218

5.4 材质通道与Photoshop后期处理 ⋯⋯⋯⋯⋯⋯⋯⋯⋯⋯⋯⋯⋯⋯⋯⋯⋯⋯⋯221

5.4.1 通道图的调整与输出 ⋯⋯⋯⋯⋯⋯⋯⋯⋯⋯⋯⋯⋯⋯⋯⋯⋯⋯⋯⋯221

5.4.2 Photoshop后期处理的基本流程 ⋯⋯⋯⋯⋯⋯⋯⋯⋯⋯⋯⋯⋯⋯⋯222

5.4.3 效果图后期处理的重点 ⋯⋯⋯⋯⋯⋯⋯⋯⋯⋯⋯⋯⋯⋯⋯⋯⋯⋯⋯224

5.4.4 自然光源室内效果后期处理 ⋯⋯⋯⋯⋯⋯⋯⋯⋯⋯⋯⋯⋯⋯⋯⋯⋯227

5.4.5 夜景光源室内效果后期处理 ⋯⋯⋯⋯⋯⋯⋯⋯⋯⋯⋯⋯⋯⋯⋯⋯⋯231

本章小结 ⋯⋯⋯⋯⋯⋯⋯⋯⋯⋯⋯⋯⋯⋯⋯⋯⋯⋯⋯⋯⋯⋯⋯⋯⋯⋯⋯⋯⋯⋯⋯234

第6章 效果图评价标准及案例问题汇总 ⋯⋯⋯⋯⋯⋯⋯⋯⋯⋯⋯⋯⋯⋯⋯⋯⋯235

6.1 室内效果图评价标准 ⋯⋯⋯⋯⋯⋯⋯⋯⋯⋯⋯⋯⋯⋯⋯⋯⋯⋯⋯⋯⋯⋯⋯⋯235

6.1.1 要点一：材质贴图的协调性 ⋯⋯⋯⋯⋯⋯⋯⋯⋯⋯⋯⋯⋯⋯⋯⋯⋯235

6.1.2 要点二：灯光的层次性 ⋯⋯⋯⋯⋯⋯⋯⋯⋯⋯⋯⋯⋯⋯⋯⋯⋯⋯⋯237

6.1.3 要点三：摄像机构图方式 ⋯⋯⋯⋯⋯⋯⋯⋯⋯⋯⋯⋯⋯⋯⋯⋯⋯⋯238

6.2 案例问题汇总及其解决方案 ⋯⋯⋯⋯⋯⋯⋯⋯⋯⋯⋯⋯⋯⋯⋯⋯⋯⋯⋯⋯⋯239

6.2.1 案例问题一：场景模型管理混乱 ⋯⋯⋯⋯⋯⋯⋯⋯⋯⋯⋯⋯⋯⋯239

6.2.2 案例问题二：场景贴图繁杂混乱 ⋯⋯⋯⋯⋯⋯⋯⋯⋯⋯⋯⋯⋯⋯241

6.2.3 案例问题三：场景灯光没有层次 ⋯⋯⋯⋯⋯⋯⋯⋯⋯⋯⋯⋯⋯⋯243

6.2.4 案例问题四：场景构图呈现不完整 ⋯⋯⋯⋯⋯⋯⋯⋯⋯⋯⋯⋯⋯246

本章小结 ⋯⋯⋯⋯⋯⋯⋯⋯⋯⋯⋯⋯⋯⋯⋯⋯⋯⋯⋯⋯⋯⋯⋯⋯⋯⋯⋯⋯⋯⋯⋯247

后记 ⋯⋯⋯⋯⋯⋯⋯⋯⋯⋯⋯⋯⋯⋯⋯⋯⋯⋯⋯⋯⋯⋯⋯⋯⋯⋯⋯⋯⋯⋯⋯⋯⋯248

第1章　基本界面与操作命令

本章综述：本章主要学习3ds Max和SketchUp两种基础建模软件在界面、开机基础绘图环境设置、视口及基本操作命令方面的比较，并从基础形BOX到积木、家具、建筑，逐级加深难度，在这个过程中逐步了解三维建模的成形逻辑，养成良好的操作习惯。

1.1　界面介绍

1. 3ds Max 常用菜单栏介绍

如图1-1所示，3ds Max菜单栏可分为8个功能模块，与室内效果图制作相关联的命令面板功能介绍如下：

（1）标题栏　文件储存后的名称将显示在文件标题处，建议准确命名文件，如可带有项目名称或时间节点关键词，以便后期搜索查找。

（2）菜单栏　主要功能导航区，常用菜单栏有"文件""工具""组""渲染""自定义"和"脚本"。

1）"文件"：即之前版本的"储存栏"。3ds Max2014版本的"界面图标"集成了"文件"菜单的功能，3ds Max2020版本将其放置到"主菜单栏"，主要用于文件的打开、存储、打印、输入和输出，为其他三维存档格式。为方便管理，建议将文件储存到单独的文件夹中，与场景的材质放置到一起。软件在使用过程中可能会因为面数过多或模型出错而经常崩溃，需要及时保存。保存的同时，在关键操作命令步骤前将文件另存一份，防止文件崩溃时无法恢复。（文件的保存、模型的导出导入以及文件归档功能将在第1.2节"开机设置"中着重讲解）。

2）"工具"：包括常用的各种制作工具。（阵列和间隔工具将在第1.3节"视口命令与基本操作命令"中着重讲解）。

3）"组"：用于将多个物体创建为一个组，或分解一个组为多个物体。（成组功能将在第2.1.2小节"3ds Max多边形编辑命令与SketchUp命令比较"中着重讲解。）

4）"渲染"：包含设置场景灯光渲染的三个重要参数及环境设置内容。（渲染设置将在第5.3.1小节"渲染细分调整"中着重讲解）。

5）"自定义"：其功能首先是进行场景的单位设置，同时在自定义用户界面中将一些外部插件的菜单调入到菜单栏中。

6）"脚本"：该菜单中包含有关编程的命令，可以将辅助插件程序导入3ds Max中运行。主要加载.mzp格式的插件，如角线样条线插件或单色通道渲染插件，大部分.ms或.mse格式的插件都可以直接拖拽到界面视口中进行加载使用。

（3）工具栏　主要包含基本操作命令：选择、移动、旋转、缩放、捕捉设置、镜像、对齐和渲染。这些对建模习惯养成具有重要的作用，主要在第1.3节"视口命令与基本操作命令"中着重讲解。

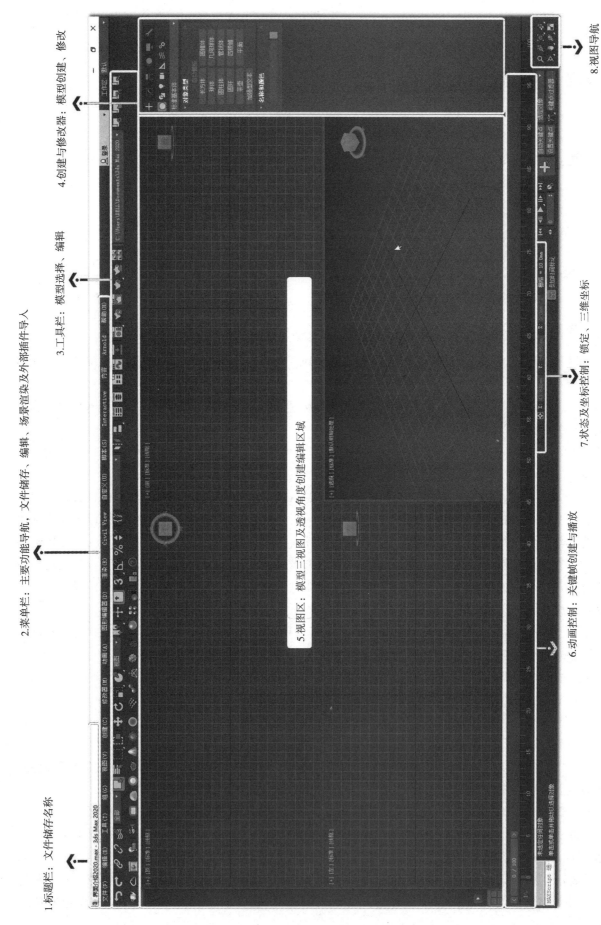

图1-1　3ds Max2020菜单栏分区功能介绍

1.标题栏：文件储存名称

2.菜单栏：主要功能导航、文件储存、编辑、场景渲染及外部插件导入

3.工具栏：模型选择、编辑

4.创建与修改器：模型创建、修改

5.视图区：模型三视图及透视角度创建编辑区域

6.动画控制：关键帧创建与播放

7.状态及坐标控制：锁定、三维坐标

8.视图导航

（4）创建与修改器　主要可以创建及编辑物体、灯光、相机，以及建模过程中的修改器命令调用，还可以进行修改物体轴线、塌陷对象等操作。这一部分的使用贯穿在各个章节中，其中创建及编辑物体主要集中在第2章、第3章和第4章，修改器命令的使用主要集中在第2.1节~第2.4节，灯光的创建和修改集中在第5.1节，摄像机的创建和修改集中在第5.2节。

（5）视图区　主要包括四大视图：顶视图、前视图和左视图，以及方便观察模型场景的透视图，在第1.3节"视口命令与基本操作命令"中进行讲解。

（6）动画控制　通过设置关键帧，实现摄像机的位移或路径约束动画，以及物体、材质的动画。这部分内容属于动画专业所学范畴，在第5.2.2小节"室内摄像机的布置"中会进行简单的介绍。

（7）状态及坐标控制　主要用于场景模型的锁定，防止在移动复制过程中误选其他物体。坐标的控制主要用于实现模型的三维精准移动或多边形点的Z轴坐标的归零调整（效果等同于点的压缩）。

（8）视图导航　视图导航的命令包括视图的基本旋转和平移，以及视口的最大化显示，当快捷方式或鼠标滚轮（中轴）失灵时可以暂时使用，右键单击视口最大化图标，可进行视口布局的调整。

补充：如果界面出现混乱，可选择打开3ds Max，然后单击"自定义"→"自定义UI与默认设置切换器"→"DefaultUI"→"设置"，设置好之后再重启3ds Max即可生效。

2. SketchUp 常用菜单栏介绍

由于本书主讲3ds Max的建模及渲染，SketchUp仅作为空间场景建模辅助工具进行讲解，所以本书主要讲解与3ds Max命令相关的大工具栏和少量辅助插件。另外SketchUp与CAD的命令逻辑很相似，学起来比较好理解。如图1-2所示为SketchUp 2020界面区分，其常用的6个功能模块介绍如下：

（1）标题栏　文件保存的名称将显示在标题位置，建议准确命名文件，可以项目内容加时间节点作为关键词，以便后期搜索、查找和修改。

（2）菜单栏　主要功能导航区的常用菜单栏有"编辑""视图""窗口""插件"。

1）"编辑"："编辑"菜单中的复制、粘贴、隐藏、创建群组、创建组件，以及删除参考线，都是建模中必要的工具，通常通过鼠标右键或快捷键进行操作。

2）"视图"："视图"中的边线样式调整经常配合摄像机的平行投影角度，用于模型的.cad格式导出，以实现精确的CAD图样导出，但这需要将边线显示样式中的延长线进行隐藏。

3）"窗口"："窗口"中的模型信息可进行单位设置，同时可调出材质库、组件库以及风格样式。并且，"窗口"中的拓展程序库可进行外部插件的安装，安装后的插件一般会显示在选用工具栏区。如果没有显示，则一可到"视图"→"工具栏"中进行插件的显示勾选；二可到插件菜单中查找调出；三可右键观察是否显示。

4）插件：SketchUp的插件是在大工具栏基础上的建模辅助工具。本书中介绍和讲解的主要是与3ds Max命令相匹配的插件以及坯子库插件，通过插件可以达到与3ds Max相一致的效果。这部分的插件主要在第2.1节至第2.4节和第4.2.1小节进行讲解。

（3）主工具栏　建模过程中的工具集成主要包含工具（选择、制作组件、材质编辑器、擦除）和使用入门工具（绘图工具、编辑工具、测量标注、视图工具、剖切动画）。

（4）选用工具栏　选用工具栏是从"视图"→"工具栏"中勾选显示的软件自带的功能模块和外部安装插件。当然也可以安装集成的插件库进行命令的选择。

外部插件的安装能够提高建模效率，但同时也会造成软件运行的卡顿。为了保证软件运行流畅，一可暂时关闭不用的插件："窗口"→"扩展程序管理器"；二可隐藏暂时不用的插件工具栏："视图"→"工具栏"，勾选实现命令在界面工具栏的显示和隐藏。

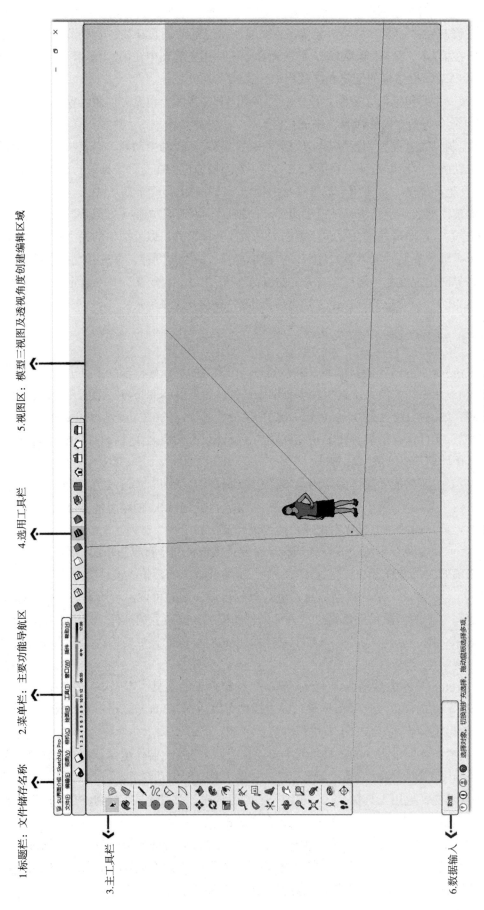

图1-2 SketchUp2020界面分区

（5）视图区　SketchUp的视图切换与3ds Max不同，其界面布局只显示一个视口。视图的切换方式，可通过"工具栏"中的视图进行切换，这主要在第1.3节"视口命令与基本操作命令"中进行介绍"；也可以通过快捷键方式导入设置，实现与3ds Max一样的快捷键切换。

（6）数据输入　其功能主要是实现图形物体移动的距离、旋转的角度以及复制物体的数量等数值的输入。

本节任务点：

任务点1：打开3ds Max软件进行文件的保存，名称为"文件内容+日期"，如"项目介绍7.18"，以便后期进行查找和修改。

任务点2：打开3ds Max软件之后，按照菜单栏分区功能介绍逐个进行单击浏览和笔记整理，对软件界面的功能位置及作用有初步了解。

备注：3ds Max软件界面学习应重点针对菜单栏、储存栏、创建与修改器、视图区块位置及功能的学习，这也是今后学习过程中经常会提到的词汇，如教师常用指令：将文件另存为2012低版本，将文件另存归档，将文件导出为3ds Max文件，或创建基本模型、灯光、摄像机，或打开"修改器"列表中的挤出命令、FFD修改器、UVW贴图等。

任务点3：打开SketchUp软件，进行文件保存和界面学习。

备注：SketchUp软件作为3ds Max建模的辅助工具，其基本建模成形逻辑较为简单，又与CAD在绘制方法及命令上有一定的关联性，在讲解过程中应充分将SketchUp与已掌握的CAD建模逻辑进行联系，以减小同时学习两种软件的压力。

1.2　开机设置

3ds Max与SketchUp开机设置及常规命令见表1-1。

表1-1　3ds Max与SketchUp开机设置及常规命令

操作名称	3ds Max	SketchUp
开机四步	保存、单位调整、渲染器设置、修改器按钮设置	模板选择、保存、单位设置
相关快捷键	保存：〈CTRL+S〉键 新建：〈CTRL+N〉键 撤销场景操作：〈Ctrl+Z〉键 恢复场景操作：〈Ctrl+Y〉键 撤销视口操作：〈Shift+Z〉键 显示主工具栏：〈Alt+6〉键 显示渲染面板：〈F10〉键	保存：〈CTRL+S〉键 新建：〈CTRL+N〉键 撤销场景操作：〈Ctrl+Z〉键 恢复场景操作：〈Ctrl+Y〉键

注：场景操作是指针对物体的编辑操作，视口操作是指旋转或平移视口的操作，与观察角度有关。

1. 3ds Max的基础设置

（1）开机四步　保存、单位调整、渲染器设置和修改器按钮设置。

1）保存：

①保存：快捷方式是按〈CTRL+S〉键，制作模型前要保存文件并进行命名，此时标题栏会显示重新命名的文件名称，可使用通用快捷键〈CTRL+N〉键进行新文件的创建。由于3ds Max软件占用

计算机系统内存较大，不恰当的操作可能会导致软件崩溃，所以应及时保存文件。软件默认每隔五分钟进行一次备份和储存（可在"选项"→"保存时间和数量"进行修改）。保存位置在："计算机"→"我的文档"→"Autoback文件夹"中，当自动保存文件超过3个时，会自动进行覆盖。

②另存为：在后期建模过程中，可能会依赖网络上的模型资源，但一旦外部导入的模型出现错误，可能导致整个文件损坏进而打不开。所以应在保存的同时，适时将文件"另存为"。同时，"另存为"可以降低文件的版本，方便低版本的3ds Max软件打开。

③归档文件：3ds Max操作中除创建场景模型文件外，还包括了贴图、灯光等资源（图1-3）。需要在进行文件复制或转移时，将这些资源统一打包压缩（格式为.zip）。资源转移至其他的计算机中后，打开压缩包才能加载所有的素材。如果只复制3ds Max模型文件，会导致贴图、灯光文件或外部代理的模型丢失。

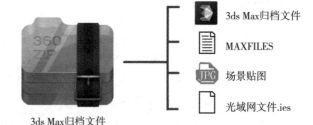

3ds Max归档文件

3ds Max归档文件

MAXFILES

场景贴图

光域网文件.ies

图1-3　归档文件内容图示

2）单位调整：室内效果图制作需要与CAD单位相统一，以"mm"为单位。如果忽略文件之间的单位差异，图样或模型的导入会出现比例失真的问题。单位的调整在"自定义"→"单位设置"中进行，设置单位为"mm"，同时单击"系统单位设置"面板，弹出面板同样设置以"mm"为单位。

读者可在CAD中绘制边长为1m的正方形，另存为2004低版本。在3ds Max中将单位设置为"m"，以"文件"→"导入"的方式导入绘制的CAD文件，观察导入后的正方形大小。将场景单位调整为"mm"后，再次导入CAD文件，观察前后的模型大小变化，这些操作可让自己意识到单位调整的重要性，以养成开机后先调整单位的习惯。

3）渲染器设置：在材质的赋予和最终渲染的过程中，依赖于3ds Max的插件Vray渲染器。虽然在建模过程中不需要，但也应进行检查并形成良好的习惯，避免出现在材质编辑和渲染的过程中，因没有渲染器而无法进行操作的情况。如果没有Vray软件，应及时安装（安装Vray渲染器时要关闭当前的3ds Max软件）。

4）修改器按钮设置：在修改器列表中进行命令选择时，英文版本可以通过命令首字母快速定位和使用，而中文版本则需要滚轮拖动及下拉进行寻找，十分不便。

为了提高建模效率，依据室内建模中修改器命令使用的频率，筛选出12个常用修改器命令按钮设置见表1-2，将其设置成可外部显示的命令面板，以便选取使用（图1-4）。

具体的修改器命令使用将在第2.3节"样条线转多边形建模命令"中详细介绍。当选择多边形物体时，部分命令灰色显示（不可使用），当选择二维样条线时，修改器按钮中的所有命令都会被激活。

表1-2　3ds Max建模过程中12个常用修改器命令按钮设置

挤出	壳
车削	曲面
倒角剖面	横截面
FFD2×2×2	FFD3×3×3
弯曲	晶格
涡轮平滑	对称

图1-4　3ds Max 12个常用修改器命令按钮的中英文对照面板

（2）3ds Max的补充设置　在"自定义"菜单中，单击"首选项"，在"常规"面板中设置"场景撤销"级别为"200"，以保证有足够的撤回空间。将"文件"面板中的备份间隔设置为30分钟，确保场景不会因为保存文件时因正在操作的命令而出现卡顿的情况。

2. SketchUp 的基础设置

SketchUp的基础设置相对简单，软件刚安装后在进入时需要先选择模板，通常会选择建筑模板，以"mm"为单位，也可以打开软件后在菜单栏中进行调整，单位及系统设置简介如下：

（1）单位设置　"窗口"→"模型信息"，调整单位为"mm"。

（2）系统设置　"窗口"→"系统设置"。

1）"OpenGL"：多级采样消除锯齿调整为"8X"以保证运行速度，配置较高的计算机可适当增加。

2）"常规"：主要关于自动备份和保存。为了避免出现频繁的自动保存大型文件而造成卡顿的情况，将自动保存时间设置为30分钟一次。取消掉"自动检查模型的问题"，避免在导入复杂模型后因为检查而造成崩溃。保存的方式与3ds Max一致，即尽可能存为低版本格式（如SketchUp8的格式），以保证文件用低版本的SketchUp软件也能打开。

3）"辅助功能"：设置三个轴向的颜色，一般使用默认的颜色。

4）"工作区"：可以设置大小工具栏，依据个人操作习惯进行选择。

5）"绘图"：可以设置单击样式及类似于CAD的十字光标。

6）"快捷方式"：可进行自定义快捷方式文件的导入，以符合自己的操作习惯，提高建模效率。

7）"模板"：针对开机界面显示的模型场景来进行单位选择，如果开机时未设定以"mm"为单位，可在此进行调整。

8）"文件"：为了保证计算机的储存容量，建议将所有的文件储存路径改到非C盘区域。

9）"应用程序"：即对默认打开材质图片的软件进行选择，可以设置成普通的看图软件，也可以设置成类似于Photoshop的图片编辑软件，以便进行尺寸、纹理、大小和颜色等信息的调整。

本节任务点：

任务点1：保存3ds Max文件，并进行命名。

任务点2：尝试将文件另存为低版本的3ds Max文件。

任务点3：进行CAD文件导入和"mm"单位设置。

任务点4：按照图1-4所示的步骤进行12个常用修改器命令按钮的设置。

任务点5：按照SketchUp的基础系统设置步骤设置建模环境。

备注：绘图环境中"保存"和"另存为"是需要格外强调的内容，这可为今后养成良好的软件操作习惯打下基础。在单位、渲染器和修改器按钮设置后，下次开机时会自动加载，这主要是为养成一个好的开机习惯，如果是采用网络教室这种带自动还原的计算机进行操作，在下次开机时需重新进行设置，刚好可借此机会多加练习。

1.3 视口命令与基本操作命令

1. 3ds Max 与 SketchUp 视口操作比较

（1）视口切换与模型显示　3ds Max默认布局中显示如图1-5中的四个窗口，建模过程中为了方便观察模型，需要进行单一视口的最大化显示，按〈Alt+W〉键可完成视口切换，其中〈Z〉键的作用是将视口最大化显示，以便模型观察。SketchUp中不仅有图1-6所示的不同视角切换工具栏（导入快捷键后可实现与表1-3中3ds Max同样的快捷键命令），还能够切换整个场景的三种透视模式：平行投影、透视图、两点透视图。

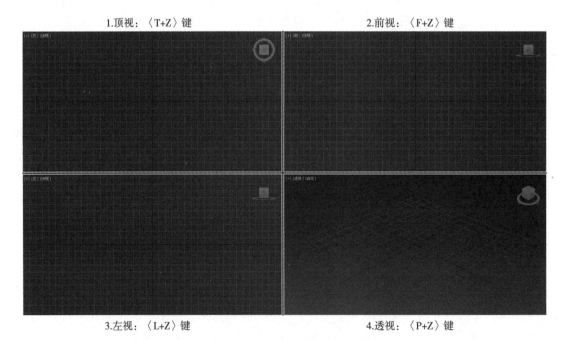

图1-5　3ds Max四元菜单的切换命令及面板

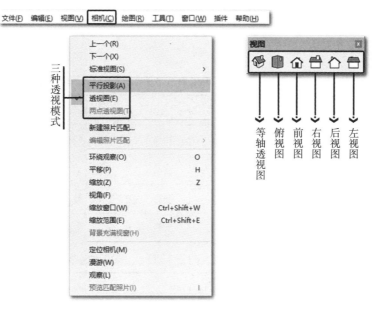

图1-6 SketchUp视图工具栏及面板

表1-3 3ds Max与SketchUp视口命令快捷方式比较

	3ds Max 视口命令	SketchUp 视口命令
四视图切换	顶视：〈T+Z〉键；前视：〈F+Z〉键；左视：〈L+Z〉键；透视：〈P+Z〉键	顶视：〈T〉键；前视：〈F〉键；左视：〈L〉键；底视：〈B〉键
视口操作	视口平移：鼠标中轴；旋转：〈Alt〉键+鼠标中轴	视口平移：〈Shift〉键+鼠标中轴；旋转：鼠标中轴
视口显示	视图窗口最大化：〈Alt+W〉键 摄像机安全框：〈Shift+F〉键 实体切换线框模式：〈F3〉键 实体+边线模式：〈F4〉键	充满视口：〈Shift+Z〉键 视口缩放：〈Z〉键 平行投影：〈Ctrl+Shift+A〉键 X光透视模式：〈Alt+X〉键

注：摄像机安全框为最终出图尺寸，与F10渲染设置的最终出图的比例尺寸有关。SketchUp的快捷键命令是导入自定义快捷键文件后的操作。

（2）视口的平移与旋转 在视口中进行平移与旋转的命令操作（表1-3），能够及时地观察物体的各个角度，以及进行模型创建。对于这一操作，3ds Max与SketchUp的基本操作原理相似，只在快捷方式上有所不同：①3ds Max按住鼠标中轴或滚轮为视口平移；同时按住〈Alt〉键和鼠标中轴可进行视口旋转；前后滑动滚轮为视口缩放；〈Shift+Z〉键为视口物体的最大化显示。②SketchUp同时按住〈Shift〉键和鼠标中轴为视口平移；按住鼠标中轴或滚轮为视口旋转；前后滑动滚轮为视口缩放。不同的视口操作显示的鼠标指针如图1-7所示。

移动　　　　　　　旋转　　　　　　　　　　　　移动　　　　　　旋转
a）　　　　　　　　　　　　　　　　b）

图1-7 3ds Max与SketchUp视口命令鼠标指针

a）3ds Max 的鼠标指针　b）SketchUp 的鼠标指针

2. 3ds Max 与 SketchUp 的基本操作命令比较

3ds Max与SketchUp的基本操作命令比较见表1-4。

表1-4　3ds Max与SketchUp的基本操作命令比较

3ds Max 的基本操作命令	SketchUp 的基本操作命令
选择（〈Q〉键），点选和框选选择模式	选择（〈Q〉键），空格（单击或双击或三击）；选择辅助插件
移动（〈W〉键）捕捉（〈S〉键），复制（间隔工具、阵列）	移动（〈W〉键），编组（〈Ctrl+G〉键），复制（乘除方式）
旋转（〈E〉键）捕捉，复制（间隔工具、阵列）	旋转（〈E〉键），路径复制（插件）
缩放〈〈R〉键）的三种模式	缩放（〈R〉键），数值"–1"为镜像
右键菜单：转换可编辑样条线 / 多边形	右键菜单：镜像和编组

注：表中 SketchUp 的快捷键命令是导入自定义快捷键文件后的操作。

（1）3ds Max基本操作命令　选择、移动、旋转、缩放分别是3ds Max场景物体的选择、位置、角度和大小四个基本的调整命令（图1-8）。

图1-8　3ds Max选择、移动、旋转、缩放

1）选择（〈Q〉键）：

①点选模式：在模型实体显示时（F3视图下单击线框，F4显示实体+边线），单击物体表面或边框都可以进行选择，建议在进行对象选择时使用鼠标。

②框选模式：左上至右下，可与CAD相同。3ds Max的窗口框选就相当于CAD中的左框选，交叉框选相当于CAD中的右框选。

注意，可以通过"文件"→"首选项"→"常规"面板→"场景选择"，勾选"按方向自动切换窗口/交叉"，勾选第一项"右→左⇒交叉"，即实现与CAD一样的框选操作。

2）移动（〈W〉键）：选择物体后切换到移动模式，物体会出现三个维度的方向轴（当坐标显示类似选择模式的红线时，单击〈X〉键），当鼠标指针移动到对应XYZ轴上时，坐标变黄，表示临时锁定了该轴向的移动，此时可进行单一方向的移动。当坐标轴放置到XYZ轴夹角处的方格时，物体可自由移动（当坐标锁定时无法斜向移动，可单击〈F8〉键）。

当需要锁定一个物体进行移动时，需要避免移动过程中误选其他对象，这时单击空格键可进行锁定，再次单击空格键可解锁。

移动命令的使用通常会与物体的复制功能，以及捕捉命令（〈S〉键）共同使用（通常用于设置栅格点、顶点和中点）。

捕捉（〈S〉键）存在三种捕捉模式，分别为2D、2.5D、3D，主要用于绘制样条线，以及创建、移动或旋转物体时起到准确定位的辅助作用。

①2D：常用于样条线绘制。鼠标指针仅捕捉活动构造栅格，包括该栅格平面上的任何几何体，并忽略 Z 轴尺寸。

②2.5D：常用于三维模型的移动和创建。鼠标指针仅捕捉活动栅格上对象投影的顶点或边缘。

假设创建一个栅格对象并使其激活，然后定位栅格对象，以便透过栅格看到3D空间中远处的立方体，其效果就像举起一片玻璃来绘制远处对象的二维平面轮廓线一样。

③3D：这是默认工具。鼠标指针直接捕捉到 3D 空间中的任何几何体。配合顶点、中点的捕捉设置可以在空间中绘制或移动物体。3D 捕捉用于创建和移动所有尺寸的几何体，而不考虑构造平面。

3）旋转（〈E〉键）：除了可以锁定XYZ三个维度上的旋转模型外，还可以使用捕捉命令快捷键〈A〉键，右键单击捕捉按钮设定旋转角度（通常为45°），视口锁定轴向，实现特定角度的旋转或按住〈Shift〉键以进行相同角度的复制。

4）缩放（〈R〉键）：缩放模式有三种，应用缩放命令除了可对物体进行缩放外，还可以结合复制命令进行物体或多边形编辑中的线的缩放和复制。

5）右键菜单：转换可编辑样条线/多边形：主要是将选择的模型转换成可编辑样条线或可编辑多边形的操作。其中，样条线对象既可以转换成可编辑样条线，也能转换成可编辑多边形。而多边形模型只能转换成可编辑多边形。

提示：

1）3ds Max在菜单栏选择"窗口/交叉"模式时，框选从右往左和从左往右无差别。当在"选项"中的"场景选择"勾选"按方向自动切换窗口/交叉"时，效果等同于CAD中的左右框选模式，这会比较方便选择物体。SketchUp的框选模式与CAD一致，左框选为"窗口"选择，右框选为"交叉"选择。从建模习惯的角度，可以通过调整3ds Max的框选模式，使三个软件在选择方式上保持一致。

2）在"移动"模式下，尽量不以点选物体的方式进行选择，否则物体会出现相对的偏移错位，选择物体时习惯性切换到"选择"模式。

3）镜像和对齐。在3ds Max中，除了以上常用命令以外，镜像命令和对齐命令也是较为常用的。3dx Max的镜像和对齐如图1-9所示。

图1-9　3ds Max镜像和对齐

①"镜像"：与CAD中的镜像命令一样，都是将物体通过一个轴线方向而进行对称操作的。区别是在CAD中是二维的，3ds Max是三维的镜像。镜像对象可根据不同的需求选择三种复制模式。

②"对齐"：对齐命令可以实现物体以某中心或轴向上的对齐，其中重点是对"法线对齐"的应用，可以通过先后捕捉两个物体的某一垂直面进行对齐，方便与不平行物体的对齐，功能相当于2020版本菜单栏中的"选择并放置"。

（2）SketchUp基本操作命令　首先按照课程资料步骤先将设置好的快捷方式从"窗口"→"系统设置"→"快捷方式"进行导入，打开相应课程资源文件进行练习。

对SketchUp的基本认识：线，面，体。

1）线：有实线和虚线两种。

①实线：快捷键为〈Alt+L〉键（默认为〈L〉键）。绘制线条可自动捕捉三个轴线，沿轴的锁定方向输入绝对值距离。

②虚线：快捷键为〈Shift+T〉键（默认为〈T〉键）。类似于CAD中的XL辅助线，能够实现精准的绘图或移动参照。

2）面：矩形快捷键为〈Alt+R〉键（默认为〈R〉键）。

①与CAD中命令REC绘图方式一致，单击起点，输入对角点的相对坐标格式为（X，Y）。默认正面为白色，反面为灰色，正常贴材质之前要检查模型，确保所有的面均为正面。

②面的分割：线切割面的快捷键为〈Alt+L〉键，偏移切割面的快捷键为〈O〉键。

3）体的生成方式有两种：推拉成体（快捷键为〈Q〉键，默认为〈P〉键）和延伸成体（快捷键为〈Alt+F〉键）。

推拉值在进行过一次数值输入后会产生记录，第二次推拉可直接双击。首次需要选择两个或两个以上的面才能实现连续面的推拉操作。同时，如果想要在连续推拉过程中保留原始的线，需要按住〈Ctrl〉键以进行推拉操作。

另一种是延伸成体，类似于3ds Max中的放样、倒角剖面、扫描命令，通过横截面沿着路径样条线延伸成体。最快的创建方法是选择路径样条线后，按住〈Shift〉键单击横截面。注意横截面的位置决定了最终模型的范围和大小，需要将横截面移动到路径样条线上，并处在同一群组或组件中（图1-10）。

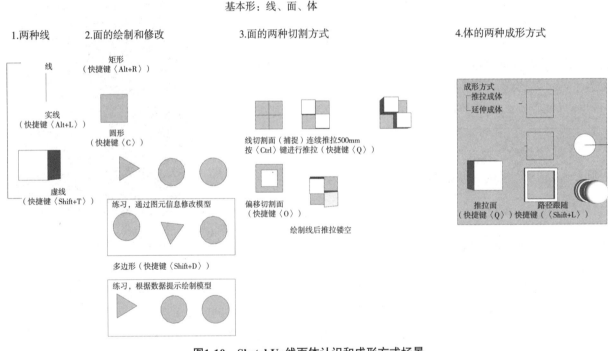

图1-10　SketchUp线面体认识和成形方式场景

选择、移动、旋转、缩放是SketchUp的基本操作命令（图1-11）。

1）选择：以空格键实现。

①点选模式：单击、双击、三击。

从选择模型的角度，单击可以选择一条线、一个面、一个群组或组件，也可以单击场景空白处退出选择；双击可以选择面及构成面的边；三击可以选择与面相连一起的整体模型。

从模型编辑的角度，双击群组或组件，可以进入群组或组件进行编辑，双击场景空白处可以退出组件编辑（效果等同于〈ESC〉键）。

②框选模式：SketchUp的框选模式与CAD一致，从左上到右下为窗口选择，从右下到左上为交叉选择。

③加选：〈Ctrl〉键+鼠标左键；减选：〈Ctrl+Shift〉键+鼠标左键；加选或减选：〈Shift〉键+鼠标左键；全选：〈Ctrl+A〉键；不选：取消选择或单击场景空白处。

2）移动：快捷键为〈W〉键（默认为〈M〉键）。

①软件默认的快捷键为〈M〉键，自定义快捷键导入后与3ds Max一致为〈W〉键，这样比较符合使用习惯。移动物体时，可以通过数值的输入实现模型的相对移动。

②移动命令下模型的复制，类似于CAD中的ME（定距分）和DIV（均分）命令，SketchUp的复制可以在移动模式下按住〈Ctrl〉键进行。

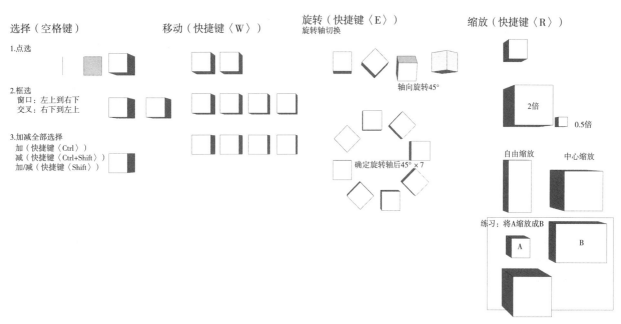

图1-11 SketchUP选择、移动、旋转、缩放场景

3）旋转：快捷键为〈R〉键（默认为〈Q〉键）。

①旋转轴的切换。通过方向键可以实现旋转原始轴的切换，较以往创建辅助进行旋转的方式更为方便。

②固定值旋转和参照旋转。SketchUp的旋转方式与CAD的旋转方式一致，都有两种操作：一先确定旋转轴的起始点，输入固定值后进行旋转，二为参照旋转（类似于CAD中的参照旋转），即先确定旋转轴的起始点后捕捉旋转到参照轴。

③旋转模式下的复制。可通过确定旋转轴，输入旋转角度后实现旋转模式下的复制，类似于移动复制中的操作。

4）缩放：快捷键为〈R〉键（默认为〈S〉键）。

①比例数值缩放。同CAD操作一样，可通过输入准确的数值来进行缩放，3ds Max则缺少这项功能。

②不等比例缩放。按住〈Shift〉键控制模型对角点进行缩放。

③中心缩放。按住〈Ctrl〉键控制模型对角点进行缩放。

5）右键菜单：镜像和编组。

①镜像：沿轴方向进行翻转，类似于3ds Max中的镜像。

②编组：群组按〈Ctrl+G〉键，或右击物体按〈G〉键，组件右击物体按〈C〉键，炸开按〈Ctrl+Shift+G〉键。

群组与组件的区别："群组"为孤立成组，相当于3ds Max中的"组"；组件之间进行线面编辑或添加、减少模型时会同步关联，相当于3ds Max中的实例复制命令。

本节的学习涉及3ds Max和SketchUp两个软件，建议先进行3ds Max部分的学习，直到完成基本体的创建、视口平移旋转及基本操作命令这三部分内容后，再进行SketchUp部分的学习。

本节任务点：

任务点1：按照表1-3中展示的3ds Max与SketchUp视口命令进行快捷方式的练习。

任务点2：在透视图中创建一个基本体"茶壶"，先进行实体切换线框操作，再进行视口的平移和旋转，并观察场景中创建的模型。

任务点3：在顶视图中创建几个基本体后，切换框选模式以进行模型的选择。选项设置成与CAD一致的框选模式后再次进行框选练习。

任务点4：选择一个模型，从顶视图锁定某一轴向进行定向移动，然后放置于夹角方格处后进行自由移动。

任务点5：选择一个模型，设置捕捉角度为45°后，开启捕捉，从顶视图开始进行90°旋转。

任务点6：创建一个基本体"茶壶"，执行镜像命令，设置不同轴向进行观察。创建一大一小两个方体，其中将小方体进行旋转，且利用法线对齐命令，将小方体摆正并放置到大方体上。

任务点7：打开"工具栏场景.skp"文件，按照SketchUp基本操作命令部分的内容依次进行基本的点、线、面绘制和选择、移动、旋转、缩放命令的操作练习。

1.4 基础原型BOX的创建、"复制三法"和"选择八法"

1. 基础原型 BOX 的创建

为了方便命令的记忆，在多边形编辑命令的学习中，通常会设置背景栅格间距为1m，同时执行命令的原始模型尺寸也为1m边长的正方体，这样可以很明确地看到命令的操作结果，同时也便于课下的巩固练习。下面对3ds Max与SketchUp创建基本正方体BOX的方式（表1-5）进行比较学习。

表1-5 3ds Max与SketchUp创建基本正方体BOX的方式比较

3ds Max	SketchUp
正视图切换进行模型创建	与CAD矩形画法逻辑一致
通过视图的切换实现一体式的建模	通过坐标输入创建面，推拉成体后需创建群组

（1）3ds Max中1m边长正方体BOX创建的具体操作步骤

1）如图1-12所示，在场景中首先设置背景栅格间距为"1000mm"，即设置捕捉对象为"栅格点"并设置栅格间距为1000mm，在右侧创建面板中单击"标准基本体"中的"长方体"。

图1-12　3ds Max建模环境准备

2）如图1-13所示，首先将视口最大化显示（按〈Alt+W〉键实现），切换到顶视图（按快捷键〈T〉键后，打开捕捉（按快捷键〈S〉键），捕捉栅格点按住左键进行拖动（一个栅格），平面大小确定后切换到前视图（按快捷键〈F〉键），向上捕捉栅格点确定长方体的高度（一个栅格）。最后通过按〈Alt〉键和鼠标中轴滚轮旋转视口观察创建的正方体模型。

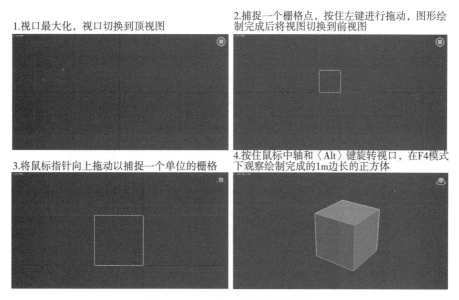

图1-13　3ds Max创建正方体过程

（2）SketchUp中1m边长正方体BOX创建的具体操作步骤　如图1-14所示，首先单击矩形图标创建1m边长的正方形，绘制方式同CAD相对坐标的输入方式一致，在场景中单击确定第一点原点后拖动鼠标指针，在数值处（英文输入法下）输入对角点坐标"（1000，1000）"。然后单击推拉工具，拾取平面后向上推拉，输入高度数值为"1000"（单位为mm）。

1.单击矩形图标，捕捉原点，输入对角点坐标"（1000，1000）"　　2.单击挤出图标，选择推拉面，输入挤出高度"1000"

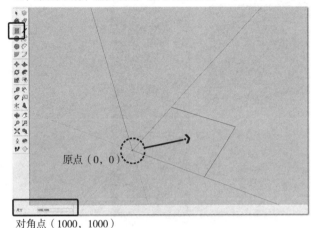
对角点（1000，1000）

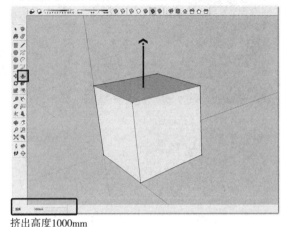
挤出高度1000mm

图1-14　SketchUp创建正方体过程

（3）SketchUp的基本形与3ds Max不同　更类似于CAD的二维形态，主要图形以矩形、圆形和多边形为主。下面简单介绍一下在进行SketchUp基本形绘制时需要注意的要点。

1）圆形（快捷键为〈C〉键），激活命令后输入边数，也可以通过在按住〈Ctrl〉键的同时，按〈+〉键或按住〈-〉键改变边数（最小值为3），之后输入半径数值完成圆形的绘制。

对于圆形来讲，边数越多，边缘越平滑，模型在渲染或导入其他三维软件中时就不会出现因细分不够而出现锯齿状边的现象，当然相应的面数也会增多，所以也需要适当地进行边数的控制。圆形的分段数也可以在绘制完后再进行调整：单击圆然后右击选择"模型信息"，调出默认面板的图元信息以进行边数的修改。

2）多边形（快捷键为〈Shift+D〉键），激活命令后与圆形的操作一致。输入边数，也可以在按住〈Ctrl〉键的同时通过按〈+〉键或按住〈-〉键以改变边数（最小值为3），之后输入半径数值完成多边形的绘制。

2. 3ds Max 复制模型的三种方式

3ds Max复制模型的三种方式：（移动或旋转模式下的）复制，以及阵列和间隔工具。如图1-15所示为3ds Max复制模型的三种方式。

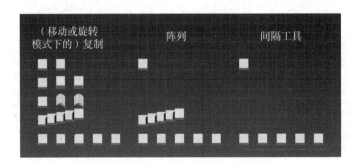

图1-15　3ds Max复制模型的三种方式

（1）复制　在模型移动的过程中按住〈Shift〉键可进行模型的复制。如图1-16所示的复制主要有三种模式：复制、实例和参考。在按住〈Shift〉键模式下复制模型除了可以移动复制外，还可以进行旋转（配合角度捕捉）和缩放复制（不常用）。

模型复制的三种模式，经"复制"命令复制后的两个对象之间互不影响，是相互独立的。经"实例"复制后的对象在使用多边形修改器时，只要有一个对象变化另一个也会随着变化。经"参考"命令复制后的对象不仅能够在多边形编辑上产生关联变化，在用FFD修改器进行点的控制时也会产生关联（表1-6）。

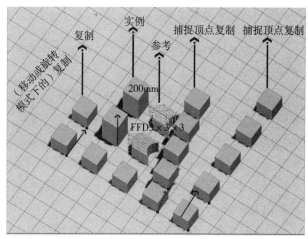

图1-16　复制的三种模式：复制、实例和参考

表1-6　复制的三种模式下副本对象与源对象的关系

命令	副本对象
复制	与源对象无关联
实例	多边形编辑下同步改变
参照	FFD点控制下同步改变

注：同性质下同步改变，是指经"实例"命令复制的两个物体在相同编辑状态下是关联的。当其中一个被"转换为可编辑多边形"后，关联性就消失了（不是修改器列表中的"多边形编辑"）。一组关联的模型被"复制"命令复制后，彼此也是关联的。

（2）阵列　是指将源对象按指定的方式（移动、旋转、缩放）批量复制，复制模式有复制、实例和参考三种。

1）移动阵列：是指将源对象按指定的距离移动并成批复制（图1-17）。

2）旋转阵列：是指将源对象按指定的角度旋转并成批复制。

3）缩放阵列：是指将源对象按指定的缩放比例成批复制。

（3）间隔工具　间隔工具是模型在路径样条线上以等分或定距等分的形式进行阵列的命令。如图1-18所示，命令执行必须包含两个素材：三维模型实体作为阵列对象，二维样条线图形作为阵列的路径。操作时通常先选择多边形，后拾取路径样条线，然后再设定均分数量、间距和偏移量等数据。

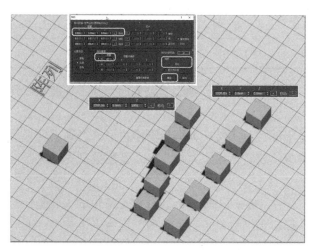

图1-17　阵列中对三维方向的数量移动复制

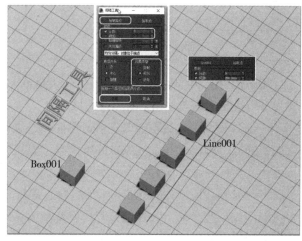

图1-18　拾取路径后设定均分数量、间距和偏移量的复制形式

3. 3ds Max 的选择八法

3ds Max场景模型的"选择八法"指：点选和左右框选、按名称选、加选、减选、反选、全选、全不选以及孤立。

（1）点选和左右框选　3ds Max的窗口框选就相当于CAD中的左框选，交叉框选相当于CAD中的右框选。可以通过"文件"→"选项"→"常规"面板→"场景选择"的操作执行，勾选"按方向自动切换窗口/交叉"，勾选第一个"右→左⇒交叉"，就可以实现同CAD一样的框选操作了。

（2）按名称选　根据场景单体的类别及名称进行选择。通常情况下，应用在特定名称模型导入时的选择，多个样条线附加时对象的快速选择，灯光成组时的选择。在列表名称选择时同样可通过加选减选以及〈Shift〉键来进行批量选择。

（3）加选（快捷键〈Ctrl〉）、减选（快捷键〈Alt〉）、反选（快捷键〈Ctrl+I〉）　加选、减选及反选的选择操作，既可以应用于场景模型的选取，也可在多边形或样条线编辑时对点、边、边界、面及元素进行选取。

（4）全选（快捷键〈Ctrl+A〉）、全不选（快捷键〈Ctrl+D〉）　全选即同时框选了整个场景中的模型。全不选的快捷键应用较少，通常可通过直接单击场景空白处来实现。

（5）孤立（快捷键〈Alt+Q〉）　孤立命令常用于在复杂场景中选定物体的显示和编辑，相当于右键菜单中的"隐藏未选定对象"，恢复显示时需关闭隐藏按钮或右击选择"全部取消隐藏"。

4. SketchUp 的选择模式及复制方法

SketchUp的选择模式及复制方法与CAD操作基本一致，可根据表1-7中的方法进行场景练习。

表1-7　SketchUp的选择模式及复制方法

SketchUp 操作	快捷方式
点选	单击选面、双击选面及边缘线、三击选择与之连接的所有对象
框选	同CAD操作一致，"左框"窗口，"右框"交叉
加选、减选、加减选	加选（〈Ctrl〉键）、减选（〈Ctrl+Shift〉键）、加减选（〈Shift〉键）
全选、全不选	全选（〈Ctrl+A〉键）、全不选（〈ESC〉键）或单击场景空白处
复制	乘法按〈*〉键再输入数量，除法按〈/〉键再输入数量
创建群组或组件	群组（〈Ctrl+G〉键）、组件单击或〈W〉键

知识拓展：3ds Max的关联复制与SketchUp的组件的比较。两者在模型修改方面，除了都能够做到同步进行模型的修改外，还有一些共性：

1）3ds Max关联后不能改变多边形性质，也就是不能被再次转换为可编辑多边形，否则会失去关联性；同样，SketchUp正在编辑的组件也不允许分解组（或右击设定为唯一），否则也会失去关联性（这也为想单独修改其中一个模型提供了思路）。

2）3ds Max模型和SketchUp组件模型的某些操作是不会被关联的：3ds Max模型编辑的关联是针对多边形的点、线、面、边界和元素，而模型的移动、旋转和缩放是不会关联的。这一点也与SketchUp组件相同（组件内的操作是关联的，组件外的操作是不关联的）。SketchUp组件相比较3ds Max的关联模型的优势在于组件内部可添加其他的模型（组件）。

本节任务点:

任务点1：利用栅格点捕捉命令创建正方体。

任务点2：利用平面绘制命令和面的推拉命令创建长方体。

任务点3：按照图1-16~图1-18所示的场景样式进行模型的复制、阵列和间隔工具命令的练习。

任务点4：利用复制出的一组正方体模型练习八种选择方法。

任务点5：SketchUp的选择模式及复制方法练习。

备注：①创建过程中注意3ds Max栅格点的捕捉及视图切换过程中鼠标的操作，视图切换建模相对于直接透视图建模更规范，为方便之后的建模操作，在模型学习之初应养成规范建模的习惯。②着重对3ds Max的关联复制与SketchUp中的组件进行比较，同时，CAD中的块（快捷键〈B〉）导入到SketchUp中会自动生成组件，这一点也会在之后进行详细讲解。

1.5　基本模型创建及提升练习

针对某项命令的学习并不难，但实际应用过程中可能会不清楚采用哪种命令，这就需要对模型的整体和部分的构成关系有一个清晰的认识。了解基本形，才能准确地选择对象和执行命令。BOX盒子是3ds Max模型及场景创建中最常见的元素之一，在基本命令的学习过程中，本书都会以BOX盒子的形式进行操作，方便掌握和记忆。

本节选用的三个练习的内容及目的：①积木搭建练习主要是为了复习选择、成组、旋转、复制等命令；②基本体家具创建练习是为了熟悉利用正视图切换创建模型的操作；③基本空间体搭建练习是为了掌握利用照片建模的技巧。

1.5.1　积木搭建练习

3ds Max的积木搭建场景如图1-19所示。

图1-19　3ds Max的积木搭建场景

3ds Max积木搭建涉及的命令：选择和模型锁定、移动（捕捉顶点、中点）、旋转（角度捕捉）。同时学习以法线对齐的方式移动物体。3ds Max积木搭建场景的搭建过程可参照图1-20所示，熟练操作后也可以按照自己的方式进行搭建。

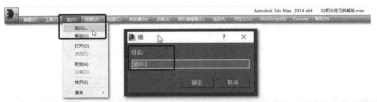

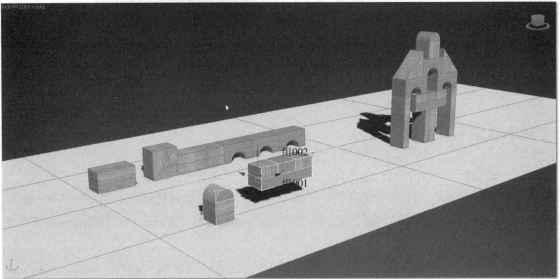

1.按〈Ctrl〉键加选对象后成组

a）模型组成

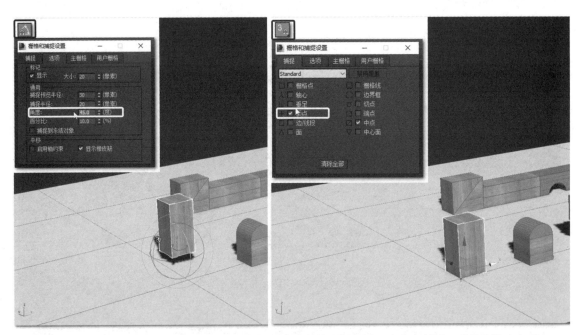

2.右击角度捕捉，设置角度为45°，按快捷键〈A〉启动。捕捉旋转轴后旋转对象；右击移动捕捉，按快捷键〈S〉开启，按空格键将积木锁定后，捕捉顶点移动到平面顶点位置

b）旋转和移动捕捉

图1-20　3ds Max积木搭建练习

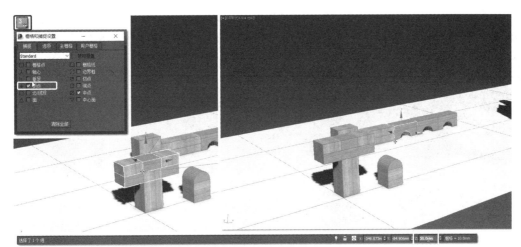

3.按快捷键〈S〉开启定点捕捉，按空格键将组002锁定后，捕捉顶点移动到长块顶点位置。此时是有重合部分的，需要调整组002的位置。选定组002后，调整其Z轴坐标，双击数据后输入"50"，此时组002与方块位置调整完成

c）移动捕捉和坐标移动

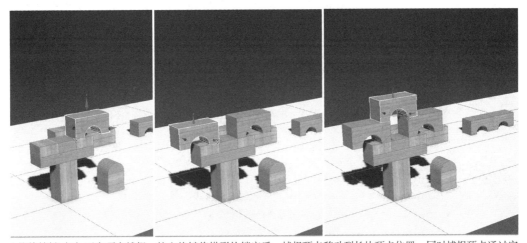

4.按快捷键〈S〉开启顶点捕捉，按空格键将拱形块锁定后，捕捉顶点移动到长块顶点位置。同时捕捉顶点通过实例复制命令复制剩余两块

d）移动捕捉和实例复制

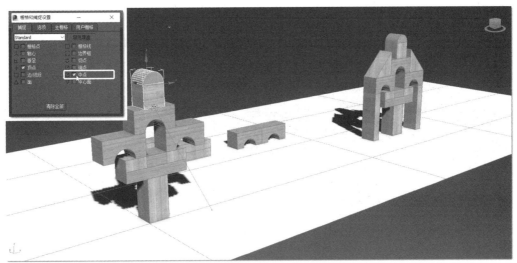

5.右击捕捉图标，设置捕捉中点，按快捷键〈S〉开启顶点捕捉，按空格键将组001锁定后，捕捉中点移动到拱形块中点位置

e）移动捕捉

图1-20　3ds Max积木搭建练习（续）

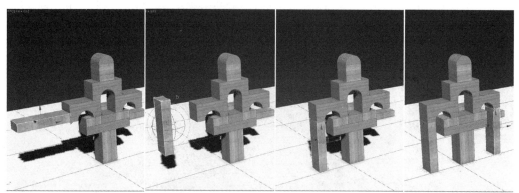

6.按快捷键〈S〉开启顶点捕捉，按空格键将长块锁定后，按快捷键〈A〉开启旋转捕捉以进行旋转。捕捉顶点移动长块位置，同时捕捉顶点进行实例复制，完成长块创建

f）移动捕捉、旋转捕捉和实例复制

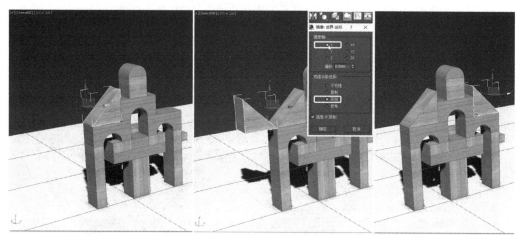

7.按快捷键〈S〉开启定点捕捉，按空格键将三角块锁定后，捕捉到拱形块顶点位置。单击"镜像"，选择X轴向，以实例模式复制。利用顶点捕捉移动三角块到拱形块顶点位置，至此，积木模型创建完成

g）再移动捕捉和实例复制

图1-20 3ds Max积木搭建练习（续）

法线对齐是通过面的法线方向来进行对齐的，其能够保证模型之间面的贴合，适合相互之间不是平行关系的物体快速对齐（图1-21），与2020版本的"选择并放置"命令的功能效果一致。

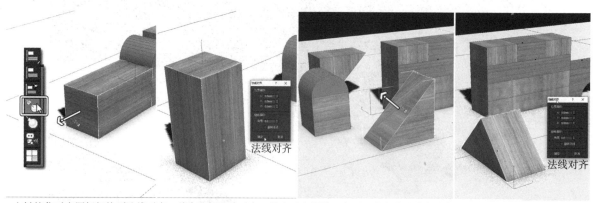

左键按住对齐图标切换到法线对齐。首先选择法线对齐，单击对齐源的一个面，会生成法线方向箭头，再单击需对齐的面，此时长方体自动旋转对齐地面。法线对齐同样适用于场景物体放置以及斜面对齐

图1-21 法线对齐的操作补充

SketchUp积木搭建（图1-22）涉及的命令：选择、移动、复制、旋转（角度捕捉）。SketchUp积木搭建场景的搭建过程参照图1-23所示，熟练操作后也可以按照自己的方式进行搭建。

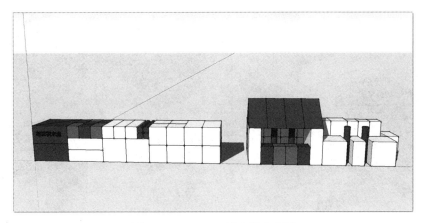

图1-22 SketchUp积木搭建场景

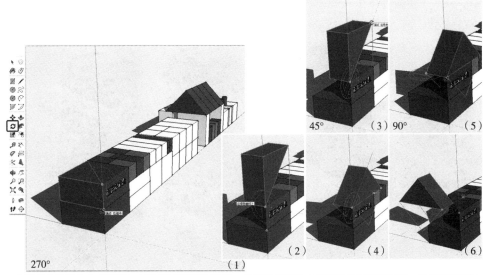

1.左键单击旋转命令的图标，捕捉两点确定旋转轴，从旋转方向输入旋转角度后按回车键。分别完成红轴、绿轴、蓝轴的旋转

a）旋转角度

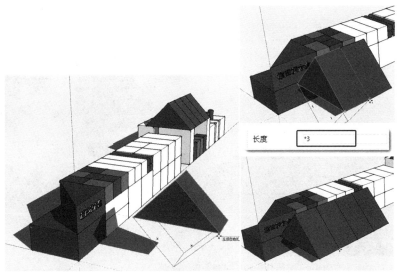

2.执行移动命令，移动三角形，捕捉顶点进行复制，输入"*3"后按回车键

b）倍数复制

图1-23 SketchUp积木搭建练习

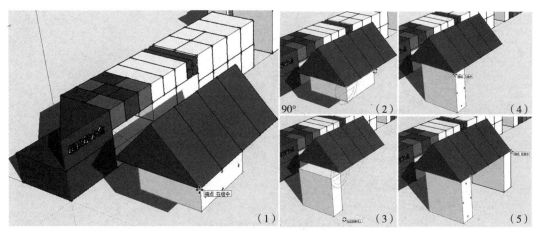

3.捕捉顶点进行移动后再执行旋转命令，再切换到移动命令，按住〈Ctrl〉键进行顶点捕捉复制

c）捕捉复制

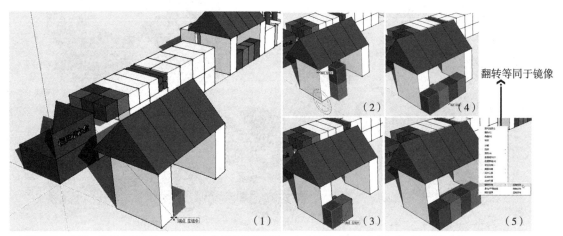

翻转等同于镜像

4.设置顶点捕捉，进行两次移动，选择两个单体进行复制后，右击选择"翻转方向"为"红轴方向"

d）捕捉复制和翻转

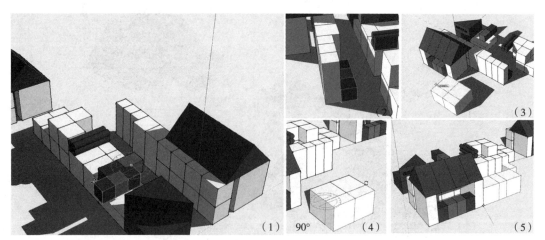

5.按照移动和旋转的步骤如图所示补齐形状，捕捉对象为顶点或中点

e）捕捉移动和角度旋转

图1-23　SketchUp积木搭建练习（续）

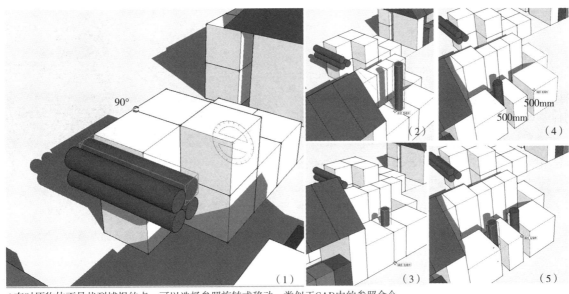

6.有时原物体不易找到捕捉的点,可以选择参照旋转或移动,类似于CAD中的参照命令

f)参照旋转

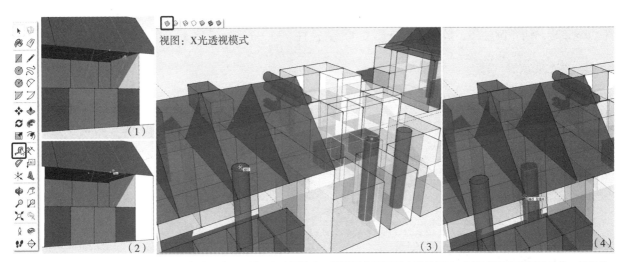

7.捕捉中点生成两条辅助线得到斜面底部中心点,开启X光透视模式,捕捉圆柱顶面圆心进行复制,通过相对移动复制另外一根圆柱,完成积木建筑体块的搭建

g)辅助线辅助移动和捕捉复制

图1-23 SketchUp积木搭建练习(续)

本节任务点:

任务点1:按照图1-20所示的过程步骤,进行3ds Max积木搭建以练习视图命令与基本操作命令。

任务点2:按照图1-23所示的过程步骤,进行SketchUp积木搭建以练习视图命令与基本操作命令。

备注:在第一次操作时应尽可能按照上述两图所示步骤进行操作,当完全掌握了捕捉、移动、旋转、对齐、复制、镜像等命令后,可按照自己的思考进行操作,以形成自己的建模思路。

1.5.2 基本体家具创建练习

三维空间思维的建立和创建基本体相关命令的巩固练习：3ds Max建模的思路是基于对所创建物体的了解，包括其大体的形态和具体的细节。将物体从顶视图、前视图、左视图三个投视方向进行剖析后，能够更加直观地把握物体的结构。如图1-24所示的模型效果图，要得到这样的效果图从手绘到软件模型创建的顺序应为：从特定视角观察，了解构件组成→三视图草图绘制（手绘）→三维基本体创建（计算机绘图），最终完成模型的建立。

图1-24　3ds Max 基本体创建家具样式及尺寸

1. 创建面板基本对象的基本造型内容

（1）标准基本体　标准基本体有长方体、球体、圆柱体、圆环、茶壶、圆锥体、几何球体、管状体、四棱锥、平面。

（2）扩展基本体　扩展基本体有异面体、切角长方体、油罐、纺锤、油桶、球棱柱、环形波、软管、环形结、切角圆柱体、胶囊、L-Ext、C-Ext、棱柱。

2. 基本形家具创建

首先创建长方体和圆柱体两种基本体，熟悉正视图切换创建模型的方式。然后在没有精确的CAD图注尺寸的情况下，按照图1-25所示的模型样式尝试基本体创建和家具组合，创建完成后可基本了解整个家具体块的组合关系。最后再将家具CAD图样导入3ds Max中，按照图1-26所示的操作步骤根据CAD图样中精确的图注尺寸创建模型。

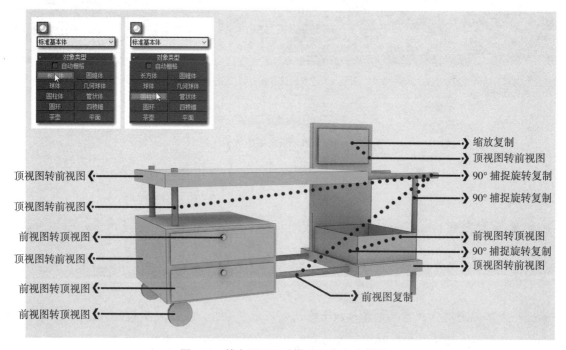

图1-25　基本形无尺寸搭建家具方法参照

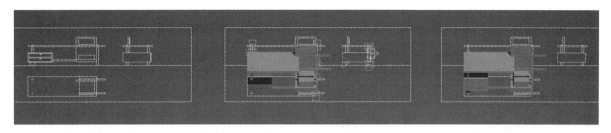

图1-26　导入CAD图样进行家具创建的过程

3. 3ds Max 家具样式的具体形创建过程

1）CAD的导入，基本绘图环境设置（图1-27）。

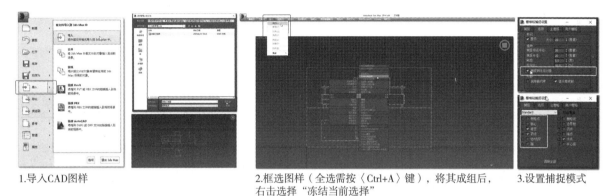

1.导入CAD图样　　　2.框选图样（全选需按〈Ctrl+A〉键），将其成组后，　　3.设置捕捉模式
　　　　　　　　　　　右击选择"冻结当前选择"

图1-27　CAD的导入，基本绘图环境设置

2）桌面的创建及调整（图1-28）。

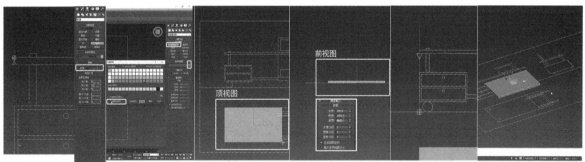

1.卷尺测量桌面厚度　2.设置模型基本颜色　3.在顶视图捕捉创　4.切换到前视图，先任　5.卷尺测量桌面　6.移动模式下，输入Z轴
　　　　　　　　　　　　　　　　　　　建长方体　　　意推拉该长方体，再根　高度　　　　　方向高度
　　　　　　　　　　　　　　　　　　　　　　　　据卷尺所测厚度，对长
　　　　　　　　　　　　　　　　　　　　　　　　方体数据进行修改

图1-28　桌面的创建及调整

3）侧板的创建（图1-29）。

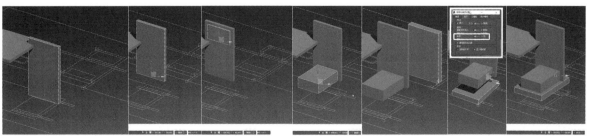

1.捕捉创建侧板后，根据　2.移动模式下调　3.捕捉创建后，　4.捕捉创建后调　5.捕捉创建后，45°角度捕捉旋转90°，捕捉移动
测量数据调整高度　　　整Z轴高度　　　调整Z轴高度　　整Z轴高度　　后调整Z轴高度

图1-29　侧板的创建

4）抽屉创建（图1-30）。

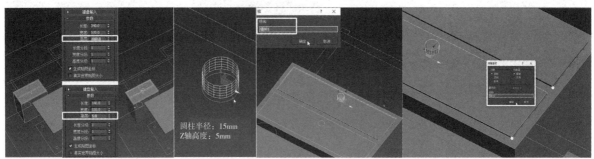

1.捕捉创建长方体，设置高度　　2.捕捉创建长方体，设置高度　　3.捕捉创建圆柱体，设置高度后与柜门成组　　4.捕捉模式下，按空格键锁定后进行移动复制

图1-30　抽屉创建

5）圆柱体创建及复制（图1-31）。

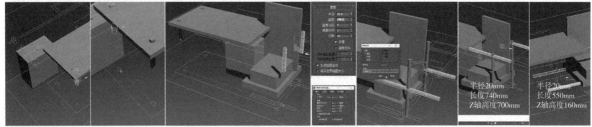

1.创建圆柱体后调整Z轴高度　　2.捕捉模式下进行复制　　3.捕捉模式下进行复制，调整高度后，进行旋转捕捉复制　　4.捕捉移动位置后，调整Z轴高度

图1-31　圆柱体创建及复制

6）抽屉调整和轮子创建（图1-32）。

1.抽屉整体选择后成组　　2.旋转捕捉下转90°　　3.移动捕捉后调整Z轴高度　　4.前视图创建圆柱体轮子后捕捉移动位置，并进行复制

图1-32　抽屉调整和轮子创建

4. SketchUp 家具样式的基本形创建过程（图 1-33~ 图 1-40）

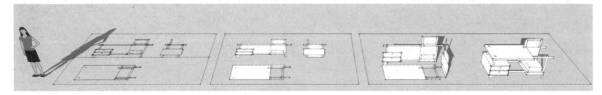

图1-33　SketchUp基本形创建家具过程

1）CAD导入、封面及成组（图1-34）。

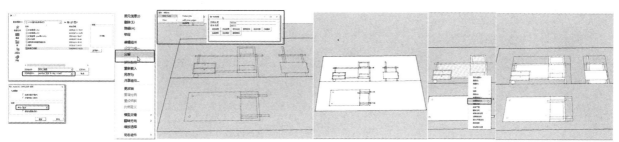

1.导入CAD，单击 "选项"设置统一 单位　2.选择模型 右击选择 "分解"　3.选择模型进行自动封面　4.点选删除多余面后进行单独视图模型 的选择，右击选择 "创建群组"

图1-34　CAD导入、封面及成组

2）三视图分别框选成组后旋转组合（图1-35）。

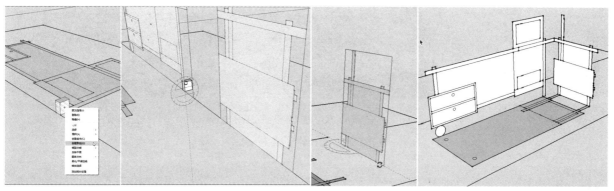

1.创建长方体作为物体参 照对象进行旋转，同样也 可以通过方向键进行轴向 调整　2.在前视图和左视图加选后，进行90° 旋转　3.将左视图两次进行 90° 旋转　4.将前视图和左视图点对点移动捕捉到 平面图中的相应位置

图1-35　三视图的组合

3）抽屉创建后成组件（图1-36）。

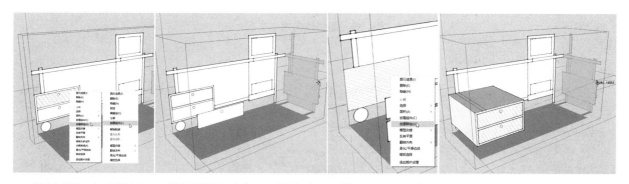

1.双击进入群组，加选抽屉及 把手后先右击选择 "创建群组" 再右击将其创建为组件　2.捕捉左视图起点位置，进行相对 位移后，捕捉前视图，向下复制　3.对抽屉面选择后右击选择 "创建群组"，双击进入后进行推拉， 注意捕捉左视图对应点

图1-36　抽屉创建

4）桌面侧板创建后成群组（图1-37）。

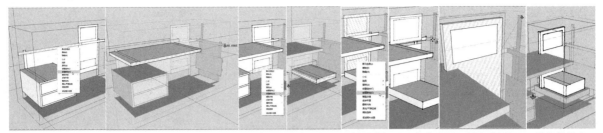

1.双击桌面右击选择"创建群组"，双击进入群组 2.双击底面右击选择 3.框选背板面，右击选择"创建群组"， 4.捕捉推拉底
后进行推拉，注意捕捉点 "创建群组"，双击 双击进入群组后再双击小长方体，右击 部长方体
进入群组后进行挤出 进入群组对背板进行挤出后，双击进入
用橡皮擦清除多余线 小长方体进行挤出

图1-37　桌面侧板创建

5）圆柱体创建后成组件（图1-38、图1-39）。

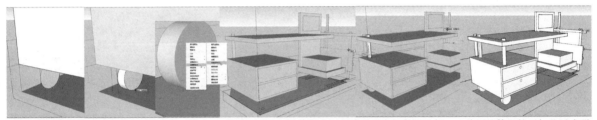

1.将底轮创建群组后双击进入"挤出"，退出 2.将平面图中圆柱体所在面创建群组和组件后进行 3.将圆柱体和轮子加选后成群
群组后创建组件 相对移动，双击进入后参照左视图进行推拉 组，捕捉左视图进行复制

图1-38　圆柱体创建（一）

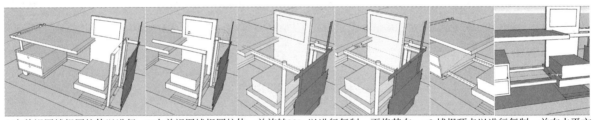

1.在前视图捕捉圆柱体以进行 2.在前视图捕捉圆柱体，并旋转90°以进行复制，再将其在 3.捕捉顶点以进行复制，并在水平方
复制，然后再在高度方向上进 水平方向上进行缩放 向进行缩放
行缩放

图1-39　圆柱体创建（二）

6）细部厚度的推拉调整（图1-40）。

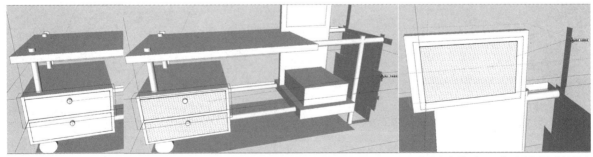

1.双击抽屉门组件，参照左视图对推拉把手面和柜门面进行推拉 2.双击小长方体群组，参照左视图进行挤出

图1-40　厚度调整

本节任务点：

任务点1：参照图1-25所示的过程步骤，进行3ds Max无尺寸参照的基本形家具创建。

任务点2：参照图1-26~图1-32所示的过程步骤，进行3ds Max（有CAD图样参照）的家具创建。

任务点3：参照图1-33~图1-40所示的过程步骤，在SketchUp中利用面推拉形成组与组件创建家具。

1.5.3 基本空间体搭建练习

动画设计师 Andrea Stinga 完成了一部《My First Pritzker》的动画短片，里面集结了41个普利兹克建筑奖获奖者的作品。动画片将建筑大师（安藤忠雄、贝聿铭、诺曼·福斯特等）的代表作做成积木，配上简洁的文字，以说明获奖者的姓名、国籍、作品和所在地。本教材选取其中的五个案例进行练习。练习的主要的目的：①通过在3ds Max和SketchUp中同步建模掌握利用照片建模的方法；②通过对建筑空间体的搭建，初步了解建筑大师建筑作品体块的组合关系，培养空间组合的思维方式。

1. 基础命令场景搭建练习

如图1-41所示为3ds Max场景搭建：AT&T联合总部大楼（1980年普利兹克建筑奖获奖者路易斯·巴拉干作品）。

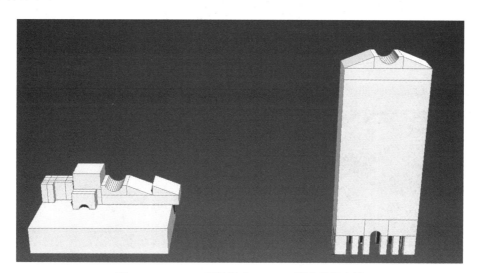

图1-41 3ds Max场景搭建：AT&T联合总部大楼

在3ds Max中，搭建积木建筑组合的过程参考如下步骤：

1）底座组合如图1-42、图1-43所示。

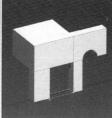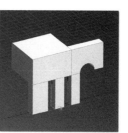

1.基本捕捉设置　2.顶点对栅格点捕捉，移动基本长方体　3.顶点对顶点捕捉，移动基本长方体　4.捕捉顶点绘制矩形样条线，捕捉中点移动、复制基本长方体

图1-42 底座组合（一）

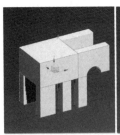

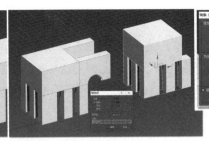
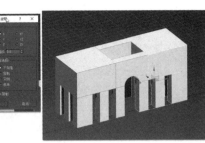

1.按住〈Ctrl〉键加选多边形，捕捉顶点进行复制

2.选择多边形，捕捉中点进行复制

3.按住〈Ctrl〉键加选多边形，按X轴方向进行复制后，进行镜像复制

4.捕捉顶点进行移动

图1-43 底座组合（二）

2）楼身旋转如图1-44所示。

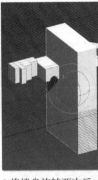

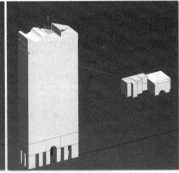

1.设置45°角度捕捉

2.将楼身旋转两次后，捕捉顶点进行移动

3.按住〈Ctrl〉键加选楼顶三个多边形，捕捉顶点进行移动

图1-44 楼身旋转（一）

3）楼顶镜像（旋转），如图1-45所示。

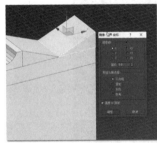
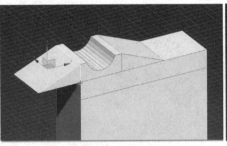

1.点选多边形，沿X轴方向进行镜像　2.顶点对顶点，捕捉移动

3.顶点对顶点，捕捉移动

图1-45 楼顶镜像（旋转）

图1-46所示为SketchUp场景搭建：AT&T联合总部大楼。

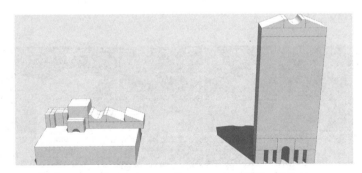

图1-46 SketchUp场景搭建：AT&T联合总部大楼

在SkerchUp中，搭建积木建筑组合的过程参考如下步骤：

1）底座组合如图4-47、图1-48所示。

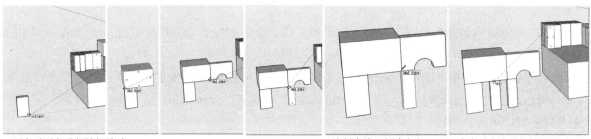

1.顶点对顶点进行捕捉移动　　　　　　　　　　2.绘制直线，创建中点　　　3.中点对中点进行捕捉移动

图1-47　底座组合（三）

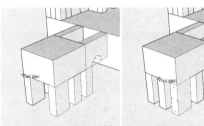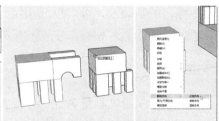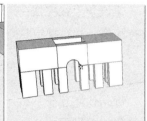

1.加选多边形后捕捉顶点进行复制　2.点选多边形后捕捉中点，然后中点对中点进行复制　3.加选多边形后沿轴线进行复制，然后进行翻转　4.捕捉顶点，然后顶点对顶点进行移动

图1-48　底座组合（四）

2）楼身旋转如图1-49所示。

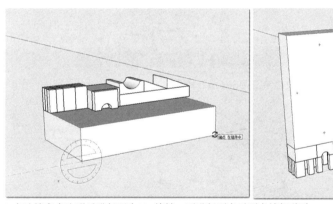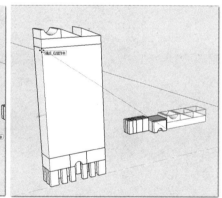

1.点选楼身多边形后进行两次90°旋转，再进行顶点对顶点捕捉移动　　2.加选楼顶多边形后，顶点对顶点捕捉移动

图1-49　楼身旋转（二）

3）楼顶翻转，如图1-50所示。

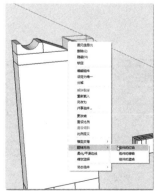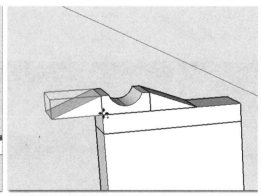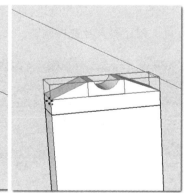

1.点选多边形，右击选择"翻转方向"和"组件的红轴"以进行翻转　2.顶点对顶点捕捉移动　3.加选楼顶多边形后，顶点对顶点捕捉移动

图1-50　楼顶翻转（旋转）

从上述练习中能够看出3ds Max和SketchUp在有关移动、旋转、捕捉及镜像命令操作方面的差异性如下：

1）3ds Max的移动捕捉点需要先经过设定和开启，旋转捕捉需要提前设定好角度；SketchUp的移动捕捉无须设定，可自动捕捉顶点或中点，旋转自动捕捉三个轴向，并可随时输入旋转角度。

2）在镜像方面，3ds Max和SketchUp都可以针对某一物体在三个维度中选择一个维度进行镜像，3ds Max可以设定是否保留源对象，选择实例或普通复制模式。SketchUp如果想保留源对象，需要将物体先进行复制后再进行翻转。

3）针对模型的复制阵列，SketchUp除了可通过捕捉中点进行乘法复制外，还可以进行除法复制的操作，实现物体等间距的均分效果。

建议学生在完成一遍上述练习的基础上，可以组成小组，小组成员各自在任意方向拆解模型后，进行互换，并在规定时间内复原模型，以此不断练习，从而能够牢固掌握基本空间体搭建的方法。

2. 摄像机照片匹配同步建模练习

母亲住宅建于1962年，是著名建筑家文丘里为他的母亲设计建造的一栋小型住宅，位于美国宾夕法尼亚州费城栗子山上。这幢表面看起来简单而平凡的住宅，无论从平面布局还是立面构图，却有着复杂与深奥的内涵，是后现代主义的经典作品，具有极大的启发性（图1-51、图1-52）。

图1-51 母亲住宅建筑体块组合练习3ds Max场景

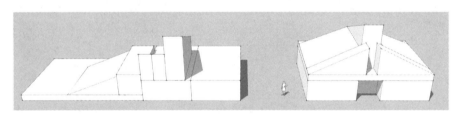

图1-52 母亲住宅建筑体块组合练习SketchUp场景

（1）在3ds Max中搭建母亲住宅 3ds Max的照片匹配需要安装外部插件，也可以安装渲梦工厂的插件集合工具，然后才能进行以下的操作：

1）图片导入及透视调整，如图1-53所示。

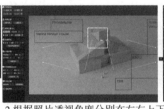

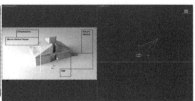

1.加载渲梦工厂，单击"选择图片"按钮，找到图片后打开　　2.根据照片透视角度分别在左右上下方向进行透视点的移动，完成后点击"完成匹配"按钮　　3.自动生成两个视口：带照片背景的摄像机视口以及模型编辑视口，在照片背景视口创建长方体，确认对角线对齐后，将其转换为可编辑多边形

图1-53 图片导入及透视调整（一）

2）房身创建如图1-54所示。

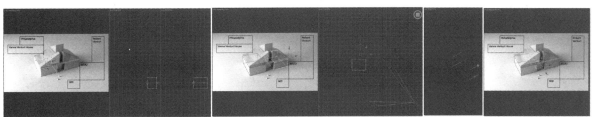

1.在模型编辑视口移动点，观察照片背景视口的形态变化　　　　2.在模型编辑视口进行复制　　3.捕捉顶点进行多边形创建，转换成可编辑多边形后对点进行移动

图1-54　房身创建（一）

3）房顶创建如图1-55和图1-56所示。

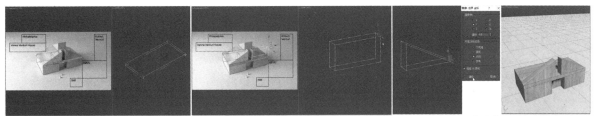

1.捕捉顶点创建长方体，调整高度，观察照片背景视口的形态变化　　2.捕捉顶点创建长方体，调整高度，捕捉顶点进行点的合并　　3.点选多边形复制镜像后，捕捉顶点进行移动

图1-55　房顶创建（一）

1.点选多边形捕捉中点进行复制　　2.点选多边形捕捉顶点进行复制，转换成可编辑多边形后捕捉移动合并一条边，再捕捉点以进行移动　　3.实例镜像后进行移动　　4.移动点，完成模型创建

图1-56　房顶创建（二）

（2）在SketchUp中搭建母亲住宅　　SketchUp的照片匹配功能是软件自带的，具体操作步骤如下：

1）图片导入及透视线调整，如图1-57所示。

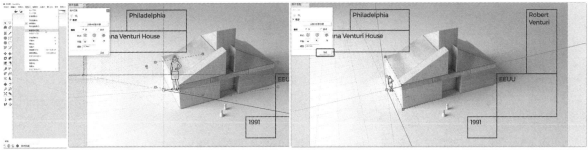

1.选择"相机"，单击"新建照片匹配"按钮加载照片　　2.根据照片模型透视关系调整三个方向的透视线，单击"完成"按钮

图1-57　图片导入及透视线调整（二）

2）房身创建成组，如图1-58所示。

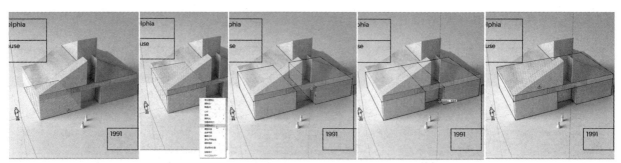

1.根据照片模型从对角顶点出发绘制矩形，挤出后将其创建群组

2.复制后，利用卷尺绘制辅助线，利用矩形捕捉顶点绘制中间长方形后挤出，创建群组

3.捕捉顶点绘制长方形后挤出，创建群组

图1-58 房身创建（二）

3）房顶创建成组，如图1-59和图1-60所示。

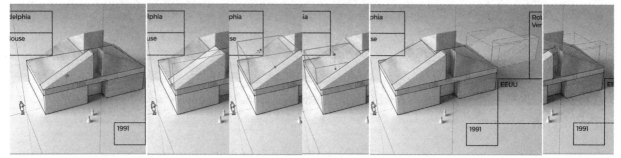

1.利用线捕捉顶点绘制三角形面后进行挤出，创建群组后捕捉顶点进行复制

2.利用缩放命令进行形体拉伸

3.加选后复制一个，沿红轴方向进行翻转后，捕捉顶点以进行移动

图1-59 房顶创建（三）

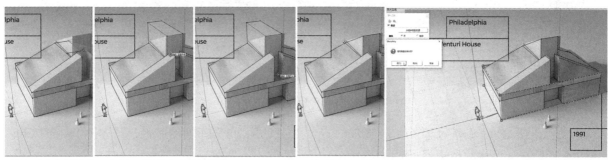

1.捕捉顶点绘制矩形，再进行面的挤出和捕捉移动

2.选择线进行捕捉移动

3.单击"从照片投影纹理"按钮，将照片中的贴图从透视角度投射到模型上

图1-60 房顶创建（四）

3ds Max和SketchUp照片匹配建模的区别与联系：

1）3ds Max有三个透视灭点线调整，SketchUp是两个透视灭点线配合视高进行调整。

2）3ds Max有基本形的尺寸调整，转为可编辑多边形后可进行点的移动和面的推拉，SketchUp能移动线、推拉面，以及缩放形体。

3）3ds Max相同构件用实例复制，SketchUp通过创建组件进行关联。

尝试将图1-61和图1-62所示的两个建筑方案分别采用3ds Max和SketchUp两种软件进行搭建，将场景左侧的构件利用移动、旋转或复制命令完成类似右侧建筑体块的搭建。搭建之前建议先查询方案的实景照片及文字资料，在对方案的基本形态特征有了一定了解的基础上再进行体块搭建。

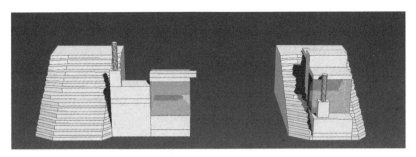

图1-61　3ds Max场景：道格拉斯住宅（1984年普利兹克建筑奖获得者理查德·迈耶作品）

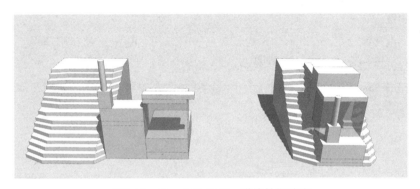

图1-62　SketchUp场景：道格拉斯住宅

尝试将图1-63和图1-64所示的两个建筑方案均分别采用3ds Max和SketchUp的照片匹配功能，进行建筑体块的创建。创建之前建议先查询方案的实景照片及文字资料，在对方案的基本形态特征有了一定了解的基础上再进行体块创建，注意创建体块要及时成组。

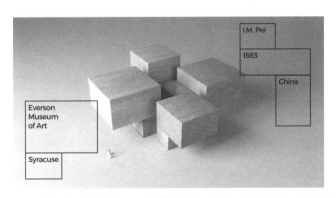

图1-63　艾佛森美术馆（1983年普利兹克建筑奖获得者贝聿铭作品）

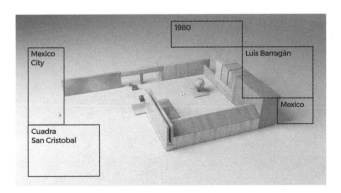

图1-64　圣·克里斯特伯马厩与别墅（1980年普利兹克建筑奖获得者路易斯·巴拉干作品）

本节任务点：

任务点1：参照图1-42~图1-45所示的过程步骤，进行3ds Max场景建筑体块组合练习。

任务点2：参照图1-47~图1-50所示的过程步骤，进行SketchUp场景建筑体块组合练习。

任务点3：打开图1-51和图1-52所示的场景模型，参照图中右侧所示的最终样式进行模型组合练习，以初步了解建筑体块的类型和组合形式。

任务点4：在3ds Max中导入母亲住宅建筑体块组合练习的素材，参照图1-53~图1-56所示的步骤进行场景照片匹配建模。

任务点5：在SketchUp中导入母亲住宅建筑体块组合练习的素材，参照图1-57~图1-60所示的步骤进行照片匹配建模。

任务点6：在3ds Max和SketchUp中分别打开图1-61和图1-62所示的模型场景，参照图中右侧所示的最终效果，利用左侧的零散构件进行建筑体块搭建练习。

任务点7：在3ds Max和SketchUp中均导入图1-63和图1-64所示的照片素材，以进行建筑体块组合照片匹配建模练习。

本章小结

通过本章的学习，能够掌握3ds Max和SketchUp的开机设定、视口操作和基本操作命令。对初学者来说，养成良好的建模习惯对之后复杂场景的创建和管理是至关重要的。另外，通过基本物体的创建拉开了多边形建模的序幕，初步了解到三维建模的基本思路以及方法步骤，除此之外，从本章内容中还可以了解到基本体是创建复杂模型前首先应考虑到的单元基础形，这对于第2章的多边形、样条线和样条线转多边形三大命令模块的学习有一定的帮助。

第2章　多边形命令案例与材质创建

本章综述： 本章通过BOX方块进行单个命令的演示，了解针对点、线、边、面、元素各项的操作方式，同时为每个命令设置具体的案例以进行专项训练，以期培养学生逐步能够独立应用多边形编辑命令来建模的能力。

2.1　多边形建模命令

2.1.1　多边形编辑常用命令

本节开始学习多边形的编辑命令，与第1章第1.5.3小节中对利用基本形创建的模型进行修改的方式有所不同，多边形编辑是通过修改模型的点、线、边界、面和元素五项内容来进行。在进行多边形编辑前应首先选择模型，再右击"转换为可编辑多边形"按钮，其中3ds Max 23个常用多边形编辑命令见表2-1。

表2-1　3ds Max 23个常用多边形编辑命令

点（快捷键为〈1〉）	线（快捷键为〈2〉）	边界（快捷键为〈3〉）	面（快捷键为〈4〉）	元素（快捷键为〈5〉）
Chamfer 切角	Chamfer 切角	Cap 封口	Extrude 挤出	Attach 附加
Connect 连接	Connect 连接		Bevel 倒角	Detach 分离
Cut 切割	Slice Plane 切片平面		Insert 插入	Push 推
Weld 焊接	Create Shape Form Selection 从选择内容创建图形		Bridge 桥接	Pull 垃
Collapse 塌陷	Bridge 桥接（单面、双面封口）		Extrude Along Spline 按照样条线挤出	Relax 松弛
Remove 移除			Detach 分离	

1. 多边形命令基础建模环境设置

1）按照第1.2节"开机设置"的内容，进行绘图基础环境的设置，即保存、单位调整、渲染器和修改器按钮设置。如果之前已经设置过单位、渲染器及修改器按钮，则直接进行文件的保存即可。

2）基础体块的创建和复制。为了方便观察和记忆，将点、线、边、面和元素五项命令均单独对完全相同的正方体进行操作。需要设置背景栅格间距为1000mm，打开捕捉，设置捕捉栅格点，创建出一个正方体BOX（边长为1000mm），捕捉栅格点移动复制5个，间距为1000mm，最终效果如图2-1所示（具体的步骤可参照第1.4节"基础原型BOX的创建、'复制三法'和'选择八法'"）。

图2-1　多边形命令学习基本环境

2. 多边形编辑点的命令（表2-2）演示（快捷键：〈1〉）

表2-2　多边形编辑点的命令汇总

Chamfer 切角	Connect 连接	Cut 切割	Weld 焊接	Collapse 塌陷	Remove 移除
由一点向三个维度的剪切	同一平面内在选中的顶点之间创建新的边	该命令允许在多边形所在的平面内创建任意边	一定距离内实现两点的合并，与塌陷性比较，多了距离输入	在同一平面内将选定的连续点进行合并，较焊接命令更为方便	类似于删除命令，但能够保留点所在的面

1）模型内部点的控制，主要是为了在面上生成线。进入多边形点的编辑后，通过选择（单击选择或框选或加选或减选）多边形的点对象，除了可以进行基本命令（移动、旋转、缩放）操作外，还可执行表2-2中的命令，实现更多形态的变化。在了解了表2-2中的基本命令后，复制一行边长1m的正方体，同时右击选择"转换为可编辑多边形"后，按照图2-2中所示的步骤进行操作。

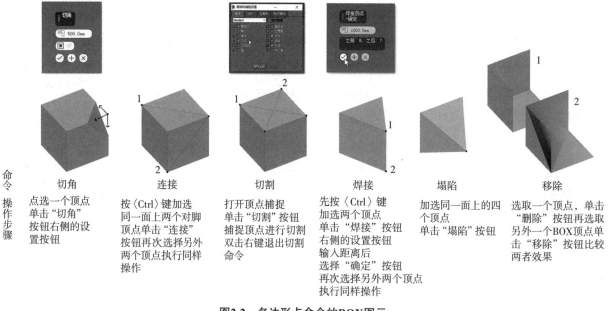

命令	切角	连接	切割	焊接	塌陷	移除
操作步骤	点选一个顶点单击"切角"按钮右侧的设置按钮	按〈Ctrl〉键加选同一面上两个对脚顶点单击"连接"按钮再次选择另外两个顶点执行同样操作	打开顶点捕捉单击"切割"按钮捕捉顶点进行切割双击右键退出切割命令	先按〈Ctrl〉键加选两个顶点单击"焊接"按钮右侧的设置按钮输入距离后选择"确定"按钮再次选择另外两个顶点执行同样操作	加选同一面上的四个顶点单击"塌陷"按钮	选取一个顶点，单击"删除"按钮再选取另外一个BOX顶点单击"移除"按钮比较两者效果

图2-2　多边形点命令的BOX图示

操作完一个模型后，必须在退出当前的多边形编辑后才能选择其他的模型对象。

2）模型外部点的控制，主要是对模型内部多个点整体进行自然的过渡变化（移动、缩放、旋转）。针对模型内部点进行整体控制的修改器命令为FFD修改器。

FFD修改器的定义：针对某个物体施加一个柔和的力，使该区域的点位置发生变化，从而使模型产生柔和的变形。FFD修改器不仅可以从空间三个维度扭曲物体，还可以作为基本变动修改工具，灵活弯曲物体表面。FFD修改器分为多种，如FFD2×2×2、FFD3×3×3、FFD4×4×4、FFD（圆柱体）、FFD（长方体）等。它们的功能与使用方法基本一致，只是控制点数量与控制形状略有不同。

首先创建一个有细分分段的正方体，然后右击选择"切换为可编辑多边形"，再切换到点的层级（按快捷键〈1〉），选择需要控制的点后，单击修改器列表，选择FFD修改器种类，单击打开"控制点"（单击后显示为蓝色），框选或点选外部控制点进行移动、旋转和缩放，以实现如图2-3中所示的形体变化。

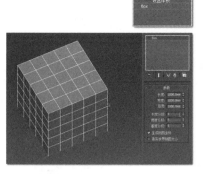
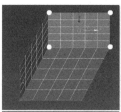
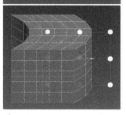
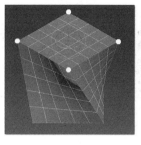
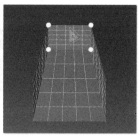

捕捉1m栅格点创建正方体
设置细分长宽高均为"5"
捕捉栅格点复制4个正方体
BOX

选取修改器FFD2×2×2
单击"控制点"面板，框选顶
部控制点进行移动，实现倾斜
效果
选择另外一个BOX
选取修改器FFD3×3×3
单击"控制点"面板，框选中
间控制点进行移动，实现弯曲
效果

选取一个BOX
单击"控制点"面板，框
选顶部控制点进行旋转
设置旋转捕捉45°以实现
扭曲效果

选取一个BOX
单击"控制点"面板，框
选顶部控制点进行缩放，
以实现倒角收缩效果

图2-3　点命令的FFD修改器控制点进行移动、旋转、缩放

在FFD修改器使用完成之后，若想继续对多边形进行点的外部编辑，需将模型重新右击选择
"转换为可编辑多边形"，实现对FFD修改器功能的塌陷，然后才能进行多边形点的选择，以及进行
"FFD修改器"的二次点控制操作。

3. 多边形编辑线的命令（表2-3）演示

表2-3　多边形编辑线的命令汇总

Chamfer 切角	Connect 连接	Slice plane 切片平面	Create shape Form selection 从选择内容 创建图形	Bridge 桥接 （单面、双面封口）
线向两侧剪切后，通过设置细分可实现倒圆角效果	平行边之间创建新边。连接相邻边，会生成菱形或三角形图案	进行面切割的类似刀片工具，切片平面可进行移动、旋转	将所选线，提取成二维样条线，可选择是否闭合，主要用于路径样条线的提取	平行线之间连接成面。主要用于封口

1）模型线的控制。多边形编辑线的控制除了在选择线后可进行基本的移动、旋转（一般不会
缩放，缩放需要选择线上的点）操作外，还可执行表2-3中的命令，实现更多形态的变化。在了解了
表2-3中的基本命令后，复制一行边长为1m的正方体，同时右击选择"转换为可编辑多边形"后，切
换到线层级（快捷键：〈2〉），按照图2-4所示的步骤进行操作。

2）模型线的连续选择：环形和循环命令，其能够帮助快速完成模型中横向或纵向平行的一组线。
在场景顶视图中创建一个基本形球体，选择"转换为可编辑多边形"后，切换到线层级（快捷键：
〈2〉），按照图2-5所示的步骤进行操作。

环形（快捷键为〈Alt+R〉）命令：选择与选定边平行的所有边。

循环（快捷键为〈Alt+l〉）命令：选择与选定边方向一致且相连的所有边。

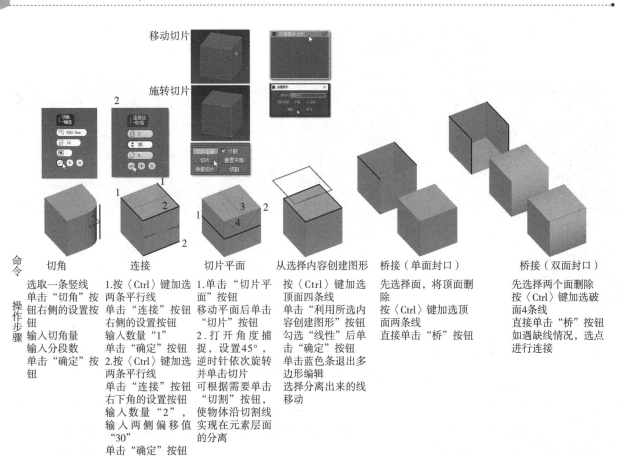

命令	切角	连接	切片平面	从选择内容创建图形	桥接（单面封口）	桥接（双面封口）
操作步骤	选取一条竖线 单击"切角"按钮右侧的设置按钮 输入切角量 输入分段数 单击"确定"按钮	1.按〈Ctrl〉键加选两条平行线 单击"连接"按钮右侧的设置按钮 输入数量"1" 单击"确定"按钮 2.按〈Ctrl〉键加选两条平行线 单击"连接"按钮右下角的设置按钮 输入数量"2"，输入两侧偏移值"30" 单击"确定"按钮	1.单击"切片平面"按钮 移动平面后单击"切片"按钮 2.打开角度捕捉，设置45°，逆时针依次旋转并单击切片 可根据需要单击"切割"按钮，使物体沿切割线实现在元素层面的分离	按〈Ctrl〉键加选顶面四条线 单击"利用所选内容创建图形"按钮 勾选"线性"后单击"确定"按钮 单击蓝色条退出多边形编辑 选择分离出来的线移动	先选择面，将顶面删除 按〈Ctrl〉键加选顶面两条线 直接单击"桥"按钮	先选择两个面删除 按〈Ctrl〉键加选破面4条线 直接单击"桥"按钮 如遇缺线情况，选点进行连接

图2-4　多边形编辑线命令的BOX图示

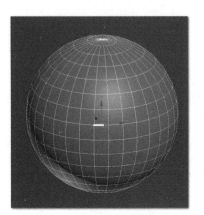 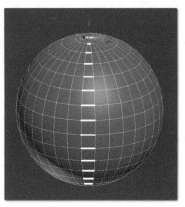 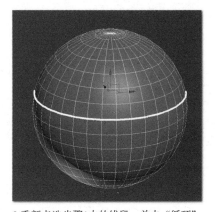

1.创建球体后转换为可编辑多边形，点选线	2.单击右侧"选择"面板中的"环形"按钮	3.重新点选步骤1中的线段，单击"循环"按钮，或者按住〈Ctrl〉键后双击该线段

图2-5　环形和循环命令选线的球体图示

3）线层级下的利用所选内容创建图形的命令、修改器中的截图命令与多边形边层级中的切片命令的比较如下。

前两个命令是从多边形中提取样条线的常用方式。在多边形编辑中，线层级下的利用所选内容创建图形的命令是将多边形中的线提取出来，可以作为新的图形样条线或放样的路径；而修改器中的截图命令，是以虚拟界面与物体相交的方式，分离出新的截面样条线；多边形边层级中的切片命令是利用切片平面与物体相交而在多边形上生成截面样条线，样条线本身没有分离出来，与点层级下的连接命令相似，可以适用于不规则的物体以实现线的细分效果。

4. 多边形编辑边界的命令（表2-4）演示

多边形编辑边界命令主要用于模型破面的封口命令中（图2-6），操作后的效果如同多边形编辑线命令中的桥接命令。两者结合使用，可实现图2-4中单面封口和双面封口的多种方法，便于灵活解决建模过程中的破面问题。

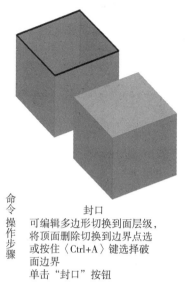

表2-4　多边形编辑边界的命令

Cap 封口
当多边形出现缺口时，常用此命令进行封口

命令操作步骤

封口
可编辑多边形切换到面层级，将顶面删除切换到边界点选或按住〈Ctrl+A〉键选择破面边界
单击"封口"按钮

图2-6　多边形编辑边界命令的BOX图示

5. 多边形编辑面的命令（表2-5）演示

表2-5　多边形编辑面的命令汇总

Extrude 挤出	Bevel 倒角	Insert 插入	Bridge 桥接	Extrude Along Spline 按照样条线挤出	Detach 分离
使面沿一个方向推拉成体，可选择成组、局部法线和按多边形挤出三种模式实现	在挤出的基础上，通过调整斜度参数进行斜率的控制，一般负数向里收，正数向外扩张	拖动产生新的轮廓边并由此产生新的面	相对的两组面，在多边形外部进行桥接会形成通道，内部上下面桥接，会形成镂空效果	使物体沿指定的样条线路径挤出	使面脱离多边形，常用于进行不同材质面的分离操作

1）模型面的控制。点和线层级的命令操作都是以面层级为载体，实现对面的形态划分，为面执行表2-5中的命令作铺垫。在顶视图中创建直径为1m的圆柱体和边长为1m的正方体，同时右击选择"转换为可编辑多边形"后，切换到面层级（快捷键：〈4〉），按照图2-7所示的步骤进行操作。

2）模型面的快速选择：扩大和收缩命令。

扩大命令：使当前选择的面向外围扩展一圈，增大选择区域。

收缩命令：与扩大相反，对当前选择面进行收缩，以减小选择区域。

3）补充：翻转命令，可以翻转多边形的法线方向，多用于3ds Max模型中反面的翻转。不翻转渲染面会是黑色，但两个不同方向的面同时执行挤出或壳命令后方向不一致，可通过翻转命令调整一致。

在顶视图中创建一个基本形球体，将其转换为可编辑多边形后，切换到面层级（快捷键：〈4〉），框选或点选面后进行扩大、收缩和翻转命令的练习。

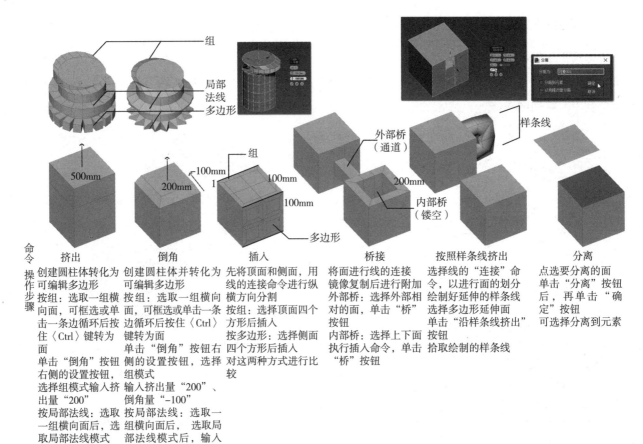

命令	挤出	倒角	插入	桥接	按照样条线挤出	分离
操作步骤	创建圆柱体转化为可编辑多边形 按组：选取一组横向面，可框选或单击一条边循环后按住〈Ctrl〉键转为面 单击"倒角"按钮右侧的设置按钮，选择组模式输入挤出量"200" 按局部法线：选取一组横向面后，选取局部法线模式后，输入同样数据 按多边形：选取一组横向面，选取多边形模式后，输入同样数据	创建圆柱体并转化为可编辑多边形 按组：选取一组横向面，可框选或单击一条边循环后按住〈Ctrl〉键转为面 单击"倒角"按钮右侧设置按钮，选择组模式 输入挤出量"200"、倒角量"-100" 按局部法线：选取一组横向面后，选取局部法线模式后，输入同样数据 按多边形：选取一组横向面后，选取多边形模式后，输入同样数据	先将顶面和侧面，用线的连接命令进行纵横方向分割 按组：选取顶面四个方形后插入 按多边形：选择侧面四个方形后插入 对这两种方式进行比较	将面进行线的连接镜像复制后进行附加 外部桥：选择外部相对的面，单击"桥"按钮 内部桥：选择上下面执行插入命令，单击"桥"按钮	选择线的"连接"命令，以进行面的划分 绘制好延伸的样条线 选择多边形延伸面 单击"沿样条线挤出"按钮 拾取绘制的样条线	点选要分离的面 单击"分离"按钮后，再单击"确定"按钮 可选择分离到元素

图2-7 多边形编辑面命令的BOX图示

6. 多边形编辑元素的命令（表2-6）演示

表2-6 多边形编辑元素的命令汇总

Attach 附加（与成组比较）	Detach 分离	Push 推	Pull 拉	Relax 松弛
附加后的物体可以同时进行点、线、面、边界、元素的编辑	附加后的多边形，需独立时进行的命令	常用于地形模型的制作，需要有足够的细分	调整好笔刷大小和推拉值后进行	主要用于地形起伏的平滑处理

（1）模型元素的控制 由于元素层级能够识别单个独立的模型，所以可以实现多个模型的附加，附加状态下的多个模型可实现点、线、面的同时选择和操作（图2-8），若想解除附加关系，可以通过元素识别独立模型实现分离（注意桥接后两个模型变为一个整体，原始附加对象将不能被识别，只能通过框选面，执行面层级的分离命令）。

（2）附加命令补充 成组命令、附加或多个附加命令、塌陷命令三者的区别。

1）执行成组命令后，每个组内的物体仍是独立的个体，可进入组后单独进行多边形编辑，同时也可以解组，解组后的每个物体其原有的坐标轴不变。

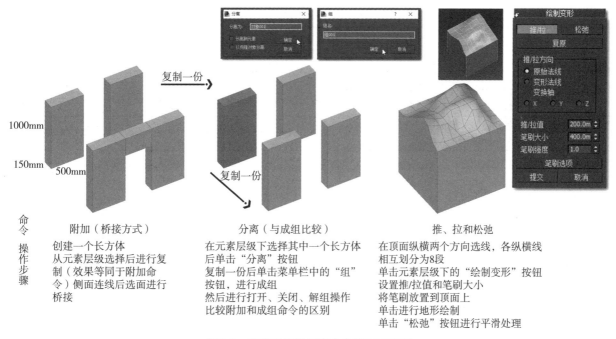

命令	附加（桥接方式）	分离（与成组比较）	推、拉和松弛
操作步骤	创建一个长方体 从元素层级选择后进行复制（效果等同于附加命令）侧面连线后选面进行桥接	在元素层级下选择其中一个长方体后单击"分离"按钮 复制一份后单击菜单栏中的"组"按钮，进行成组 然后进行打开、关闭、解组操作 比较附加和成组命令的区别	在顶面纵横两个方向选线，各纵横线相互划分为8段 单击元素层级下的"绘制变形"按钮 设置推/拉值和笔刷大小 将笔刷放置到顶面上 单击进行地形绘制 单击"松弛"按钮进行平滑处理

图2-8　多边形编辑元素命令的BOX图示

2）附加或多个附加命令是在多边形编辑过程中进行物体的合并，附加命令通过单击添加实现，多个附加命令通过列表添加实现（前提是列表中有明确的对象名称或对象类型）。如需分离其中的某个物体，需要在元素层级下进行分离操作，坐标轴需要重新居中调整。

3）执行塌陷命令后，整体被转化成为可编辑网格，需要转换为可编辑多边形，如需分离其中的某个物体，需要在元素层级下进行分离操作。

7. 点、线、面、边界综合应用技巧

1）点、线、面、边界命令之间的相互切换方法：按住〈Ctrl〉键进行层级间的转换。通过切换操作可以快速进行对象的选择，常用的是边界转面、面转边界和面转点。

　　具体操作方法：将边长为1m的正方体转换为可编辑多边形后分别进行点转边界、面转点等的切换操作。

2）多边形点的归零技巧：利用点的压缩可以将不在同一水平面上的点压缩至同一水平面，但过程相对复杂。

　　简便的操作方法：可以进入点层级下的多边形编辑命令，选取需要归零的所有点（此时可以先选择一个倾斜的面利用面转点的方法切换到点），在"缩放"菜单中选择轴缩放命令（第二种缩放类型），右击对应的需要归零的轴（倾斜面的垂直方向轴）或者输入"0"后按回车键（或右击"调节数值"按钮），可以实现在这个方向上所有点的归零。

3）线的选择：若想选择多边形全部的边时，可以通过按住〈Ctrl〉键并双击其中一条线（相当于循环命令）实现。

4）多边形建模封口技巧（表2-7）：建模过程中要熟练应用快捷键，这不仅可以提高建模效率，还能够提高记笔记的效率。同样是进行单面封口和双面封口的学习（详细的介绍在第2.4.5小节"单双面封口方式比较"中），可以尝试利用快捷键的方法进行快速记录（详细介绍记录建模过程思路的方法在第2.5.2小节"单一模型建模思路的两种形式"中）。

表2-7　多边形单双面封口技巧汇总

单双面封口方式	单面封口技巧（四种方法）	相邻两面封口技巧（四种方法）
方法一	按快捷键〈3〉和执行单面封口命令	按快捷键〈3〉和执行双面封口命令，再按快捷键〈1〉和执行连接命令
方法二	按快捷键〈2〉和执行连接命令	按快捷键〈2〉和执行连接命令
方法三	按快捷键〈2〉和〈Shift+R〉键，再按〈1〉键和执行塌陷命令	按快捷键〈2〉和执行桥接命令，再按快捷键〈3〉和执行双面封口命令
方法四	按快捷键〈2〉和执行挤出命令，再按〈1〉键和执行塌陷命令	按快捷键〈2〉和执行挤出命令，再按快捷键〈1〉和执行焊接命令

本节任务点：

任务点1：创建多边形命令的基本绘图环境。

任务点2：参照表2-2和图2-2，进行多边形点命令的操作练习。

任务点3：参照图2-3中所示的步骤，进行FFD修改器BOX练习。

任务点4：参照表2-3和图2-4，进行多边形线命令的操作练习。

任务点5：参照表2-4和图2-6，进行多边形边界命令的操作练习。

任务点6：参照表2-5和图2-7，进行多边形面命令的操作练习。

任务点7：参照表2-6和图2-8，进行多边形元素命令的操作练习。

任务点8：参照配套资料，进行点、线、面、边界命令的相互切换技巧练习。

2.1.2　3ds Max多边形编辑命令与SketchUp命令比较

根据表2-8中的内容，将3ds Max多边形编辑命令与相应SketchUp中的命令进行比较（图2-9）。通过这样的比较更有利于理解和进行新的软件命令学习，同时也有利于为利用SketchUp同步创建3ds Max模型的操作打下基础（在这个过程中需要在SketchUp中安装部分辅助插件）。

表2-8　3ds Max多边形编辑命令与SketchUp命令比较

层级	3ds Max	SketchUp（插件辅助）
点	连接	顶点编辑（插件）
	切割	手动画线（基本）
线	切角	圆弧 + 推拉；路径跟随（快捷键〈Shift+L〉）
	连接	除法复制
	切片平面	佐罗刀（插件） 坯子助手模型切割
	从所选内容创建图形	生成地形线（插件）
	封口	手动画线（基本）；坯子助手快速封面 自动封面（插件）
面	挤出或倒角	倒角 联合推拉（插件）
	插入	偏移（快捷键〈O〉）（基本）
	桥接	挤出（快捷键〈Q〉或〈P〉）（基本）
	按照样条线挤出	路径跟随（快捷键〈Shift+L〉）（基本）
	分离	创建组与组件（基本），爆炸组件（插件）
元素	推拉	沙盒工具（基本），泡泡工具（插件）

注："（基本）"为SketchUp自带功能，外部相关插件参考配套资料或自行下载和安装。

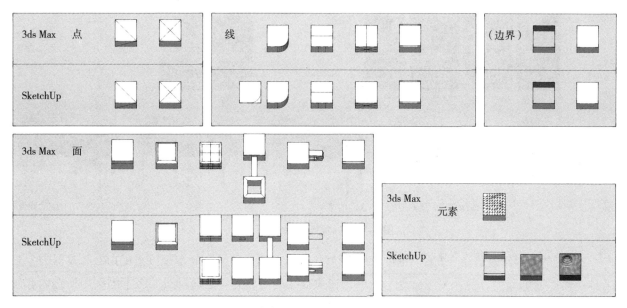

图2-9　SketchUp命令与3ds Max多边形编辑命令比较图示

利用配套资料，根据第2.1.1小节"多边形编辑常用命令"，在SketchUp中实现对应3ds Max多边形编辑命令的学习，在此过程中可比较两个软件建模逻辑的差异性。本部分学习可结合对应插件的教程自行开展，或在教师的指导下进行。

本节任务点：

任务点：创建BOX基本体，参照3ds Max多边形编辑命令，按照点、线、面的顺序在SketchUp中进行对应命令的练习。

2.1.3　多边形编辑命令专题案例

对多边形中的一种或几种命令进行有针对性的反复练习，能够强化对这一命令或这些命令的理解和操作。同时，对多边形编辑中的点、线、面层级下的命令进行有针对性的案例练习，可良好的建模习惯和建模思路的养成。

1.针对某（几）项命令的案例练习

1）点的移动命令案例（图2-10、图2-11）。折线造型主要是以点的移动实现，其他部分的造型利用线的连接、线的切角、面的挤出命令等实现。

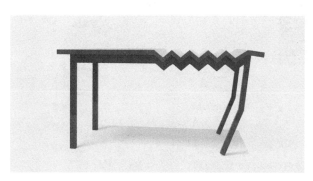

图2-10　点的移动命令案例

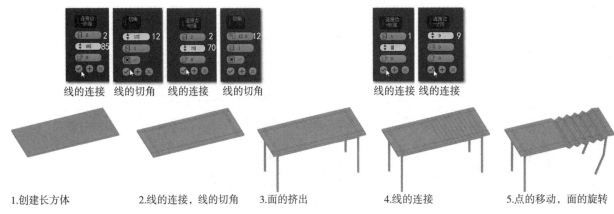

1.创建长方体　　　2.线的连接，线的切角　　　3.面的挤出　　　4.线的连接　　　5.点的移动，面的旋转

图2-11　点的移动命令案例过程

2）点的FFD修改器命令案例（图2-12、图2-13）。案例造型特征的实现以点的FFD修改器为主要工具，辅以线的复制、镜像复制命令。注意，在执行线的分离时，是通过线层级下的利用所选内容创建图形的命令，将需要挤出的线从平面中提取出来。在操作点的FFD修改器命令后需要再将其转换为可编辑多边形后，然后进行线的复制命令。

图2-12　点的FFD修改器命令案例

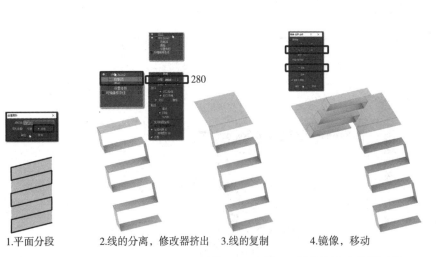

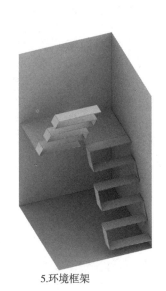

1.平面分段　　　2.线的分离，修改器挤出　　3.线的复制　　　4.镜像，移动　　　5.环境框架

图2-13　点的FFD修改器命令案例过程

3）线的连接命令案例（图2-14、图2-15）。案例造型特征的实现以线的连接命令为主要操作，辅以面的倒角及点的移动、点的连接、面的分离命令。注意，在进行长方体创建时，按住〈Ctrl〉键可以将正方形锁定。在执行点的位移命令时需要激活绝对模式以变换输入键，再根据轴线方向输入数值，注意左向为负数，右向为正数。

图2-14　线的连接命令案例

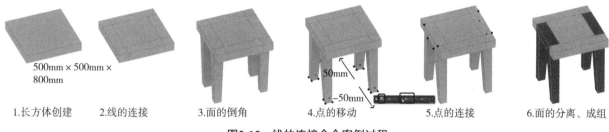

图2-15　线的连接命令案例过程

4）线的切片平面命令案例（图2-16、图2-17）。案例造型特征的实现以在线层级下的切片平面命令为主要操作，在进行面的分割时，还需利用面的挤出命令来完成。

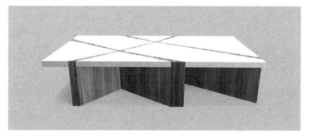

图2-16　线的切片平面命令案例

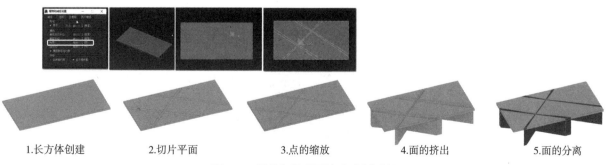

图2-17　线的切片平面命令案例过程

5）线的切角命令案例（图2-18、图2-19）。案例的弧形造型主要利用线的切角命令实现，辅助以点的FFD修改器和元素的推拉命令实现变形。注意元素的推拉命令需要在保证平面有足够细分（分段数）的情况下进行。

图2-18　线的切角命令案例

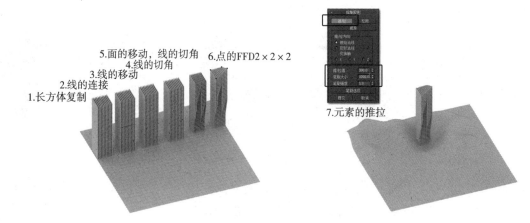

图2-19　线的切角命令案例过程

6）线的拓扑命令案例（图2-20、图2-21）。案例镂空网格造型主要通过拓扑命令完成，辅助以修改器的晶格命令、面的插入和挤出命令实现。梯形造型的实现是当圆柱体在垂直方向上还没有细分的情况下，通过选择顶部面后执行缩放命令来实现。

图2-20　线的拓扑命令案例

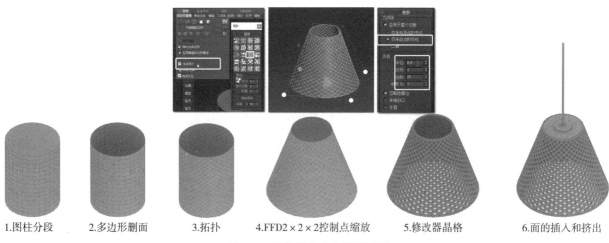

| 1.图柱分段 | 2.多边形删面 | 3.拓扑 | 4.FFD2×2×2控制点缩放 | 5.修改器晶格 | 6.面的插入和挤出 |

图2-21　线的拓扑命令案例过程

7）面的旋转命令案例（图2-22、图2-23）。案例造型特征的实现以面的旋转命令为主要操作，辅助以点的FFD修改器和线的复制来完成。注意只有当面删除后，线的复制命令才可以选择破面边界的线，即按住〈Shift〉键进行复制，以延伸成面。

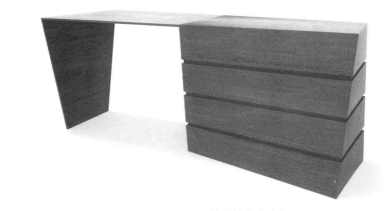

图2-22　面的旋转命令案例

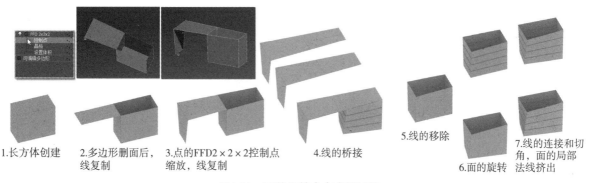

| 1.长方体创建 | 2.多边形删面后，线复制 | 3.点的FFD2×2×2控制点缩放，线复制 | 4.线的桥接 | 5.线的移除 | 6.面的旋转 | 7.线的连接和切角，面的局部法线挤出 |

图2-23　面的旋转命令案例过程

2. 多边形命令综合练习

1）同一命令的多对象选择练习（图2-24、图2-25）。主要命令操作顺序为：线的连接命令→面的挤出命令→点的缩放命令和线的切角命令。进行该项练习的目的是为了熟练掌握窗口和交叉两种框选模式的相互切换操作，并且学会利用〈Ctrl〉键加选和〈Alt〉键减选对能够执行同一命令的操作对象实现一次性选中，这种操作方式能够提升建模效率，也是3ds Max相对SketchUp软件建模的一大优势。

图2-24　同一命令的多对象选择练习

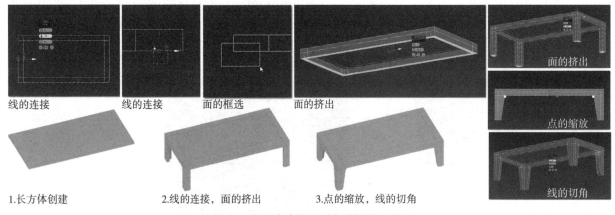

线的连接　　　　　线的连接　　　　　面的框选　　　　　面的挤出

面的挤出

点的缩放

线的切角

1.长方体创建　　　　2.线的连接，面的挤出　　　3.点的缩放，线的切角

图2-25　同一命令的多对象选择练习过程

2）多命令的先后顺序案例命令（图2-26、图2-27）。主要命令操作顺序为：线的连接命令→点的归零命令→线的切角命令→面的插入命令→面的挤出命令→点的FFD修改器命令。其中，有两个操作节点需要格外注意：一是实现尖顶造型的操作顺序，二是实现倾斜造型的操作顺序。本案例主要训练的是多命令执行的先后顺序安排，过早或过晚地操作都会导致其后的命令无法进行，读者在多次试错后会体会到这一点。

图2-26　多命令的先后顺序案例

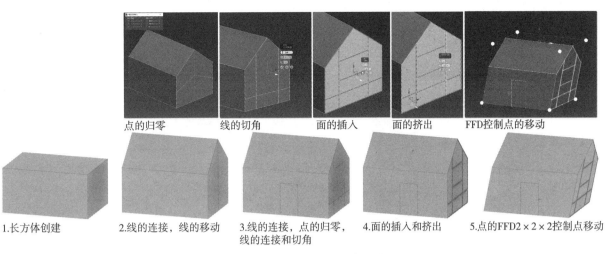

点的归零　　　　线的切角　　　　面的插入　　　　面的挤出　　　FFD控制点的移动

1.长方体创建　　　2.线的连接，线的移动　　3.线的连接，点的归零，　4.面的插入和挤出　　5.点的FFD2×2×2控制点移动
　　　　　　　　　　　　　　　　　　　　　　线的连接和切角

图2-27　多命令的先后顺序案例过程

　　点的归零是将不在同一水平面上的点延一个轴的方向进行压缩，直至处于同一水平面。也可在选中点对象后，右击选择第二种缩放模式后，在"偏移：世界"面板中的垂直轴方向一栏中输入"0"，然后按回车键实现。

　　3）基础形的编辑处理案例。面片编辑相对双面的体编辑在点、线和面的控制方面会更容易些，利用修改器的涡轮平滑命令能够使原本比较粗糙的模型过渡得更加自然。但这也要求原有模型的体块造型要概括简练，同时要对执行涡轮平滑命令后的效果进行约束，这主要是通过造型线层级的切角命令（图2-28中的线加粗部分）进行操作。

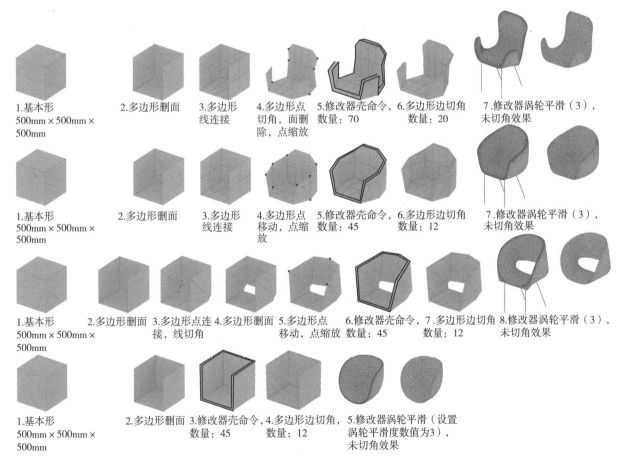

1.基本形　　　　2.多边形删面　　3.多边形　　　4.多边形点　　5.修改器壳命令，　6.多边形边切角　　7.修改器涡轮平滑（3），
500mm×500mm×　　　　　　　　线连接　　　切角，面删　　数量：70　　　数量：20　　　　未切角效果
500mm　　　　　　　　　　　　　　　　　　除，点缩放

1.基本形　　　　2.多边形删面　　3.多边形　　　4.多边形点　　5.修改器壳命令，　6.多边形边切角　　7.修改器涡轮平滑（3），
500mm×500mm×　　　　　　　　线连接　　　移动，点缩　　数量：45　　　数量：12　　　　未切角效果
500mm　　　　　　　　　　　　　　　　　　放

1.基本形　　　　2.多边形删面　3.多边形点连　4.多边形删面　5.多边形点　　6.修改器壳命令，　7.多边形边切角　　8.修改器涡轮平滑（3），
500mm×500mm×　　　　　　　　接，线切角　　　　　　　　移动，点缩放　数量：45　　　数量：12　　　　未切角效果
500mm

1.基本形　　　　2.多边形删面　3.修改器壳命令，　4.多边形边切角，　5.修改器涡轮平滑（设置
500mm×500mm×　　　　　　　　数量：45　　　数量：12　　　涡轮平滑度数值为3），
500mm　　　　　　　　　　　　　　　　　　　　　　　　未切角效果

图2-28　基础形的编辑处理案例过程（自下而上进行练习）

3. 其他命令案例练习

1）点的连接命令案例（图2-29、图2-30）。案例的折线造型主要通过点的连接命令实现，辅助以线的连接、面的插入、修改器壳命令等。

图2-29　点的连接命令案例

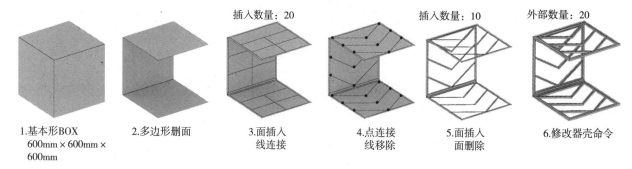

1.基本形BOX　　　2.多边形删面　　　3.面插入　　　4.点连接　　　5.面插入　　　6.修改器壳命令
600mm × 600mm ×　　　　　　　　　　　线连接　　　　线移除　　　　面删除
600mm

插入数量：20　　　　插入数量：10　　　　外部数量：20

图2-30　点的连接命令案例建模思路参照

2）线的复制命令案例（图2-31、图2-32）。案例的树枝造型主要通过线的移动、复制命令实现，辅助以点的切角、线的连接、面的分离、修改器壳命令等。

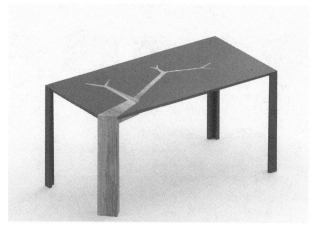

图2-31　线的复制命令案例

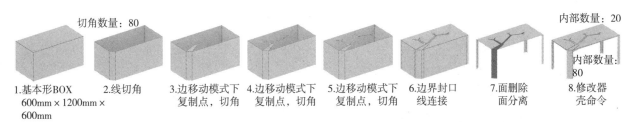

内部数量：80

1.基本形BOX
600mm×1200mm×
600mm

2.线切角

3.边移动模式下
复制点，切角

4.边移动模式下
复制点，切角

5.边移动模式下
复制点，切角

6.边界封口
线连接

7.面删除
面分离

8.修改器
壳命令

图2-32　线的复制命令案例建模思路参照

在执行修改器壳命令以实现树枝造型时，可能会遇到挤出面倾斜不平的情况，这就需要检查每个树杈转弯部分的造型的实现是否是在进行点的连接命令后再进行修改器壳命令的。

3）面的挤出命令案例（图2-23、图2-24）。案例的柜体桌造型主要通过面的挤出命令实现，辅助以线的切角、线的连接、面的插入和挤出等命令。

图2-33　面的挤出命令案例

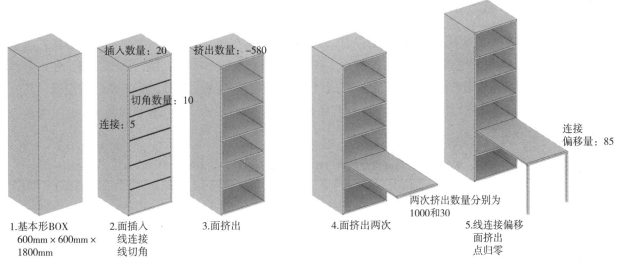

插入数量：20　挤出数量：-580

切角数量：10

连接：5

连接
偏移量：85

1.基本形BOX
600mm×600mm×
1800mm

2.面插入
线连接
线切角

3.面挤出

4.面挤出两次

两次挤出数量分别为
1000和30

5.线连接偏移
面挤出
点归零

图2-34　面的挤出命令案例建模思路参照

在图2-34的步骤2中先进行面的插入，然后选择内部两条平行线进行连接，将连接后的单线利用切角命令将其切成双线。在步骤4中在对同一面进行两次连续挤出时可以通过单击挤出命令设置面板的"加号"按钮来完成，然后进行挤出量的数值调整。

本节任务点：

任务点1：参照图2-11所示的操作步骤，创建一个长为1300mm、宽为600mm、高为30mm的长方体，完成点的移动命令案例。

任务点2：参照图2-13所示的操作步骤，在前视图创建长为1800mm、宽为1000mm、长度分段为5的平面，完成点的FFD修改器命令案例。

任务点3：参照图2-15所示的操作步骤，完成线的连接命令案例。

任务点4：参照图2-17所示的操作步骤，完成线的切片平面命令案例。

任务点5：参照图2-19所示的操作步骤，完成线的切角命令案例。

任务点6：参照图2-21所示的操作步骤，创建一个半径为150mm、高度为400mm、边数为30、高度分段为15的圆柱体，完成线的拓扑命令案例。

任务点7：参照图2-23所示的操作步骤，创建一个长为850mm、宽为450mm、高度为720mm的长方体，完成面的旋转命令案例。

任务点8：参照图2-25所示的操作步骤，创建一个长为1200mm、宽为600mm、高为30mm的长方体，完成同一命令的多对象选择练习。

任务点9：参照图2-27所示的操作步骤，创建一个长为2400mm、宽为1800mm、高为1200mm的长方体，完成多命令的先后顺序案例。

任务点10：参照图2-28所示的操作步骤，完成基础形的编辑处理案例。

任务点11：参照图2-30所示的操作步骤，完成点的连接命令案例。

任务点12：参照图2-32所示的操作步骤，完成线的复制命令案例。

任务点13：参照图2-34所示的操作步骤，完成面的挤出命令案例。

2.2 样条线编辑命令与CAD命令

2.2.1 样条线编辑命令

在建模中，有些模型不适合在开始创建时以三维模型的形态展开，而是需要先创建二维样条线图形，然后执行修改器命令将其转化成三维模型。基本的二维样条线形态有：线、圆形、弧、多边形、文本、截面、矩形、椭圆形、圆环、星形、螺旋线。基本形创建完成后需要进行样条线的编辑，其方式是：选择绘制的样条线，将其转换为可编辑样条线。3ds Max常用的样条线编辑对象及对应层级下的命令见表2-9。

表2-9　3ds Max常用的样条线编辑对象及对应层级下的命令

点	线	轮廓
Fillet 圆角		Outline 轮廓
Chamfer 切角	Divide 拆分	Boolean 布尔
Weld 焊接		
Fuse 融合		

3ds Max的样条曲线中，存在四种节点样式："Bezier""Bezier角点""角点"和"平滑"（可

与Photoshop钢笔工具命令对照），通过调整节点样式可以将基本形修改成需要的图案样式。如图2-35所示，平滑命令会使两端连接成不可调节曲度大小的曲线。角点命令是尖角顶点，点的两侧分别为直线。Bezier和Bezier角点两种命令的效果是介于平滑命令与角点命令之间的效果。两者的区别是Bezier命令生成的控制杆只能一起进行长短和角度的调整，而Bezier角点命令可以对两端的控制杆分别进行调整。

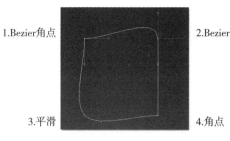

图2-35　矩形样条线中四种点样式的显示模式

　　3ds Max二维样条线的绘制过程与CAD有所不同，其没有输入距离的过程，只能借助2.5维捕捉对导入的CAD图进行描边，这一点与Photoshop中操作矢量钢笔工具的步骤非常相似，尤其是在节点的类型和绘制方法方面非常相似。注意，在绘制过程中，按〈Shift〉键可画直线。如果控制杆不能动，按一下〈F8〉键可对其进行解锁。

本节任务点：

> 　　任务点：绘制边长为1m的正方形样条线，将其转换为可编辑样条线后，切换到点层级，进行四种点样式的练习。

2.2.2　样条线编辑命令与CAD命令比较

　　3ds Max样条线编辑命令与CAD命令比较见表2-10和其他命令如图2-36所示。

表2-10　样条线编辑命令与CAD命令比较

命令	CAD 命令	3ds Max 命令
圆角	F	Fillet
切角	CHA	Chamfer
均分	DIV	Divide
轮廓	O	Outline

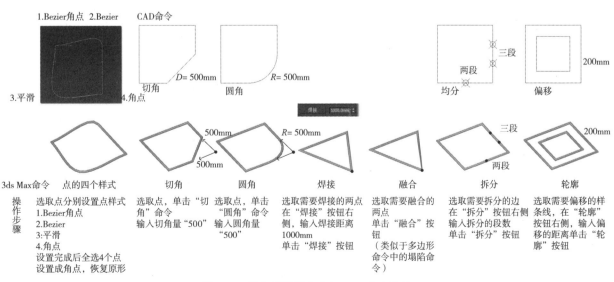

图2-36　样条线编辑命令与CAD命令比较

设置背景栅格间距为1m，设置捕捉栅格点，在顶视图捕捉栅格点绘制矩形，并将其复制，全选后将其转换为可编辑样条线。点、线段、样条线的命令介绍如下：

1）点的命令（快捷键为〈1〉）：圆角、切角、焊接、融合。焊接和融合的区别，焊接是将两个点重合在一定的距离值内，以合并成一个点；融合是将两个点重合，但还是两个点，是可以移动分开的。

2）线段的命令（快捷键为〈2〉）：拆分。拆分是利用点将线段进行细分。与CAD软件中线段的均分（快捷命令DIV）相同，同时与CAD相似命令还有等距离细分（快捷命令ME），但注意，CAD中需要先调整"格式"菜单中的点样式才能看到均分或等距分的点。

3）样条线的命令（快捷键为〈3〉）：轮廓、布尔。轮廓命令是使线段向内或向外进行复制偏移，常用于有壁厚物体的二维剖面样条线绘制中。样条线的布尔运算需要在将布尔对象附加的基础上，进行并集、差集和交集的运算（图2-37）。

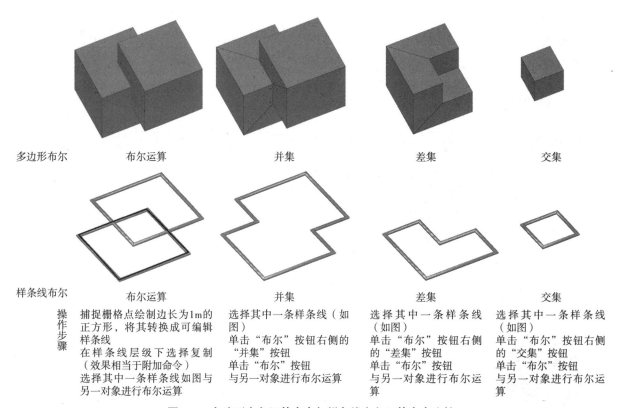

图2-37　多边形布尔运算命令与样条线布尔运算命令比较

本节学习的重点是灵活处理点的样式、线段的细分以及利用布尔运算绘制复杂图案。样条线在全部附加的前提下才能进行布尔运算，按照不同模式运算得到需要的完整样条线。样条线的编辑应注意以下内容：

1）用点进行物体外形的描绘时，用点越少则在后期样条线编辑中越容易得到平滑效果，所以在画点时应尽量选择处于转折处的节点位置。除了转折点的平滑样式可调整外，部分圆弧的样式也可以使用点的圆角命令在后期进行调整。

2）应注意命令使用的先后关系，如在多边形编辑中，面片编辑的操作，在时间和命令组合的使用上要先于体块的建模。在两条线编辑中，如果涉及使用轮廓命令将单线变成双线的情况，应尽可能地先用单线进行编辑，在两条线调整完成后再执行轮廓命令。

任务点1：参照图2-36所示内容，在CAD和3ds Max中，分别进行样条线编辑命令及对应CAD命令的练习。

任务点2：参照图2-37所示内容，分别创建边长为1m的长方体和矩形样条线，进行样条线布尔运算与多边形布尔运算的比较练习。

2.2.3　样条线编辑命令与SketchUp命令比较

根据表2-11的内容，SketchUp中加载的Bezier Spline（贝兹曲线）插件能够进行曲线的绘制，与3ds Max中先绘制点再进行点的Bezier样式的调整功能相似，同时又与CAD中样条曲线功能相似。另外，3ds Max中的样条线的轮廓命令和SketchUp中的偏移命令的功能也相似，同样也与CAD中的偏移命令作用相似。

表2-11　3ds Max样条线编辑命令与SketchUp命令比较

	3ds Max	SketchUp（插件）
点	Bezier 点	Bezier Spline（插件）
样条线	轮廓	偏移（快捷键〈O〉）

任务点：安装SketchUp的Bezier Spline（贝兹曲线）插件以进行样条曲线的绘制。

2.2.4　样条线编辑命令专题案例

1）点编辑和渲染可见案例（图2-38）。该案例是利用渲染可见命令实现三维管体的创建，这样操作的优点是能够灵活修改圆形或方形的截面大小及其半径，节省模型面数，并且能够随时转换回样条线（取消勾选"渲染可见"即可）。根据图2-39所示的步骤提示创建图2-38中的模型。

图2-38　点编辑和渲染可见案例

  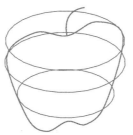 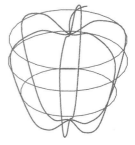

1.在前视图绘制基本形，转换为可编辑样条线调整点位

2.右击调整点样式为平滑样式

3.在"渲染"面板中勾选"在渲染中启用"和"在视口中启用"调整半径绘制圆，将其复制后对齐，并调整半径

4.打开角度捕捉复制样条线

图2-39　点编辑和渲染可见案例过程

2）线布尔运算案例（图2-40）。在进行样条线布尔运算时，需要先将布尔对象附加到一起。图2-41中由布尔运算得到的线在生成面时，需要保证该线为样条线，且此时不能勾选"在渲染中启用"和"在视口中启用"。在步骤4中，灯具上部的吊杆线可以通过创建圆柱体（或利用线的视口可见命令）得以实现，复制时，可通过轮廓命令得到小一圈的线以作为路径，再利用间隔工具命令对其进行均分阵列，注意在执行间隔工具命令拾取路径后不要随意移动视口。

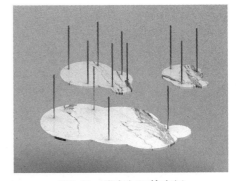

图2-40　线布尔运算案例

   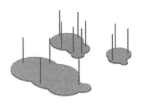

1.在顶视图绘制圆
转换为可编辑样条线

2.将圆形依次执行附加命令
或附加多个

3.切换到样条线
单击一个圆，选择并集模式
单击"布尔"按钮，拾取其他圆
依次完成另外两个图形

4.执行修改器壳命令
在前视图绘制线
勾选"在渲染中启用"
和"在视口中启用"
将其复制后调整位置

图2-41　线布尔运算案例过程

本节任务点：

任务点1：参照图2-39所示的步骤，进行点编辑和渲染可见案例的练习。

任务点2：参照图2-41所示的步骤，进行线布尔运算案例的练习。

2.3　样条线转多边形建模命令

本节根据表2-12中的内容，通过比较3ds Max中的样条线转多边形建模命令、多边形建模命令，以及SketchUp中的多边形建模命令，以达到可使用这两种软件同步建模的目的。

表2-12　3ds Max样条线转多边形建模命令、多边形建模命令，以及SketchUp多边形建模命令的比较

3ds Max 样条线转多边形建模命令	3ds Max 多边形建模命令	SketchUp 多边形建模命令
渲染可见	修改器扫描	线成管（插件）
修改器挤出或壳	转换为多边形后面挤出或执行修改器壳	推线成面（插件）
修改器晶格	渲染可见或多边形删面后执行修改器壳	晶格工具（插件）
修改器车削	修改器弯曲	路径跟随
修改器放样	修改器倒角剖面或扫描	曲线放样（插件）
复合对象图形合并	复合对象布尔运算	曲面绘制＋联合推拉（插件）
横截面＋曲面	修改器放样	曲线放样（插件）

1）完成图2-42左侧所示内容的学习过程中，与对应右侧学习过的多边形建模命令进行比较，便于记忆和掌握。

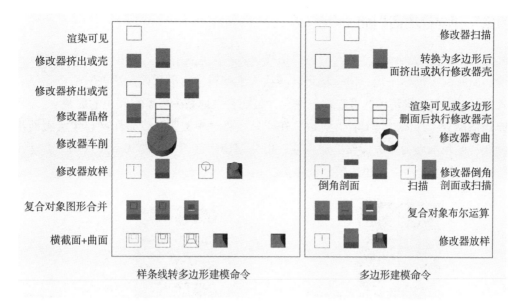

图2-42　3ds Max样条线转多边形建模命令与多边形建模命令比较

2）SketchUp建模的过程需要安装插件才能完成类似图2-43中右侧的效果。

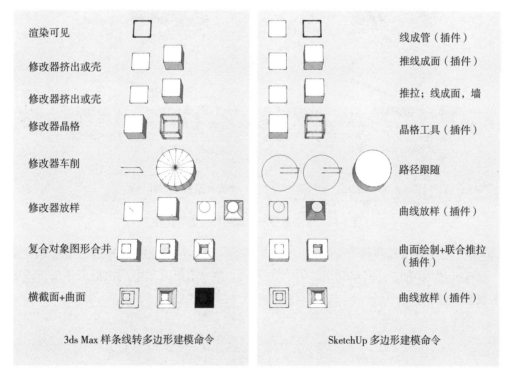

图2-43　3ds Max样条线转多边形建模命令与SketchUp多边形建模命令比较

本节任务点：

任务点1：参照图2-42中样条线转多边形的BOX演示，在3ds Max中进行样条线转多边形建模命令的学习。

任务点2：参照图2-43中样条线转多边形的BOX演示，在SketchUp中进行多边形建模命令的学习。

2.3.1　渲染可见与修改器扫描命令比较

　　渲染可见命令：如图2-44（左）所示为样条线执行渲染可见命令，其中，样条线默认为圆管形，也可以转换回原有的矩形样条线，但一旦将其转换为可编辑多边形后则无法恢复成样条线。样条线的渲染可见命令可以实现三维物体的可视化创建，并且能有效地减少模型空间中的面数。

　　修改器扫描命令：如图2-44（右）所示，在样条线路径中按照预设截面或自定义截面将其延伸成体，这比放样和倒角剖面命令的操作更加方便，但后期调整截面方向时却不及这两种方法简便，所以修改器扫描命令比较适合单一的角线模型创建。

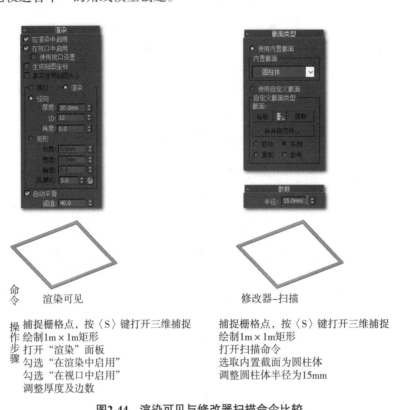

命令	渲染可见
	修改器–扫描

操作步骤	捕捉栅格点，按〈S〉键打开三维捕捉	捕捉栅格点，按〈S〉键打开三维捕捉
	绘制1m×1m矩形	绘制1m×1m矩形
	打开"渲染"面板	打开扫描命令
	勾选"在渲染中启用"	选取内置截面为圆柱体
	勾选"在视口中启用"	调整圆柱体半径为15mm
	调整厚度及边数	

图2-44　渲染可见与修改器扫描命令比较

　　（1）渲染可见与修改器扫描命令案例1（图2-45）　图2-46步骤所示的是利用渲染可见命令创建实体模型。操作完成后可选择图2-46步骤3中的样条线，并单击修改器中的扫描命令进行内置截面（圆柱体）的选取和半径调整。

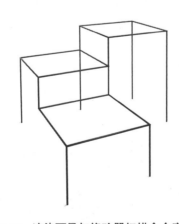

图2-45　渲染可见与修改器扫描命令案例1

1.设置栅格间距500mm，
捕捉栅格点，绘制三个不同高度的盒子

2.开启顶点捕捉
绘制直线，勾选"在渲染中启用"
和"在视口中启用"
设置半径参数

3.开启顶点捕捉
绘制矩形，勾选"在渲染中启用"
和"在视口中启用"
删除三个辅助盒子

图2-46　渲染可见与修改器扫描命令案例1过程图示

（2）渲染可见与修改器扫描命令案例2（图2-47）　图2-48所示的是渲染可见命令，操作完成后可选择步骤5中的样条线，并执行修改器中的扫描命令以进行内置截面（圆柱体）的选取和半径调整。

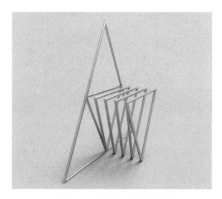

图2-47　渲染可见与修改器扫描命令案例2

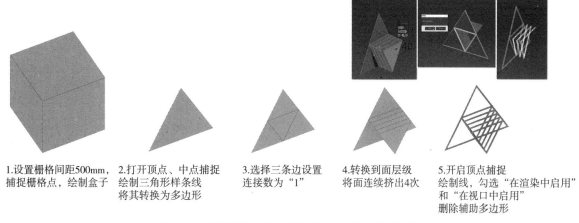

1.设置栅格间距500mm，
捕捉栅格点，绘制盒子

2.打开顶点、中点捕捉
绘制三角形样条线
将其转换为多边形

3.选择三条边设置
连接数为"1"

4.转换到面层级
将面连续挤出4次

5.开启顶点捕捉
绘制线，勾选"在渲染中启用"
和"在视口中启用"
删除辅助多边形

图2-48　渲染可见与修改器扫描命令案例2过程图示

辅助形体创建完成后，也可以尝试通过点的连接命令来创建线的形状，再通过线的分离命令（线层级下执行利用所选内容创建图形命令）将线提取出来，再执行线的渲染可见命令。

本节任务点:

任务点1：参照图2-46所示的步骤，进行渲染可见与修改器扫描命令案例1的练习。

任务点2：参照图2-48所示的步骤，进行渲染可见与修改器扫描命令案例2的练习。

2.3.2 修改器挤出与多边形编辑面挤出及修改器壳命令的比较

修改器中的挤出命令可以将不闭合或闭合的样条线挤成三维模型。此时，不闭合单线挤出后可进行多边形面片编辑，闭合多边形挤出后进行的是封闭的实体编辑。

按照图2-49所示的是能够将二维闭合样条线转化成三维模型的方法，如果将封闭的样条线直接转换为可编辑多边形，此时多边形会转换成平面。如果样条线没有闭合，则不会产生变化（需要检查各个连接点的情况，进行点焊接命令的修改）。生成面片之后，可以将其转换为可编辑多边形，再进入编辑面板的面层级，进行挤出命令的操作。

图2-49　修改器挤出与多边形编辑面挤出及修改器壳命令的比较

修改器挤出的如果是闭合样条曲线，则会挤出上下封闭的三维物体（可以选择是否上下封口）。如果是未封闭样条曲线，则挤出的是上下未封口的面片。转换为可编辑多边形时在面层级下完成挤出命令后，模型会存在底部未封口的情况，此时需要将其转换到边界层级下，再将底部进行封口。

修改器壳命令是针对二维样条线成体的常用命令，与修改器的挤出命令相比较，壳命令可以实现上下两个方向的挤出。

1. 修改器挤出和多边形挤出及修改器壳命令的比较（图2-50、图2-51）

图2-50　修改器挤出和多边形挤出及修改器壳命令的比较

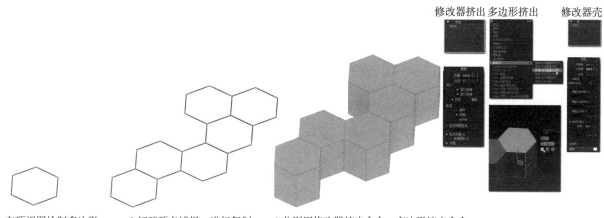

修改器挤出 多边形挤出　　修改器壳

1.在顶视图绘制多边形
样条线，设置边数为
6，半径为300mm

2.打开顶点捕捉，进行复制

3.分别用修改器挤出命令、多边形挤出命令
与修改器壳命令，进行模型创建

图2-51　修改器挤出和多边形挤出及修改器壳命令的比较案例过程

本案例在将六边形通过捕捉顶点进行复制完成后，分别用修改器挤出、多边形面挤出及修改器壳命令练习建模，对剩余的造型可在同时框选后执行修改器的挤出或壳命令，这一点比多边形面挤出命令更加方便。

2. 修改器挤出与壳组合命令的案例

修改器挤出与壳组合命令的案例如图2-52和图2-53所示。

图2-52　修改器挤出与壳组合命令的案例

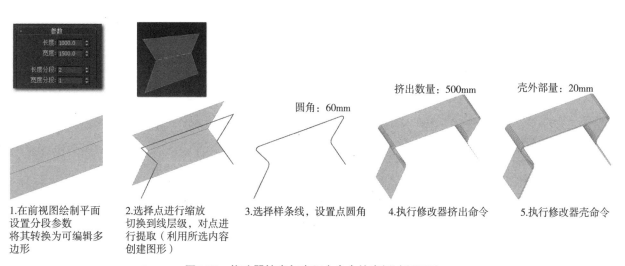

挤出数量：500mm　　　　壳外部量：20mm

圆角：60mm

1.在前视图绘制平面
设置分段参数
将其转换为可编辑多
边形

2.选择点进行缩放
切换到线层级，对点进
行提取（利用所选内容
创建图形）

3.选择样条线，设置点圆角

4.执行修改器挤出命令

5.执行修改器壳命令

图2-53　修改器挤出与壳组合命令的案例过程图示

调整好单线形状后，也可以通过样条线的轮廓命令获取家具截面的完整闭合样条线，再直接执行修改器挤出命令即可。同样也可以利用线的渲染可见命令，调整可见形为矩形，然后调整其长宽值。

3. 修改器挤出与壳组合命令的强化案例

修改器挤出与壳组合命令的强化案例如图2-54和图2-55所示。

图2-54　修改器挤出与壳组合命令的强化案例

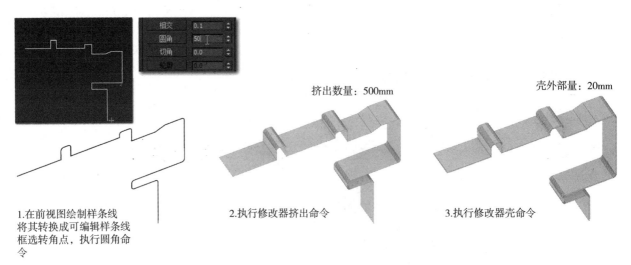

挤出数量：500mm　　　　壳外部量：20mm

1.在前视图绘制样条线将其转换成可编辑样条线框选转角点，执行圆角命令

2.执行修改器挤出命令

3.执行修改器壳命令

图2-55　修改器挤出与壳组合命令的强化案例过程图示

4. 点样式调整与渲染可见命令的案例

点样式调整与渲染可见命令的案例如图2-56和图2-57所示。

图2-56　点样式调整与渲染可见命令的案例

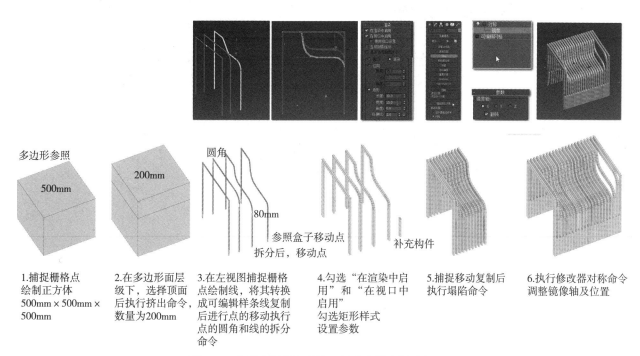

多边形参照

500mm

200mm

圆角

80mm

参照盒子移动点
拆分后，移动点

补充构件

1.捕捉栅格点
绘制正方体
500mm × 500mm ×
500mm

2.在多边形面层
级下，选择顶面
后执行挤出命令
数量为200mm

3.在左视图捕捉栅格
点绘制线，将其转换
成可编辑样条线复制
后进行点的移动执行
点的圆角和线的拆分
命令

4.勾选"在渲染中启
用"和"在视口中
启用"
勾选矩形样式
设置参数

5.捕捉移动复制后
执行塌陷命令

6.执行修改器对称命令
调整镜像轴及位置

图2-57　点样式调整与渲染可见命令的案例过程图示

四条构件样条线绘制完成后，可以选择线性渲染可见的方式（比较省面）创建构件，但在图2-57的步骤5中进行捕捉顶点复制时需要先将其转换为可编辑多边形才能捕捉到构件的顶点。也可以在图2-57的步骤3中将样条线绘制完后，在样条线层级下执行轮廓命令偏移出厚度，再执行修改器的挤出命令生成构件。

本节任务点:

任务点1：参照图2-51所示的步骤，进行修改器挤出和多边形挤出及修改器壳命令的练习。
任务点2：参照图2-53所示的步骤，进行修改器挤出与壳组合命令案例的练习。
任务点3：参照图2-55所示的步骤，进行修改器挤出与壳组合命令的强化案例练习。
任务点4：参照图2-57所示的步骤，进行点样式调整与渲染可见命令的案例练习。

2.3.3　修改器晶格命令与多边形面编辑（挤出和壳）的比较

与修改器中的晶格命令比较，如果说壳命令是面成体，则晶格命令属于线框成体。但晶格命令可以有选择性地将物体的部分线框转化成体（取决于是否勾选"应用于整个对象"），是快速创建框架结构的常用方式。由于晶格命令通常不需要显示节点上的"锥体"，如果勾选"仅来自边的支柱"，线框之间的交接处会出现缝隙。如图2-58所示的左侧模型，如果对模型精度要求不高的话，可以选用修改器晶格命令，如果要求精度较高，则可先用多边形编辑中面的插入后再删除，再执行修改器壳的命令，可实现实体线框的创建（图2-58右侧）。

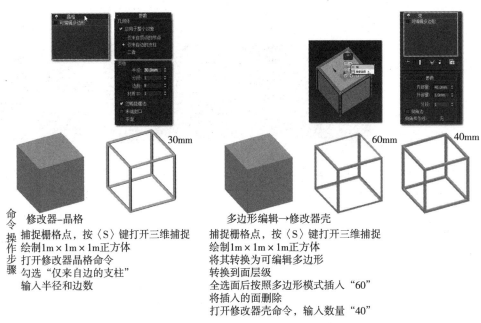

命令　修改器–晶格　　　　　　　　　　多边形编辑→修改器壳
操作　捕捉栅格点，按〈S〉键打开三维捕捉　捕捉栅格点，按〈S〉键打开三维捕捉
作　　绘制1m×1m×1m正方体　　　　　绘制1m×1m×1m正方体
步　　打开修改器晶格命令　　　　　　　将其转换为可编辑多边形
骤　　勾选"仅来自边的支柱"　　　　　　转换到面层级
　　　输入半径和边数　　　　　　　　　全选面后按照多边形模式插入"60"
　　　　　　　　　　　　　　　　　　　将插入的面删除
　　　　　　　　　　　　　　　　　　　打开修改器壳命令，输入数量"40"

图2-58　修改器晶格与多边形面编辑（挤出、壳）的比较

1. 修改器晶格与壳命令的比较

修改器晶格与壳命令的比较如图2-59和图2-60所示。

图2-59　修改器晶格与壳命令的比较案例

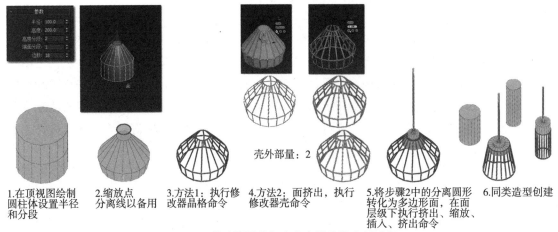

1.在顶视图绘制　2.缩放点　　3.方法1：执行修　4.方法2：面挤出，执行　5.将步骤2中的分离圆形　6.同类造型创建
圆柱体设置半径　分离线以备用　改器晶格命令　　修改器壳命令　　　　转化为多边形面，在面
和分段　　　　　　　　　　　　　　　　　　　　　　　　　　　层级下执行挤出、缩放、
　　　　　　　　　　　　　　　　　　　　　　　　　　　　　　插入、挤出命令

图2-60　修改器晶格与壳命令的比较案例过程

如果对模型精度要求不高，可以选择建模速度相对较快的修改器晶格命令。

2. 修改器晶格命令案例

修改器晶格命令案例如图2-61和图2-62所示。

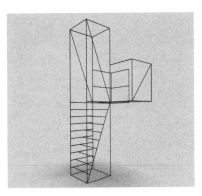

图2-61　修改器晶格命令案例

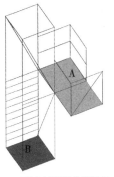

1.捕捉栅格点
创建长方体
设置参数

2.线连接

3.点连接
面挤出和删除
线连接，选择A面后按
〈Ctrl+I〉键进行反选
执行修改器晶格命令，不勾选
"应用于整个对象"

4.顶点捕捉绘制平面B
将其转换为可编辑多边形
捕捉顶点进行移动
连接9条线后，对其执行利用所选内容创建图形命令，
以实现线性分离
勾选"在渲染中启用"和"在视口中启用"，调整半径

图2-62　修改器晶格命令案例过程

执行修改器晶格命令时，对于模型中不需要执行修改器晶格命令的面，在对其进行减选后，取消勾选"应用于整个对象"即可。

3. 修改器挤出、壳、晶格命令组合案例

修改器挤出、壳、晶格命令组合案例如图2-63和图2-64所示。

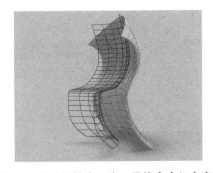

图2-63　修改器挤出、壳、晶格命令组合案例

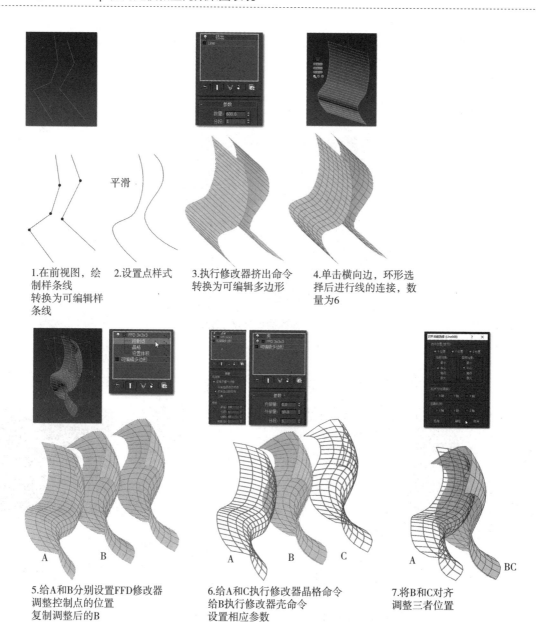

1.在前视图，绘制样条线 转换为可编辑样条线　2.设置点样式　3.执行修改器挤出命令 转换为可编辑多边形　4.单击横向边，环形选择后进行线的连接，数量为6

5.给A和B分别设置FFD修改器 调整控制点的位置 复制调整后的B　6.给A和C执行修改器晶格命令 给B执行修改器壳命令 设置相应参数　7.将B和C对齐 调整三者位置

图2-64　修改器挤出、壳、晶格命令组合案例过程

　　针对点的FFD修改器操作没有精确的数值输入，所以需要针对FFD修改器的控制点进行多次移动和缩放调整。而在上述案例的练习过程中，只需要把握模型的主要特征即可。

本节任务点：

　　任务点1：参照图2-60所示的步骤，进行修改器晶格与壳命令的比较案例练习。

　　任务点2：参照图2-62所示的步骤，进行修改器晶格案例练习。

　　任务点3：参照图2-64所示的步骤，进行修改器挤出、壳、晶格命令组合案例的练习。

2.3.4　修改器车削与弯曲命令的比较

　　如图2-65（左）所示，修改器车削命令是利用剖面样条线旋转成体。其中样条线为物体的单线外边缘线或是整个剖面的双线闭合样条线（通过样条线的轮廓命令实现）。

　　修改器弯曲命令可以使片状的模型实现0°到360°的卷曲以形成圆柱形，通常对弯曲命令的应用是针对那些在形体上有规则或者不规则造型的圆柱。除了常用的多边形体的编辑或者布尔运算外，可以通过逆向思维的方法实现。如图2-65（右）所示，先将原有平面作为弯曲多边形成展开状态，对平面进行图形编辑后再进行弯曲，会有异曲同工之妙。

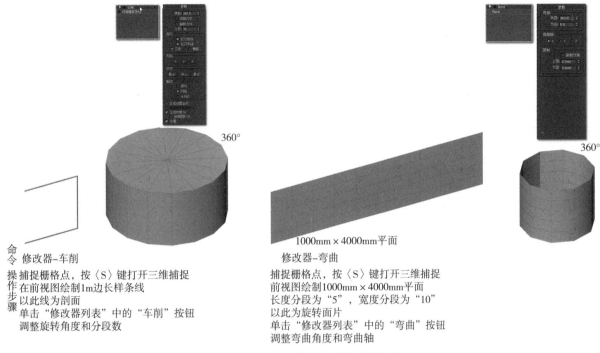

图2-65　修改器车削与弯曲命令的比较

1. 修改器车削命令案例

修改器车削命令案例如图2-66和图2-67所示。

图2-66　修改器车削命令案例

1.在前视图，绘制样条线　　2.设置点的圆角　　3.执行修改器车削命令　　　　　4.转换到点
将其转换为可编辑样条线　　　　　　　　　　　转换为可编辑多边形　　　　　框选点，进行点的移动

图2-67　修改器车削命令案例过程

案例中的吊灯形态同样也可以利用放样命令中的变形工具或修改器中的横截面和曲面组合命令实现。执行修改器弯曲命令操作后，如果想进一步进行多边形编辑，则需要对卷曲接缝处的点执行焊接命令，从而实现边界的移动复制，最后在边界层级下执行封口命令。

2. 修改器车削与弯曲两种命令的比较

修改器车削与弯曲两种命令的比较如图2-68~图2-70所示。

图2-68　修改器车削与弯曲两种命令的比较案例

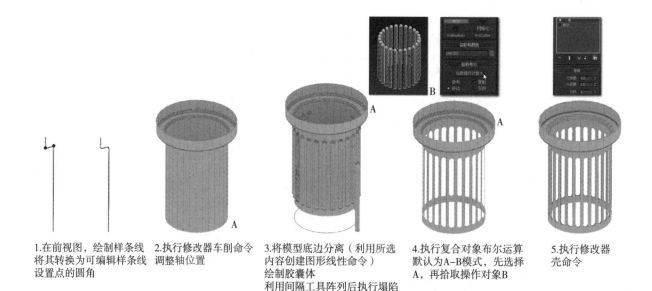

1.在前视图，绘制样条线　　2.执行修改器车削命令　3.将模型底边分离（利用所选　4.执行复合对象布尔运算　　5.执行修改器
将其转换为可编辑样条线　　调整轴位置　　　　　内容创建图形线性命令）　　默认为A-B模式，先选择　　壳命令
设置点的圆角　　　　　　　　　　　　　　　　绘制胶囊体　　　　　　　　A，再拾取操作对象B
　　　　　　　　　　　　　　　　　　　　　　利用间隔工具阵列后执行塌陷
　　　　　　　　　　　　　　　　　　　　　　命令与车削体中心对齐

图2-69　修改器车削与弯曲两种命令的比较案例过程（一）

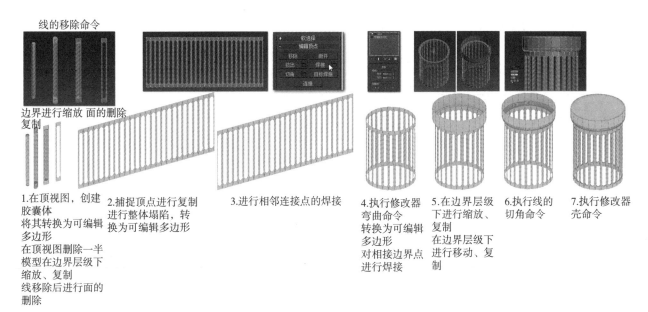

线的移除命令

边界进行缩放　面的删除
复制

1.在顶视图，创建
胶囊体
将其转换为可编辑
多边形
在顶视图删除一半
模型在边界层级下
缩放、复制
线移除后进行面的
删除

2.捕捉顶点进行复制
进行整体塌陷，转
换为可编辑多边形

3.进行相邻连接点的焊接

4.执行修改器
弯曲命令
转换为可编辑
多边形
对相接边界点
进行焊接

5.在边界层级
下进行缩放、
复制
在边界层级下
进行移动、复
制

6.执行线的
切角命令

7.执行修改器
壳命令

图2-70　修改器车削与弯曲两种命令的比较案例过程（二）

3. 玻璃瓶拓展案例

如图2-71所示的模型，其创建的主要命令顺序：
在前视图进行样条线的绘制，将其转换为可编辑样条
线后，在点层级下编辑点样式（平滑点样式或执行点
层级的圆角命令），再通过修改器的车削命令实现二
维模型旋转成体，最后执行修改器壳命令以绘制出模
型的厚度（图2-72）。

图2-71　玻璃瓶拓展案例

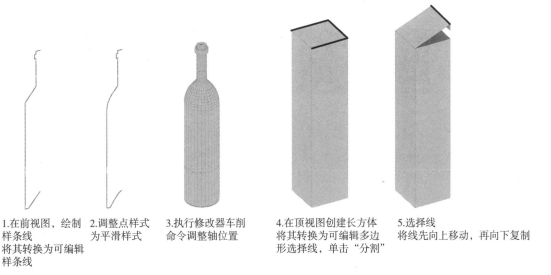

1.在前视图，绘制
样条线
将其转换为可编辑
样条线

2.调整点样式
为平滑样式

3.执行修改器车削
命令调整轴位置

4.在顶视图创建长方体
将其转换为可编辑多边
形选择线，单击"分割"

5.选择线
将线先向上移动，再向下复制

图2-72　玻璃瓶拓展案例过程

另，修改器弯曲命令与FFD修改器的功能比较见表2-13。

表2-13 修改器弯曲命令与FFD修改器的功能比较

命令	弯曲	FFD 修改器
建模逻辑	面片依据轴进行变形	通过附加控制点调节多边形的点进行变形
细分	根据模型的精细程度选择分段数	有 2×2×2、3×3×3、4×4×4 和自定义四种模式
弯曲程度	可实现 360° 以内的弯曲	通过移动和缩放控制点进行弯曲
可编辑程度	转化为多边形之后不可再编辑	重新转化多边形后可反复编辑

根据表2-13中的内容，修改器弯曲命令与FFD修改器两者对模型分段数都有一定的要求，在没有分段的物体上两个命令均无法进行，另外弯曲命令是针对面的变形，而FFD修改器是对模型内部多个点的控制。

4. 修改器路径变形命令案例

修改器路径变形命令案例如图2-73和图2-74所示。

图2-73　修改器路径变形命令案例

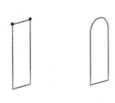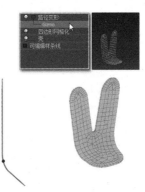

1.在前视图，绘制样条线，将其转换为可编辑样条线

2.设置点的圆角

3.在样条线层级下旋转、复制执行布尔运算中的并集命令进行点的移动

4.设置点的圆角

5.执行修改器挤出命令

6.在左视图绘制直线将其转换成可编辑样条线设置点的圆角

7.执行修改器路径变形命令

8.创建长方体缩放底面提取线后执行渲染可见命令调整参数

图2-74　修改器路径变形命令案例过程

在图2-74步骤3中，是将步骤2中的图形在样条线层级下选中后，开启角度捕捉（15°），按住〈Shift〉键进行复制，这样操作省去了在执行样条线布尔运算时必须进行多个图形附加的步骤。步骤6的路径调整同样需要开启角度捕捉，以进行路径线位置的调整，这样才能实现步骤7的效果。

本节任务点：

任务点1：参照图2-67所示的步骤，进行修改器车削命令案例的练习。

任务点2：参照图2-69和图2-70所示的修改器车削命令和弯曲命令的演示步骤，进行修改器车削与弯曲两种命令的比较练习。

任务点3：参照图2-72所示的步骤，进行玻璃瓶拓展练习。

任务点4：参照图2-74所示的步骤，进行修改器路径变形命令案例的练习。

2.3.5　复合对象放样、修改器倒角剖面与修改器扫描命令的比较

复合对象放样、修改器倒角剖面与修改器扫描命令的比较如图2-75所示。

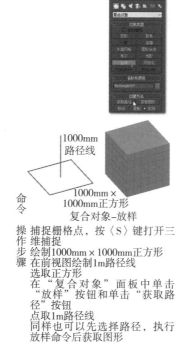

命令

操作步骤

复合对象-放样

捕捉栅格点，按〈S〉键打开三维捕捉

绘制1000mm×1000mm正方形

在前视图绘制1m路径线

选取正方形

在"复合对象"面板中单击"放样"按钮和单击"获取路径"按钮

点取1m路径线

同样也可以先选择路径，执行放样命令后获取图形

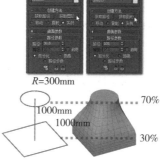

复合对象-放样

捕捉栅格点，按〈S〉键打开三维捕捉

绘制1000m×1000m正方形，设置圆半径为"300"，Z轴高度为"1000"

在前视图绘制1m路径线与之对齐如图

选取路径线

在"复合对象"面板中单击"放样"按钮和单击"获取路径"按钮

输入"30"路径百分比，单击"获取图形"按钮，拾取正方形

输入"100"路径百分比，单击"获取图形"按钮，拾取圆形

单击"修改器列表"中"Loft"左侧的加号按钮可调整两个图形的位置

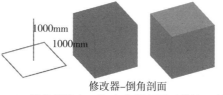

修改器-倒角剖面

捕捉栅格点，按〈S〉键打开三维捕捉

绘制1000m×1000m正方形

在前视图绘制1m路径线

选取路径线

执行修改器倒角剖面命令

单击"拾取剖面"按钮，点取正方形

将其转化为可编辑多边形，对其边界进行封口操作

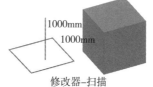

修改器-扫描

捕捉栅格点，按〈S〉键打开三维捕捉

绘制1000m×1000m正方形

在前视图绘制1m路径线

选取路径线

在"修改器列表"中单击"扫描"按钮

勾选"使用自定义截面"

单击"拾取"按钮，点取正方形

图2-75　复合对象放样、修改器倒角剖面与修改器扫描命令的比较

多样条线放样杯子案例如图2-76和图2-77所示。

图2-76　多样条线放样杯子案例

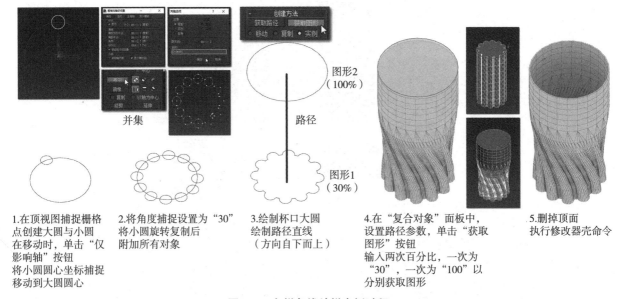

1.在顶视图捕捉栅格
点创建大圆与小圆
在移动时，单击"仅
影响轴"按钮
将小圆圆心坐标捕捉
移动到大圆圆心

2.将角度捕捉设置为"30"
将小圆旋转复制后
附加所有对象

3.绘制杯口大圆
绘制路径直线
（方向自下而上）

4.在"复合对象"面板中，
设置路径参数，单击"获取
图形"按钮
输入两次百分比，一次为
"30"，一次为"100"以
分别获取图形

5.删掉顶面
执行修改器壳命令

图2-77　多样条线放样案例过程

　　路径的绘制方向关系到路径拾取样条线形状出现的顺序，在上述案例中，路径的绘制就需要自下而上进行。如果最终生成的模型发生扭曲，可以通过变形工具中的扭曲编辑器进行调整，或者通过打开Loft修改器面板中的图形命令，在场景中选取相应的图形样条线进行旋转。

本节任务点：

任务点：参照图2-77所示的步骤，进行多样条线放样案例的练习。

2.3.6　复合对象图形合并与布尔运算的比较

　　复合对象图形合并是将二维闭合样条线图形投射到多边形面上的操作，其效果类似于投影的效果。如图2-78中左侧所示，向正方体的上顶面和下底面都投射矩形样条线后，可以在面层级下执行桥接命令，实现镂空效果。操作时注意，一是要确保样条线与多边形在正视图上对齐；二是执行命令时先选择多边形，再拾取样条线；三是如果样条线投射到多边形的背面，应将样条线旋转180°后再重新拾取。

复合对象布尔运算在第2.2.2小节"样条线编辑命令与CAD命令比较"的任务点2中进行过练习，图2-78所示的布尔运算主要是通过执行封闭多边形之间的差集运算生成所需模型。在该运算的应用过程中可能会出现缺口之间有许多连线，这在后期的贴图过程中，会影响带有图案的纹理。

线的布尔运算与多边形的布尔运算，以及超级切割命令和图形合并命令的比较：前两者布尔运算的逻辑基本一致，都是通过运算两个物体的并集、交集和差集，直接运算得出需要创建的物体。而超级切割命令是能够有选择性地显示和隐藏模型，以此得到创建的对象，相对布尔运算更加灵活。无论是选择布尔运算，还是超级切割命令，都是体与体之间的运算。而图形合并命令，是通过线投射到体块后实现面的挤出或双面桥的镂空效果。

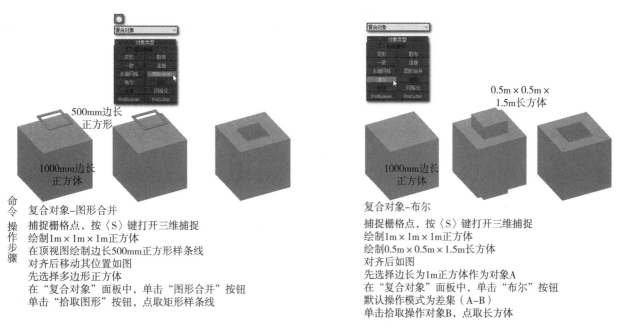

命令
操作步骤

复合对象–图形合并

捕捉栅格点，按〈S〉键打开三维捕捉
绘制1m×1m×1m正方体
在顶视图绘制边长500mm正方形样条线
对齐后移动其位置如图
先选择多边形正方体
在"复合对象"面板中，单击"图形合并"按钮
单击"拾取图形"按钮，点取矩形样条线

复合对象–布尔

捕捉栅格点，按〈S〉键打开三维捕捉
绘制1m×1m×1m正方体
绘制0.5m×0.5m×1.5m长方体
对齐后如图
先选择边长为1m正方体作为对象A
在"复合对象"面板中，单击"布尔"按钮
默认操作模式为差集（A–B）
单击拾取操作对象B，点取长方体

图2-78　复合对象图形合并与布尔运算比较

1. 图形合并与布尔运算的比较案例练习

图形合并与布尔运算的比较案例练习如图2-79和图2-80所示。

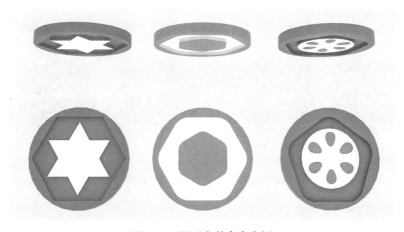

图2-79　图形合并命令案例

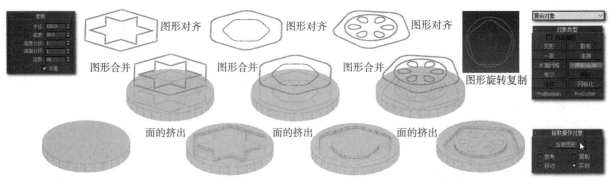

1.在顶视图，绘制　2.样条线图形绘制，附加图形后与多边形对齐，复合对象图形合并，转换为可编辑多边形，执行面的挤出
圆柱体　　　　　　命令

图2-80　图形合并命令案例过程

2. 有关图形合并命令的球面沙发练习

1）创建过程文字版：

①在顶视图创建半径为450mm，分段为13的球体，将其转换为可编辑多边形。

②切换到前视图，切换到面层级，删除多余面后对边界进行封口。

③切换到点层级，进行点的连接后，切换到面层级执行插入30mm命令后向下挤出60mm，以压缩造型。

④切换到点层级，选取点打开FFD3×3×3修改器，执行涡轮平滑命令。

⑤在前视图绘制样条线圆，绘制完成后转换为可编辑样条线进行附加。

⑥选择多边形后，在"复合对象"面板中选择图形合并命令，拾取样条线后，将其转换为可编辑多边形，再对面进行插入和删除。旋转多边形后重复执行上述操作，最终完成模型创建。

2）创建过程图示版，如图2-81所示。

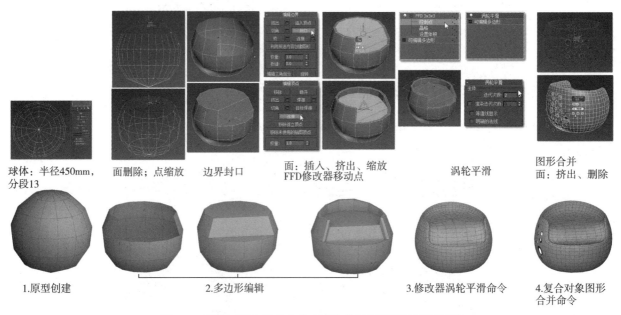

球体：半径450mm，　面删除；点缩放　边界封口　　面：插入、挤出、缩放　　　涡轮平滑　　　图形合并
分段13　　　　　　　　　　　　　　　　　　　FFD修改器移动点　　　　　　　　　　　面：挤出、删除

1.原型创建　　　　　2.多边形编辑　　　　　　3.修改器涡轮平滑命令　　4.复合对象图形
　　　　　　　　　　　　　　　　　　　　　　　　　　　　　　　　　合并命令

图2-81　有关图形合并命令的球面沙发练习创建过程图示版

注意，因为在步骤3中会利用修改器的涡轮平滑命令增加模型细分，为了在步骤2中能够更好地执行点和面的多边形编辑，所以在步骤1中创建球体时分段数可以先设置得少一些。

3. 补充：修改器网格平滑和涡轮平滑命令的比较

修改器网格平滑和涡轮平滑命令都可以增加模型的细分，且在增加细分的同时，还能够对模型形体产生软化效果。通过增加面的细分数，可将面的曲度表现得更加细腻。涡轮平滑命令相当于是网格平滑命令的"升级版"，其平滑效果更加细腻。但在其使用过程中，应注意对形体的控制，此时可以通过线的切角命令对其软化的程度进行约束。还有一种光滑方式是光滑组命令，光滑组命令主要是用于处理面之间的光照信息，可以提高它们的亮度、饱和度。

本节任务点：

任务点1：参照图2-80所示的步骤，针对该案例中涉及图形合并命令的建模思路进行梳理。

任务点2：参照上述有关图形合并命令的沙面练习的文字版和图2-81所示的步骤，进行有关图形合并命令的球面沙发练习。

2.3.7　横截面、曲面与放样命令的比较

横截面命令主要是用于构建附加完成的样条线之间的连接框架，曲面命令主要是用于生成框架的表皮，两者配合操作的效果与放样命令的路径延伸效果相似（图2-82）。

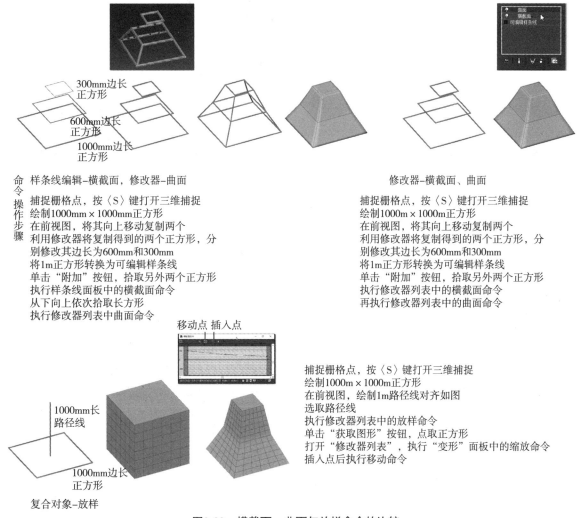

图2-82　横截面、曲面与放样命令的比较

横截面与曲面组合命令案例如图2-83、图2-84所示。

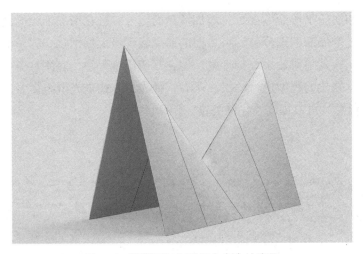

图2-83　横截面与曲面组合命令的案例

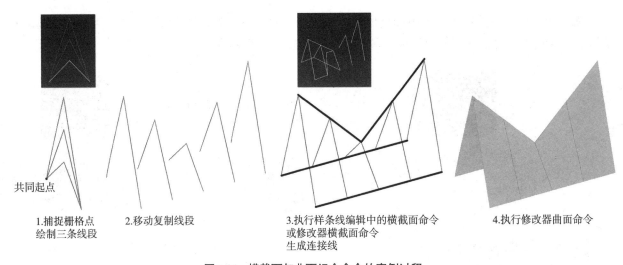

共同起点

1.捕捉栅格点　　　2.移动复制线段　　　3.执行样条线编辑中的横截面命令　　　4.执行修改器曲面命令
绘制三条线段　　　　　　　　　　　　　　　或修改器横截面命令
　　　　　　　　　　　　　　　　　　　　　生成连接线

图2-84　横截面与曲面组合命令的案例过程

本节任务点：

　　任务点：参照图2-84所示的步骤，进行横截面与曲面组合命令的案例练习。

2.4　三大命令建模综合归纳

　　本节为本章的核心章节，学生通过本节的练习，不仅可以巩固其在多边形、样条线和样条线转多边形三大命令操作方面的技能，同时也能够通过比较掌握三大命令之间的共性建模逻辑，而拓展建模的思路。

2.4.1　线框架效果：渲染可见、晶格、面编辑（挤出和壳）三法

　　参照图2-85，回顾练习1m边长正方体线框架效果的三种绘制方式，即线的渲染可见命令，修改器的晶格命令，以及面编辑操作。

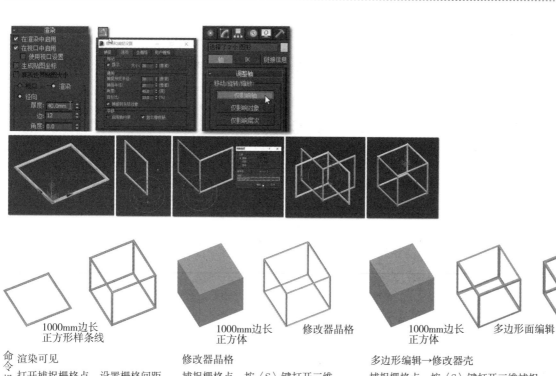

命令	渲染可见	修改器晶格	多边形编辑→修改器壳
操作步骤	打开捕捉栅格点，设置栅格间距1000mm 捕捉栅格点创建1000mm边长正方形 在"修改器列表"打开渲染命令 勾选"在渲染中启用"和"在视口中启用" 在"层次"面板中单击"仅影响轴"按钮 打开顶点捕捉，将正方形坐标轴移动到顶点上 打开45°角度捕捉以进行旋转复制 按空格键锁定对象后，捕捉顶点进行移动	捕捉栅格点，按〈S〉键打开三维捕捉 绘制1m×1m×1m正方体 在"修改器列表"中单击"晶格"按钮 勾选"仅来自边的支柱" 输入半径和边数	捕捉栅格点，按〈S〉键打开三维捕捉 绘制1m×1m×1m正方体 将其转换为可编辑多边形 转换到面层级，全选面后按照多边形模式插入60mm 将插入的面删除 在"修改器列表"中单击"壳"按钮，输入数量40mm

图2-85　线框架效果三法BOX模型比较

　　线框的形态调整是拓扑修改器。拓扑命令能够改变原有多边形的网格形态，在拓扑命令操作之前要保证多边形的网格进行了细分，其细分的数量和密度分布决定了将来生成拓扑图案的密度。如图2-86所示为常用的拓扑修改形态。

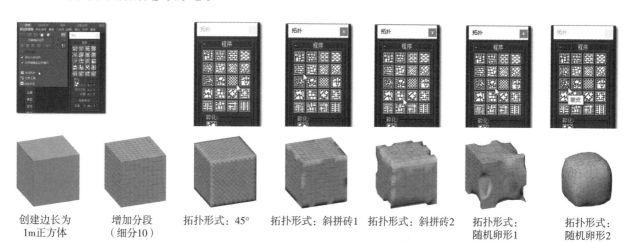

图2-86　常用的拓扑修改形态

1. 拓扑与晶格、面编辑（挤出和壳）组合命令案例

拓扑与晶格、面编辑（挤出和壳）组合命令案例如图2-87和图2-88所示。

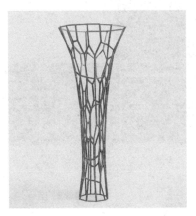

图2-87　拓扑与晶格、面编辑（挤出和壳）组合命令案例

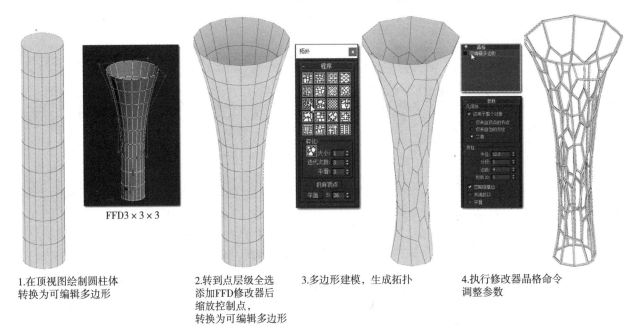

FFD3×3×3

1.在顶视图绘制圆柱体
转换为可编辑多边形

2.转到点层级全选
添加FFD修改器后
缩放控制点，
转换为可编辑多边形

3.多边形建模，生成拓扑

4.执行修改器晶格命令
调整参数

图2-88　拓扑与晶格、面编辑（挤出和壳）组合命令案例的过程

2. 单一命令的选择使用——渲染可见操作的案例

单一命令的选择使用——渲染可见操作的案例如图2-89和图2-90所示。

图2-89　渲染可见操作的案例

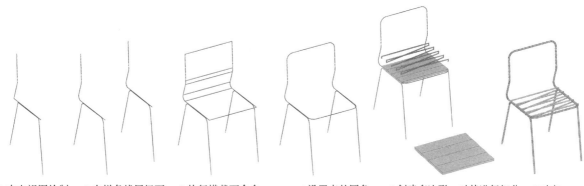

1.在左视图绘制
样条线
将其转换为可编
辑样条线

2.在样条线层级下
进行复制

3.执行横截面命令
进行线的连接
进行线的删除
进行点的焊接

4.设置点的圆角

5.创建多边形，对其进行细分
调整转化为可编辑多边形
进行线的分离（利用所选内容
创建图形命令）
在样条线层级，进行复制后执
行修改器的横截面和曲面命令

6.对齐

图2-90 渲染可见操作的案例过程

在图2-90步骤2中样条线的复制是在样条线层级下操作的，省去了外部复制样条线需要附加的步骤。同时，利用横截面命令实现样条线连接后，需要进一步进行点的焊接才能实现圆角命令。

3. 单一命令的选择使用——拓扑命令的案例

单一命令的选择使用——拓扑命令的案例如图2-91和图2-92所示。

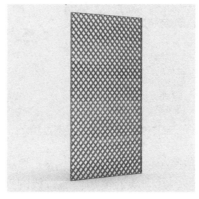

图2-91 拓扑命令的案例

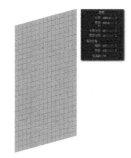    

1.在前视图创建平面
设置细分分段数
将其转换为可编辑多
边形

2.在"多边形建模"面板中
单击"生成拓扑"按钮
在"拓扑"面板中单击"边
方向"按钮
将其转换为可编辑多边形

3.方法1：面编辑
全选面后，按多边形插入
删除面，剩余面执行挤出
和修改器壳命令

4.方法2：线提取
全选线后执行分离命令
（利用所选内容创建图形）

5.方法3：线提取
设置提取线的渲染可见
状态，设置边数和半径
执行修改器晶格命令

图2-92 拓扑命令的案例过程

4. 单一命令的选择使用——晶格命令案例

单一命令的选择使用——晶格命令案例如图2-93和图2-94所示。

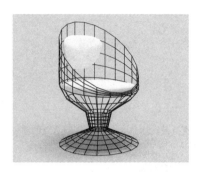

图2-93　晶格命令案例

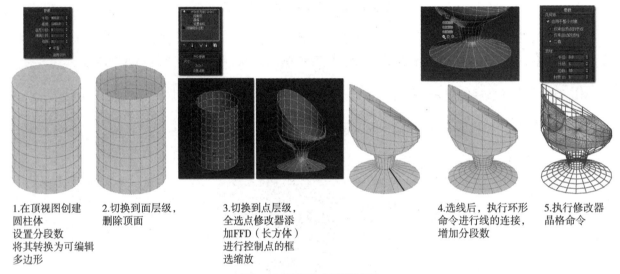

1.在顶视图创建
圆柱体
设置分段数
将其转换为可编辑
多边形

2.切换到面层级，
删除顶面

3.切换到点层级，
全选点修改器添
加FFD（长方体）
进行控制点的框
选缩放

4.选线后，执行环形
命令进行线的连接，
增加分段数

5.执行修改器
晶格命令

图2-94　晶格命令案例过程

多边形上线的细分决定了晶格命令最终生成的网格形态，所以在执行晶格命令前，需要对线进行适当的增加、减少以及其位置的调整，其中线的增加可通过线的连接或切角命令完成，线的减少可通过线的移除命令来完成。

5. 单一命令的选择使用——面编辑命令的案例

单一命令的选择使用——面编辑命令的案例如图2-95和图2-96所示。

图2-95　面编辑命令的案例

1.在前视图，创建
平面设置分段数
将其转换为可编辑
多边形

2.框选点，进行塌陷
进行线的移除

3.设置中点捕捉
利用切割命令形成线

4.方法1：执行修改器晶格
命令
调整半径和边数

5.方法2：面编辑
全选面，按多边形插入后删除
剩余面执行修改器壳命令

图2-96　面编辑命令的案例过程

点的切割命令使用比较方便，只需要结合顶点或中点捕捉就能达到想要的效果，使用完成后，右键双击场景空白处即可退出。

6. 拓扑命令与渲染可见操作组合或拓扑命令与挤出命令组合的案例

拓扑命令与渲染可见操作组合或拓扑命令与挤出命令组合的案例如图2-97和图2-98所示。

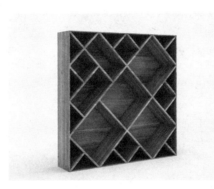

图2-97　拓扑命令与渲染可见操作组合或拓扑命令与挤出命令组合的案例

     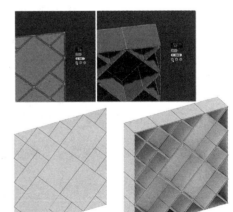

1.在前视图，创建
平面设置分段数
将其转换为可编辑
多边形

2.在"多边形建模"面板
中单击"生成拓扑"按钮
在"拓扑"面板中单击
"地面2"按钮

3.方法1：执行渲染可见操作，
设置形状参数

4.方法2：面编辑
全选面，按照多边形插入后反选按〈Ctrl+I〉键
进行面的挤出

图2-98　拓扑命令与渲染可见操作组合或拓扑命令与挤出命令组合的案例过程

线的渲染可见操作是比较快速省面的操作方式，可生成圆柱和矩形两种样式，如需要进一步编辑，需将其转换为可编辑多边形。

7. 命令之间的组合：晶格与线渲染可见操作组合命令的案例

命令之间的组合：晶格与线渲染可见操作组合命令的案例如图2-99和图2-100所示。

图2-99　晶格与线渲染可见操作组合命令的案例

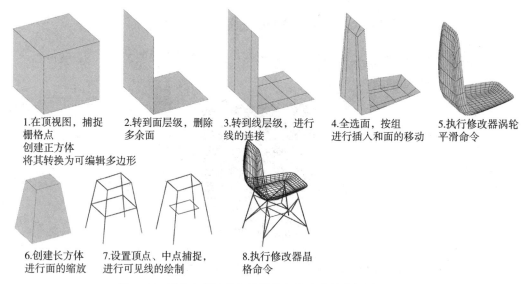

1.在顶视图，捕捉栅格点创建正方体将其转换为可编辑多边形
2.转到面层级，删除多余面
3.转到线层级，进行线的连接
4.全选面，按组进行插入和面的移动
5.执行修改器涡轮平滑命令
6.创建长方体进行面的缩放
7.设置顶点、中点捕捉，进行可见线的绘制
8.执行修改器晶格命令

图2-100　晶格与线渲染可见操作组合命令的案例过程图示

对于多边形面片的编辑，是3ds Max建模中最重要的步骤，通过对点、线、面的修改，可以一步步调整出绝大部分的单体模型，但在建模之前应首先考虑清楚原型（线、面片或体）的样式以及基本的建模命令及其操作的顺序。

8. 命令之间的组合：线性可见操作与晶格组合命令的案例

命令之间的组合：线性可见操作与晶格组合命令的案例如图2-101和图2-102所示。

图2-101　线性可见操作与晶格组合命令的案例

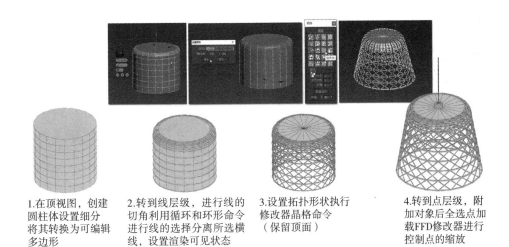

1.在顶视图，创建
圆柱体设置细分
将其转换为可编辑
多边形

2.转到线层级，进行线的
切角利用循环和环形命令
进行线的选择分离所选横
线，设置渲染可见状态

3.设置拓扑形状执行
修改器晶格命令
（保留顶面）

4.转到点层级，附
加对象后全选点加
载FFD修改器进行
控制点的缩放

图2-102　线性可见操作与晶格组合命令的案例过程

上述案例中，横向线的创建也可以利用同一模型的复制叠加，即需要先复制再对齐，复制模式为不关联的复制。

2.4.2　延伸成体：放样、倒角剖面、扫描三法

根据之前章节学习可知，在3ds Max中利用剖面样条线延伸成体的命令有放样、倒角剖面和扫描三种命令，如图2-103所示，路径的绘制方向和剖面的左右朝向都会影响最终生成的模型样式及大小，要想准确控制，减少后期调整，可对图2-103中的三个命令进行多次练习。

1. 复合对象：放样（剖面图案为左剖面）

操作步骤：可选择路径或者图形，可用百分比拾取多个图案，成形后利用缩放、扭曲等变形器进一步进行模型编辑。

2. 修改器：倒角剖面（剖面图案为右剖面）

操作步骤：先选择路径，再拾取剖面。

3. 修改器：扫描（剖面图案为右剖面）

操作步骤：选择路径，使用自带截面或自定义截面，可通过轴对齐对模型边界进行调整。

边长130mm
正方形范围
参照

剖面样条线

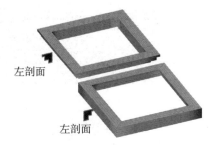

左剖面

左剖面

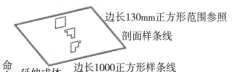

边长130mm正方形范围参照

剖面样条线

边长1000正方形样条线

命令	延伸成体	复合对象-放样
操作步骤	设置绘图环境 捕捉栅格点，按〈S〉键打开三维捕捉 绘制边长为1000mm正方形 在前视图绘制边长为130mm正方形范围作为剖面范围参照 在正方形框内逆时针绘制样条线剖面如图 左向（左剖面）和右向（右剖面）各绘制一条	捕捉栅格点，按〈S〉键打开三维捕捉 移动复制边长为1000mm正方形两个 先点选上面正方形作为路径 打开"复合对象"面板，单击"放样"按钮 单击"获取图形"按钮，点取左剖面，右击退出 单击另一条边长为1000mm的正方形 单击"获取图形"按钮，点取右剖面，右击退出

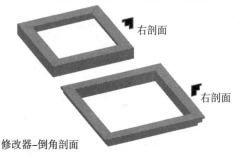

右剖面

右剖面

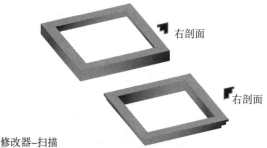

右剖面

右剖面

修改器-倒角剖面

捕捉栅格点，按〈S〉键打开三维捕捉
移动复制边长为1000mm正方形两个
先点选上面正方形作为路径
在"修改器列表"面板中单击"倒角剖面"按钮
单击拾取左剖面，右击退出当前命令
单击另一条边长为1000mm的正方形
在"修改器列表"面板中单击"倒角剖面"按钮
单击拾取右剖面，右击退出当前命令

修改器-扫描

捕捉栅格点，按〈S〉键打开三维捕捉
移动复制边长为1000mm正方形两个
先点选上面正方形作为路径
在"修改器列表"面板中单击"扫描"按钮，勾选"使用自定义截面"
单击拾取左剖面，右击退出当前命令
单击另一条边长为1000mm的正方形
在"修改器列表"面板中单击"扫描"按钮，勾选"使用自定义截面"
单击拾取右剖面，右击退出当前命令

图2-103　放样、倒角剖面、扫描三法利用样条线成体模型比较

在室内线脚模型（以室内顶棚造型为例）的制作中，为保证模型（顶棚线脚）大小与路径（顶棚边界）大小一致，需要将放样命令（拾取左剖面）的剖面样条线轴通过层次命令勾选"仅影响轴"，手动捕捉放置到左下角；倒角剖面命令相对稳定（拾取右剖面）不需要调整轴；扫描命令（拾取右剖面）可通过修改器中的轴对齐进行调整。

4. 放样、倒角剖面、扫描三法单一命令比较案例练习

放样、倒角剖面、扫描三法单一命令比较案例练习如图2-104和图2-105所示。

图2-104　放样、倒角剖面、扫描三法单一命令比较案例

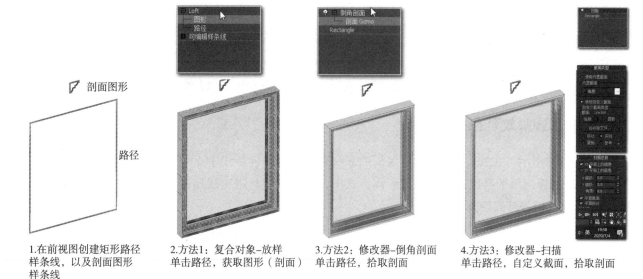

| 1.在前视图创建矩形路径样条线，以及剖面图形样条线 | 2.方法1：复合对象–放样单击路径，获取图形（剖面） | 3.方法2：修改器–倒角剖面单击路径，拾取剖面 | 4.方法3：修改器–扫描单击路径，自定义截面，拾取剖面 |

图2-105　放样、倒角剖面、扫描三法单一命令比较案例过程

　　注意，路径的线要逆时针进行绘制，同时要根据放样（左剖面）、倒角剖面（右剖面）、扫描（右剖面）三个命令对左右剖面的识别特点对相应的对齐轴（层次命令中勾选"仅影响轴"）进行调整，以确保最终延伸生成模型的大小。

　　如图2-106、图2-107所示为放样、倒角剖面和扫描组合命令的综合案例。

　　3ds Max中的样条线通过辅助插件可实现样条线库的选择，具体的操作步骤是在"运行脚本"菜单中加载插件，根据步骤提示进行安装，安装后在"自定义"菜单中的"界面"面板中将角线按钮移动至工具菜单中，指定角线库路径后就载入样条线

图2-106　放样、倒角剖面和扫描组合命令的综合案例

库，场景绘制样条线路径后直接点取角线库的样式即可生成模型。整个操作过程应注意将场景模型单位设置为毫米。

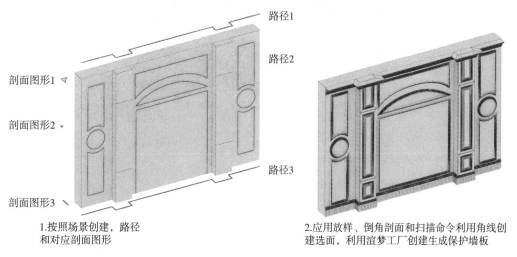

| 1.按照场景创建，路径和对应剖面图形 | 2.应用放样、倒角剖面和扫描命令利用角线创建选面，利用渲梦工厂创建生成保护墙板 |

图2-107　放样、倒角剖面和扫描组合命令的综合案例过程

本节任务点:

任务点1: 参照图2-105所示的步骤,进行放样、倒角剖面、扫描三法单一命令比较案例的练习。

任务点2: 参照图2-107所示的步骤,进行放样、倒角剖面和扫描组合命令综合案例的练习。

2.4.3 实现圆角效果的四种命令

如图2-108所示,在3ds Max中圆角效果的命令有四种,即样条线中点的圆角;面片方式中点层级的切角命令和面层级的挤出命令;多边形体方式中,线的切角;进行线连接后,切换到点添加修改器FFD5×5×5进行外部点控制。

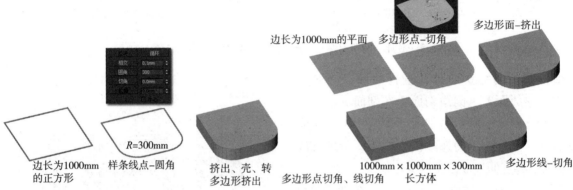

边长为1000mm的平面　多边形点–切角　　多边形面–挤出

边长为1000mm　样条线点–圆角　　挤出、壳、转　　1000mm×1000mm×300mm　　多边形线–切角
的正方形　　　　　　　　　　　　多边形挤出　　长方体

命令　样条线点圆角　　　　　　多边形点切角　　　　　　多边形线切角

操作步骤

捕捉栅格点,按〈S〉键打开三维捕捉
移动复制1m×1m正方形,并将其转化成可编辑样条线
转换到点层级,框选两个顶点
输入圆角数值后单击圆角
在"修改器列表"面板中,单击"挤出"按钮,输入数量"300"
或执行修改器壳命令,外部量输入"300"
或直接将其转换为可编辑多边形后选面挤出300mm

多边形点切角
捕捉栅格点,按〈S〉键打开三维捕捉
移动复制1m×1m平面,并将其转化成可编辑多边形
转换到点层级,框选两个顶点,单击"切角"按钮右侧的设置按钮,设为"200"
输入切角数值后再次添加切角
调整二次切角量为"60"后,单击"确定"按钮
切换到面层级,选择面进行挤出,挤出量为300mm

多边形线切角
捕捉栅格点,按〈S〉键打开三维捕捉
移动复制1000mm×1000mm×300mm长方体
转化成可编辑多边形
转换到线,点选两条垂直边,单击"切角"按钮右侧的设置按钮,设为"300"

1000mm×1000mm×300mm　多边形线–连接　多边形点–修改器
长方体　　　　　　　　　　　　　　　　FFD5×5×5

多边形点FFD修改器

多边形线切角
捕捉栅格点,按〈S〉键打开三维捕捉
移动复制1000mm×1000mm×300mm长方体
将其转化成可编辑多边形
选择一对平行边,连接数量为15,增加细分量
框选侧面点后添加修改器FFD正方形
设置点数5×5×5,打开修改器控制点
对控制点进行框选移动和缩放

图2-108 实现圆角效果的四种命令比较

1. 单一命令的选择：点层级中的圆角命令案例

单一命令的选择：点层级中的圆角命令案例如图2-109和图2-110所示。

图2-109 点层级中的圆角命令案例

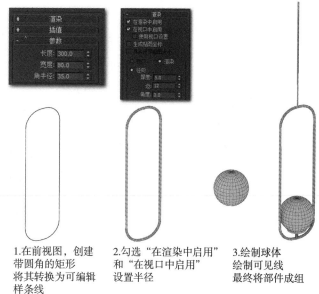

1.在前视图，创建 带圆角的矩形 将其转换为可编辑 样条线

2.勾选"在渲染中启用" 和"在视口中启用" 设置半径

3.绘制球体 绘制可见线 最终将部件成组

图2-110 点层级中的圆角命令案例过程

案例中圆角的实现可在创建样条线时直接设置圆角参数，但若只是对部分顶点设置为圆角，可通过样条线点层级中的圆角命令实现。

2. 单一命令的选择：线层级中的切角命令案例

单一命令的选择：线层级中的切角命令案例如图2-111和图2-112所示。

图2-111 线层级中的切角命令案例

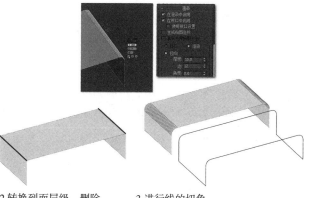

1.在顶视图，绘制 长方体 将其转换为可编辑多边形

2.转换到面层级，删除 多余面

3.进行线的切角 将边线分离（利用所选内容创建图形命令） 设置可见性和参数

4.对齐造型

图2-112 线层级中的切角命令案例过程

3. 单一命令的选择：FFD 修改器实现圆角效果案例

单一命令的选择：FFD修改器实现圆角效果案例如图2-113和图2-114所示。

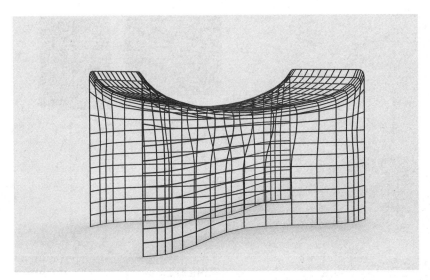

图2-113　FFD修改器实现圆角效果案例

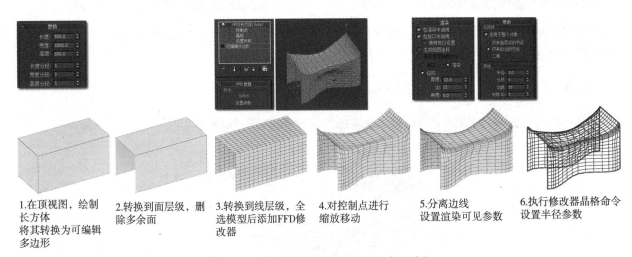

1. 在顶视图，绘制
长方体
将其转换为可编辑
多边形

2. 转换到面层级，删
除多余面

3. 转换到线层级，全
选模型后添加FFD修
改器

4. 对控制点进行
缩放移动

5. 分离边线
设置渲染可见参数

6. 执行修改器晶格命令
设置半径参数

图2-114　FFD修改器实现圆角效果案例过程

FFD修改器的使用是针对有一定细分（分段数）的模型，但分段数过高会导致面数过多，所以在使用FFD修改器时需要根据设计造型的特点酌情调整模型的分段数。

本节任务点：

任务点1：参照图2-110所示的步骤，进行点层级中的圆角命令案例的练习。

任务点2：参照图2-112所示的步骤，进行线层级中的切角命令案例的练习。

任务点3：参照图2-114所示的步骤，进行FFD修改器实现圆角效果案例的练习。

2.4.4　片成体效果的三种命令

片成体效果是指将二维样条线转化为三维模型，如图2-115所示，这种效果主要通过三种方式实现：多边形面挤出命令；多边形编辑挤出命令；修改器壳命令。

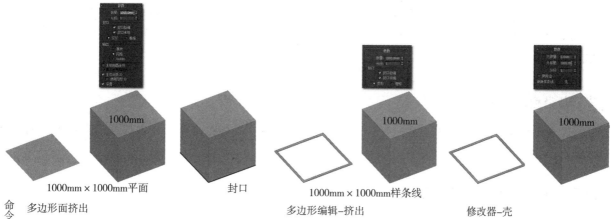

	1000mm × 1000mm平面	封口	1000mm × 1000mm样条线	
命令	多边形面挤出		多边形编辑–挤出	修改器–壳
操作步骤	捕捉栅格点，按〈S〉键打开三维捕捉 绘制1m×1m平面 将其转换为可编辑多边形 转到面层级，选择面 单击"挤出"按钮右侧的设置按钮 双击右键，输入"1000"后按回车 键切换到边界层级，选择边界执行 封口命令		捕捉栅格点，按〈S〉键打开三维捕捉 绘制1m×1m正方形 将其转换为可编辑多边形 转到面层级，选择面 单击"挤出"按钮右侧的设置按钮 双击右键，输入"1000"后按回车键	捕捉栅格点，按〈S〉键打开三维捕捉 绘制1m×1m正方形 在"修改器列表"中单击"壳"按钮 在"外部量"处输入"1000"后按回车键

图2-115　片成体效果的三种命令BOX模型比较

如图2-116和图2-117所示为椅子模型的创建，其主要操作命令为样条线挤出命令和修改器壳命令。

图2-116　样条线挤出命令和修改器壳命令组合的案例

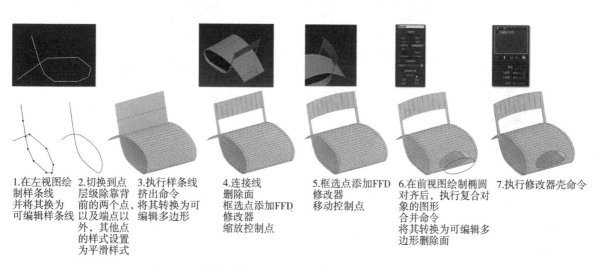

1.在左视图绘制样条线并将其转换为可编辑样条线

2.切换到点层级除靠背前的两个点以及端点以外，其他点的样式设置为平滑样式

3.执行样条线挤出命令将其转换为可编辑多边形

4.连接线删除面框选点添加FFD修改器缩放控制点

5.框选点添加FFD修改器移动控制点

6.在前视图绘制椭圆对齐后，执行复合对象的图形合并命令将其转换为可编辑多边形删除面

7.执行修改器壳命令

图2-117　样条线挤出命令和修改器壳命令组合的案例过程

注意，在设置点的位置时要考虑到最终挤出后的造型，同时点的样式设置也会影响到挤出后的线段细分，可利用平滑的点样式增加线段细分。另，角点样式挤出应设置为单线，这样有利于在后期进行线、面的选择或编辑。

本节任务点：

任务点：参照图2-116和图2-117所示的内容，进行样条线挤出命令和修改器壳命令组合案例的练习。

2.4.5 单双面封口方式比较

建模过程中，会存在需要临时删除模型面，或者出现模型破面需要进行封面处理的情况，对破面进行封闭主要有单面和双面封口两种方式（图2-118）。

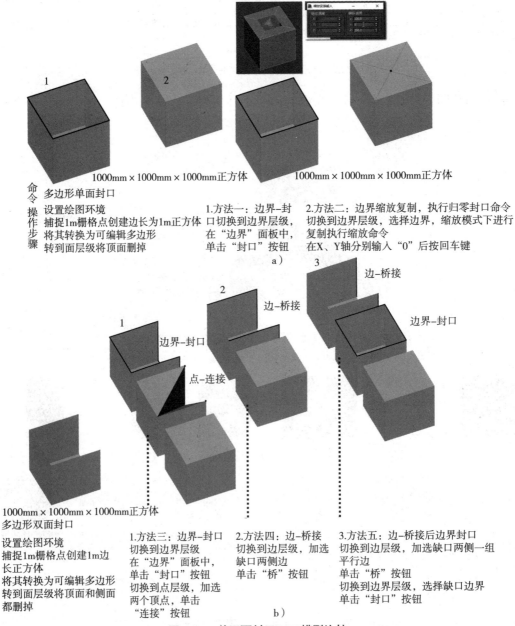

图2-118 单双面封口BOX模型比较

　　注意，双面封口也可以通过将一侧的两条线，利用复制的方式捕捉到对面进行封口，这种封口需要进一步进行点的焊接命令以保证封闭性。

本节任务点：

任务点：参照图2-118所示的步骤，进行单双面封口BOX模型比较的练习。

2.4.6　实现镂空效果的方法

　　如图2-119所示，实现模型镂空效果的方法主要有以下五种：

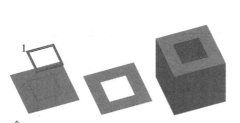
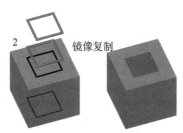

命令操作步骤

1.单面片镂空-图形合并
绘图环境
捕捉栅格点，按〈S〉键打开三维捕捉
绘制1m×1m平面
绘制400mm×400mm正方形，对齐后移动位置如图
首先选择平面，复合对象点选图形合并
单击"拾取对象"按钮，点取矩形样条线
将其转换为可编辑多边形
切换到面层级，删除面
选择面后挤出1000mm

2.双面片镂空-图形合并
绘图环境
捕捉栅格点，按〈S〉键打开三维捕捉
绘制1m边长正方体
绘制400mm×400mm正方形，对齐后移动位置如图
将正方形沿Z轴镜像复制一个
首先选择正方体，在"复合对象"面板中单击"图形合并"按钮
单击"拾取对象"按钮，先后点取两个矩形样条线
将其转换为可编辑多边形
切换到面层级，选择两个面
单击"桥"按钮

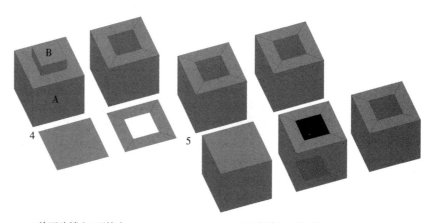

3.双面片镂空-布尔运算
绘图环境
捕捉栅格点，按〈S〉键打开三维捕捉
绘制1m边长正方体
绘制400mm×400mm×1500mm边长长方体，对齐后移动位置如图
选择正方体
在"复合对象"面板中单击"布尔"按钮，默认条件下为差集A-B，单击拾取操作对象B
点取长方体

4.单面片镂空-面挤出
绘图环境
捕捉栅格点，按〈S〉键打开三维捕捉
绘制1m边长平面，将其转换为可编辑多边形
切换到面层次，单击"插入"按钮，输入"400"后删除
反选剩余的面单击"挤出"按钮右侧的设置按钮，输入"1000"

5.双面片镂空-面桥接
绘图环境
捕捉栅格点，按〈S〉键打开三维捕捉
绘制1m边长正方体，将其转换为可编辑多边形
切换到面层级，选择上下面后单击"插入"按钮
输入"400"后单击"桥"按钮

图2-119　实现模型镂空效果的五种方法

1. 实现镂空效果的单面技巧

1）复合对象：执行图形合并的命令，进行面的删除、面的挤出或壳命令。

2）多边形：面插入后删除，再执行面的挤出或壳命令。

2. 实现镂空效果的双面技巧

1）复合对象：执行图形合并的命令，再执行面的桥接命令。

2）复合对象：进行多边形（没有缺口）间的布尔运算。

3）多边形：面的插入，面的桥接（删面后执行线的桥接命令）。

3. 实现镂空效果的图形合并案例练习

图形合并案例练习如图2-120和图2-121所示。

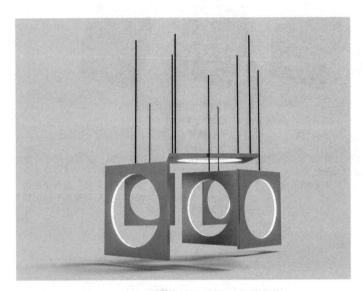

图2-120　实现镂空效果的图形合并案例

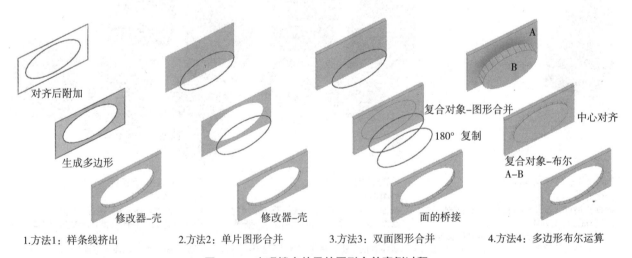

图2-121　实现镂空效果的图形合并案例过程

注意，创建有厚度的模型时，应先利用面片进行编辑，这样能够方便进行模型对象的选择，最后再执行修改器壳命令以增加厚度。

4. 实现镂空效果的布尔运算案例练习

实现镂空效果的布尔运算案例练习如图2-122和图2-123所示。

图2-122　实现镂空效果的布尔运算案例练习

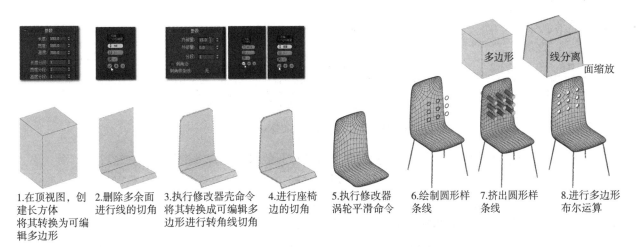

图2-123　实现镂空效果的布尔运算案例过程

注意，2020版本的3ds Max中对于布尔运算和超级布尔的面板设置尽管不同，但都能够实现连续布尔对象的拾取，而2014版本中的布尔运算只能针对单个对象进行拾取运算。

本节任务点：

任务点1：按照图2-119所示的步骤进行实现模型镂空效果的五种方法的练习。

任务点2：参照图2-121所示的步骤，进行实现镂空效果的图形合并案例的练习。

任务点3：参照图2-123所示的步骤，进行实现镂空效果的布尔运算案例的练习。

2.4.7　布尔效果：布尔和超级布尔二法

多边形的布尔运算包含布尔和超级布尔两种方式，都是封闭多边形之间的形体运算（图2-124）。

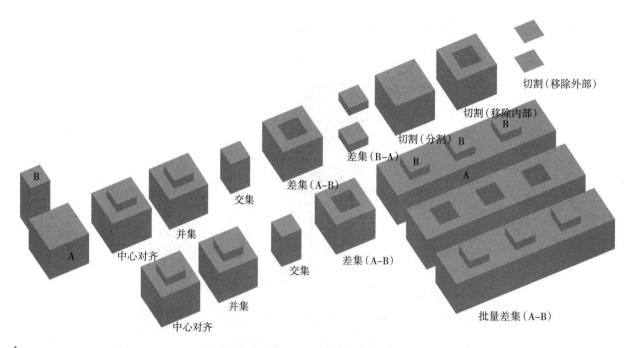

图2-124　布尔与超级布尔BOX模型比较

3ds Max的超级布尔和布尔运算的区别主要体现在运算效果、可否批量运算、稳定性三方面。

1）超级布尔和布尔运算的区别一：运算效果不同。超级布尔运算出来的模型很少破面，线也比较有规律。而如果利用布尔运算的话，很可能会遇到法线翻转等意外情况出现。此外，如果在运算过后，模型塌陷的话，超级布尔运算是有可能继续对模型进行修改的。

2）超级布尔和布尔运算的区别二：是否能够进行批量运算。除了运算效果外，超级布尔和布尔运算的另一项区别是超级布尔命令可以对多个模型进行批量运算。如果有三个或以上的模型需要进行布尔运算的话，可以在将它们均选中之后使用超级布尔同时处理，而布尔运算就只能够两两分步骤来处理和运算。虽然高版本的布尔运算可以进行对象的连续拾取，但布尔运算之后的模型相比较超级布尔面上会有多余的斜线存在。

3）超级布尔和布尔运算的区别三：稳定性不同。虽然超级布尔的运算效果优于布尔运算，但是在超级布尔的运算过程中，很容易运算失败，或者运算之后没有反应。所以，从稳定性上来说，超级布尔不如布尔运算。当遇到使用超级布尔却无法成功地对两个模型取差值或合值的情况，则应该考虑使用布尔运算对其重新进行处理。

本节任务点：

任务点： 参照图2-124所示的步骤，进行布尔与超级布尔BOX模型比较的练习。

2.4.8　实现弯曲效果的方法

多边形的弯曲效果可以通过以下方式实现：修改器弯曲命令实现片或体的弯曲成形，修改器车削命令实现二维样条线旋转成体（图2-125），另外利用布尔运算也可以实现弯曲效果。

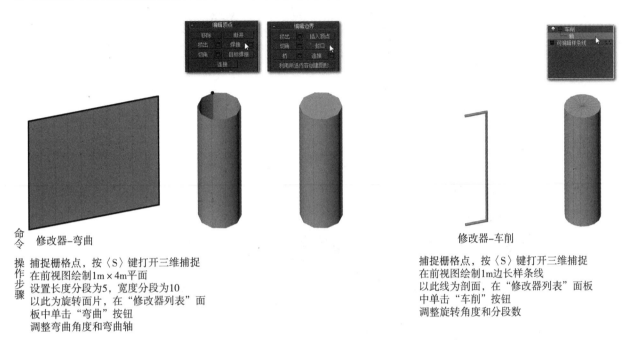

<table>
<tr><td>命令</td><td>修改器-弯曲</td><td>修改器-车削</td></tr>
<tr><td>操作步骤</td><td>捕捉栅格点，按〈S〉键打开三维捕捉
在前视图绘制1m×4m平面
设置长度分段为5，宽度分段为10
以此为旋转面片，在"修改器列表"面板中单击"弯曲"按钮
调整弯曲角度和弯曲轴</td><td>捕捉栅格点，按〈S〉键打开三维捕捉
在前视图绘制1m边长样条线
以此线为剖面，在"修改器列表"面板中单击"车削"按钮
调整旋转角度和分段数</td></tr>
</table>

图2-125　修改器弯曲命令和车削命令实现弯曲效果的比较

对于实现模型弯曲效果（图2-126），修改器弯曲命令、修改器车削命令和布尔运算三种实现方式的比较如图2-127~图2-129所示。

图2-126　三种方法需要实现的弯曲效果

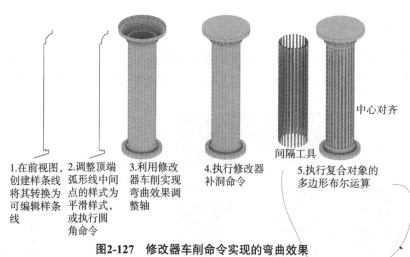

1.在前视图，创建样条线将其转换为可编辑样条线　2.调整顶端弧形线中间点的样式为平滑样式，或执行圆角命令　3.利用修改器车削实现弯曲效果调整轴　4.执行修改器补洞命令　5.执行复合对象的多边形布尔运算

图2-127　修改器车削命令实现的弯曲效果

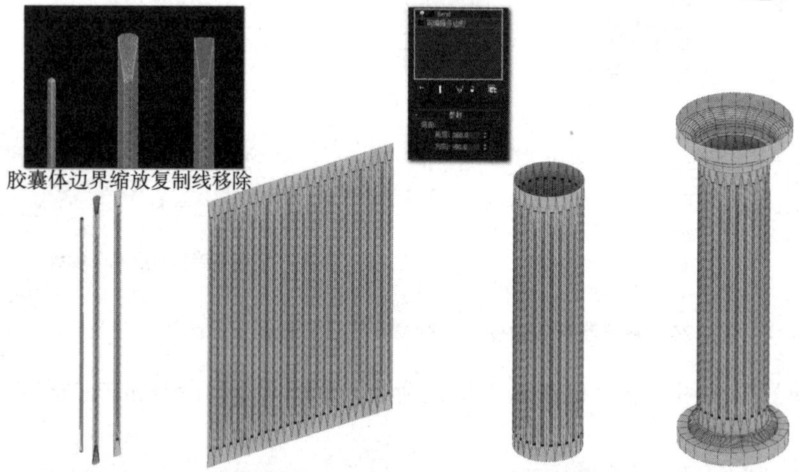

1.在顶视图，创建胶囊体将其转换为可编辑多边形　2.捕捉顶点后复制25个塌陷后转换为可编辑多边形相邻顶点框选后焊接　3.执行修改器弯曲命令将其转换成可编辑多边形焊接边界顶点　4.缩放、移动、复制边界线进行线的切角

图2-128　修改器弯曲命令实现的弯曲效果

1.在顶视图，创建圆柱体将其转换为可编辑多边形　2.绘制间隔工具、拾取路径、设置数量将其全部塌陷后转换为可编辑多边形与圆柱体对齐　3.进行多边形布尔运算删除顶面、底面后缩放、移动、复制边界线　4.进行线的切角

图2-129　布尔运算实现的弯曲效果

要进行布尔运算的多边形必须是封闭的实体，经过此车削命令操作的模型在进行布尔运算时往往会出现错误，这主要是因为车削后的模型没有封闭。对此有两种解决方法：方法一，选择模型后转换成可编辑多边形，执行边界层级的封口命令；方法二，选择模型后在修改器列表添加补洞修改器。另外，3ds Max中的布尔运算本身就具有一些问题（如面上的斜线会影响到后期贴图纹理），所以尽可能用其他的命令方法（如图形合并）进行替代。

本节任务点：

任务点：参照图2-126~图2-129所示的步骤，分别利用修改器弯曲命令、修改器车削命令和布尔运算实现模型的弯曲效果。

2.4.9　实现阵列效果的方法

实现单体阵列有三种方法：复制（关联）命令、阵列命令、间隔工具命令。栅格间距设定为1m，利用1m单位正方体参照图2-130进行三种命令的操作。

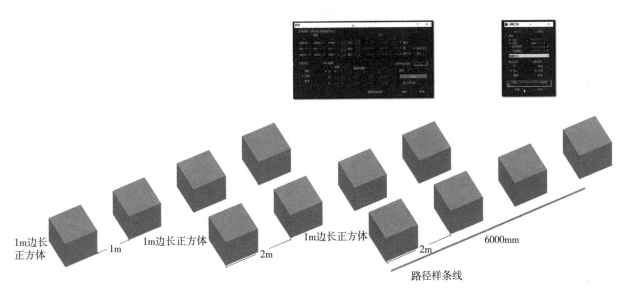

命令	复制	阵列	间隔工具
操作步骤	捕捉栅格点，按〈S〉键打开三维捕捉 创建1m正方体并点选 在移动模式下按住〈Shift〉键 设置栅格间距为1000mm 捕捉栅格点进行复制	捕捉栅格点，按〈S〉键打开三维捕捉 创建1m正方体并点选 打开"工具"菜单栏，单击"阵列"按钮 在移动模式下，在X轴输入"2000" 阵列数量为4，单击"预览"按钮，预览阵列效果 单击"确定"按钮	捕捉栅格点，按〈S〉键打开三维捕捉 创建1m正方体并点选 单击"工具"按钮，在其下菜单中单击"对齐"按钮，再单击"间隔工具"按钮（或按快捷键〈Shift+I〉） 单击"拾取路径"按钮，点选场景中的路径线 输入计数"4"，输入间距"2000"后单击"应用"按钮

图2-130　复制、阵列、间隔工具BOX模型比较

1. 复制和阵列命令 BOX 模型比较案例练习

复制和阵列命令BOX模型比较案例练习如图2-131和图2-132所示。

101

图2-131　复制和阵列BOX模型比较案例

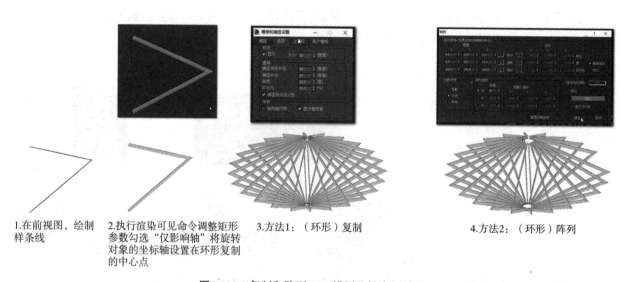

| 1.在前视图，绘制样条线 | 2.执行渲染可见命令调整矩形参数勾选"仅影响轴"将旋转对象的坐标轴设置在环形复制的中心点 | 3.方法1：（环形）复制 | 4.方法2：（环形）阵列 |

图2-132　复制和阵列BOX模型比较案例过程

2. 间隔工具案例练习

间隔工具案例练习如图2-133和图2-134所示。

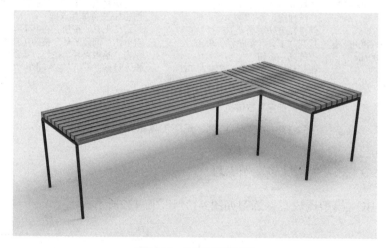

图2-133　间隔工具案例

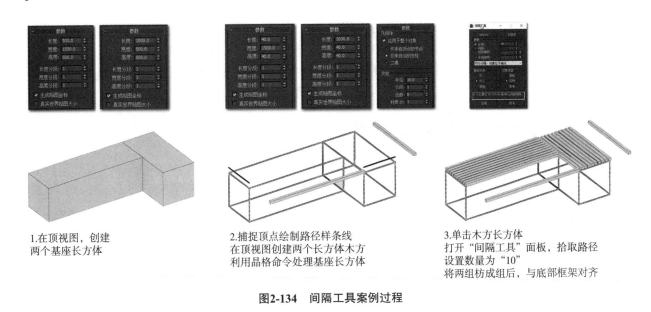

1.在顶视图，创建
两个基座长方体

2.捕捉顶点绘制路径样条线
在顶视图创建两个长方体木方
利用晶格命令处理基座长方体

3.单击木方长方体
打开"间隔工具"面板，拾取路径
设置数量为"10"
将两组枋成组后，与底部框架对齐

图2-134　间隔工具案例过程

　　注意，在图2-134步骤2中用来阵列的木方长方体可以通过采用捕捉基座长方体的顶点创建线，再勾选并调整线的渲染可见（矩形）状态来创建。

本节任务点：

　　任务点1：参照图2-132所示的步骤，进行复制和阵列BOX模型比较案例的练习。

　　任务点2：参照图2-134所示的步骤，进行间隔工具案例的练习。

2.5　建模思路的养成及表现形式

2.5.1　建模思路的三种类型

　　建模思路形成的过程：首先在观察创建物体时，选择合适的本体进行基础形态体块的创建，同时结合样条线或多边形的命令进行先后顺序及组合使用的选择。无论是简单或复杂，单体或群组甚至是空间场景，都需要系统的建模思路。

　　（1）单一模型从原形到成型的过程分析　以关键性命令为节点，对模型进行复制备份。这样一方面能够很清晰地对整个模型生成的过程进行学习和复习；另一方面是针对出现错误时，需要返回修改，但有的命令是不可逆的，无法修改的情况。注意，在进行模型复制时，一定要退出当前的多边形编辑模式。如果在多边形编辑命令层级下进行复制，复制后的物体和本体是一种附加的关系，需要在元素层级进行分离。

　　（2）复杂物体构件组合的分析　针对一个相对复杂的模型，在创建之前首先要观察模型各个构成部分的组成搭建方式，决定选择一体多边形建模还是多个体块捕捉拼接。若整体造型是对称结构，可以创建一半后采用镜像或修改器对称命令来生成另一半模型。

　　（3）空间场景物体建模方式选择的综合分析　空间场景创建的内部框架及模型形态各异，数量较多，前期建模需要耗费大量时间。由此衍生出了许多可以一键生成的模型形态或可以直接导入的网络模型，但仍然需要自己完成原创设计部分的模型。

　　分析空间三大界面及每个内部元素的形态特征，以此来判定：①是否需要CAD的图形尺寸；

②是否在场景创建阶段，利用SketchUp进行创建。③在3ds Max场景建模中，哪些模型需要自己去创建，如固定式家具，或有明确的CAD尺寸图样。④哪些模型需要依赖于网络资源，如一些装饰工艺品和植物；⑤哪些需要后期处理，利用Photoshop将一些场景中很难或无法创建的背景或饰品造型，进行素材的收集和合成，以减少渲染时间（详细讲解和案例演示见第4.1.1小节）。

2.5.2 单一模型建模思路的两种形式

1. 利用复制建模关键节点，记录建模过程

在建模过程中，对执行了关键命令后的模型进行复制，方便模型在操作失败时有上一步操作的备份，另外也方便复习，培养模型思路。

图2-135所示的球形镂空椅子模型的创建有四个重要节点：多边形的基本形完成、经多边形编辑后的模型、执行修改器涡轮平滑命令后的模型、复合对象图形合并后的模型。

球体：半径450mm 面：删除 点：缩放　边界：封口 面：插入；挤出；缩放 点：FFD移动 涡轮平滑　图形合并 面：挤出后删除
分段13　　内部面

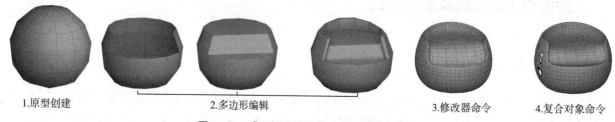

1.原型创建　　　　2.多边形编辑　　　　3.修改器命令　　4.复合对象命令

图2-135　球形镂空椅子创建的过程节点复制

注意，在图2-135步骤1中球体的分段数较少可方便多边形编辑中线、面的选择和编辑。

2. 利用文字记录建模过程

通过文字形式记录模型从本体到成型的整个过程，可以是操作过程的详细记录，也可以是以简单罗列命令关键词的形式。如在多边形编辑中，进行面（切换快捷键为〈4〉）的挤出，则直接简化成："4/挤出"。

以创建球形镂空椅子为例，详细的文字笔记为：

1）在顶视图创建半径为450mm，分段为13的球体，将其转换为可编辑多边形。

2）切换到前视图，切换到面层级，删除多余面后进行边界的封口命令。

3）切换到点层级，进行点的连接后，切换到面层级执行插入30mm后向下挤出60mm，以压缩造型。

4）切换到点层级，选取点执行FFD3×3×3修改器，执行涡轮平滑命令。

5）在前视图绘制样条线圆，绘制完成后将其转换为可编辑样条线进行附加。

6）选择多边形后，在"复合对象"面板中选择图形合并命令，拾取样条线后转换为可编辑多边形，进行面的挤出和删除命令。

7）再次执行上述操作后完成模型创建。

熟练掌握命令的位置和操作方法后，可以简化笔记为：

1）T/球r450，13段；转Poly。

2）F/4删；3/封口。

3）1/连接；4/插入30，4/挤出60/R。

4）1/FFD3×3×3；涡轮。

5）F/多圆；转线，附加。

6）多次图形合并；转Poly，4/挤出/删。

本节任务点：

　　任务点：参照图2-135所示的步骤，进行相应模型创建的练习。

2.5.3　建模思路案例实训

1. 水槽建模的十三种方法演示

将单一模型用多种命令及其组合的形式尝试建立，首先应确定开始创建时的原型是多边形还是样条线，再确定多边形、样条线与样条线转多边形三部分命令的选择与命令之间的先后关系，再配合修改器的常用命令进行组合。这样的训练有助于综合建模能力的提升，同时也能提高建模过程中解决模型问题的能力，及时调整建模方法，提高建模效率。

下面利用一个简单模型进行建模思路的拓展练习。模型如图2-136所示，为倒内圆角的实体水槽。建模命令排序的基本原则是：通常是从观察模型时第一个能够想到的命令开始，然后逐步延展出其他的操作命令。针对图2-136所示的模型，在下文中提供了十三种建模方法，其中涵盖了多边形、样条线与样条线转多边形三部分的建模命令（图2-137、图2-138）。

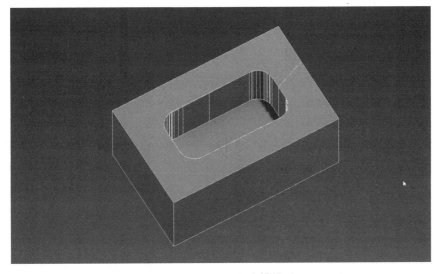

图2-136　倒内圆角水槽模型

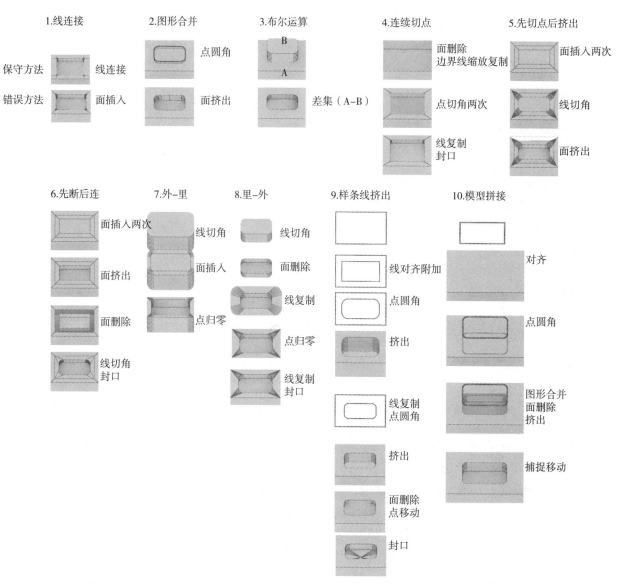

图2-137　创建模型常见的十种方法

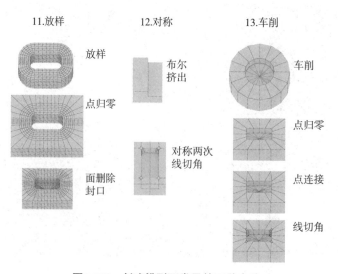

图2-138　创建模型不常见的三种方法

图2-136所示模型创建的文字思路：

1）多边形：线的连接、面的挤出、线的切角命令。

2）样条线：点的圆角、复合对象、图形合并、面的挤出命令。

3）多边形：线的切角、对齐、复合对象布尔命令。

4）多边形：面的插入、点的切角、面的挤出命令。

5）多边形：面的两次插入、线的切角、面的挤出命令。

6）多边形：面的两次插入、面的删除、面的挤出、线的切角、边界封口命令。

7）多边形：线的切角、面的插入、面的挤出、点的缩放命令。

8）多边形：线的切角、面的删除、线的缩放复制、线的移动复制、边界封口命令。

9）样条线：样条线的缩放复制、点的圆角、修改器挤出、点的移动、边界封口命令。

10）样条线：点的圆角、线的复制、线的挤出、图形合并、面的删除、点的捕捉移动和焊接命令。

11）样条线：点的圆角和放样、点的缩放、面的删除、边界封口命令。

12）样条线：线的附加和布尔运算、两次对称、线的切角命令。

13）样条线：线的附加和布尔运算、点的压缩、点的连接、线的切角命令。

2. 一套餐具模型的综合命令使用及建模思路练习（图2-139）

训练目的：①建模原型的选择，球体或多边形或矩形样条线；②模型细分的增加方式，线的连接、四边形网格化及涡轮平滑；③倒圆角的三种处理方式，多边形线切角、FFD修改器、样条线点圆角；④镂空造型的三种处理方式，面桥接、体布尔和线图形合并；⑤弧度的FFD点控制：叉子尖部的弧度，刀刃部分锋利的倾斜造型。

设计说明：汉诺威的Ding3000设计工作室设计的这套餐具名为"交融"，其中，勺子、叉子和刀具之间能通过其把手中间的卡槽卡扣在一起形成一个稳固的三角形支架，这样的设计十分巧妙且美观又实用。

图2-139 餐具组合过程及细节

建模要求：根据图2-140中所示的模型形状以及对应的命令要求进行操作。在建模前可以先写一下建模的文字思路，这样有助于了解具体造型与命令之间的组合及流程顺序。在建模过程中，可在执行完重要的命令后复制保存模型以保留从原型到实体的建模过程。

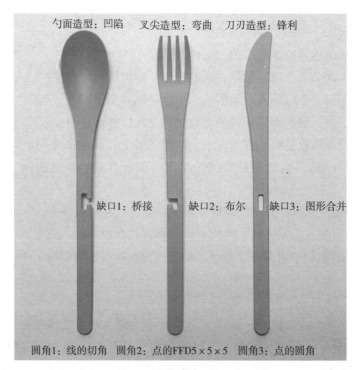

勺面造型：凹陷　　叉尖造型：弯曲　　刀刃造型：锋利

缺口1：桥接　　缺口2：布尔　　缺口3：图形合并

圆角1：线的切角　　圆角2：点的FFD5×5×5　　圆角3：点的圆角

图2-140　餐具模型造型及命令要求

注意，在模型复制时，要退出当前操作的多边形编辑状态，否则发生的复制是多边形编辑内部的复制，相当于模型的附加，这种附加只能通过元素层级的分离才能解除。二是对操作对象的保留，如保留布尔运算后的模型，以及进行图形合并后的样条线，都能够方便之后的复习和模型修改。

> **本节任务点：**
>
> 任务点1：先观察图2-136，利用所学命令尝试进行创建，再根据文字命令的提示进行思路整理。最后参照图2-137和图2-138所示的步骤进行练习。
>
> 任务点2：参照图2-140中的命令要求，对该套餐具模型的综合命令及建模思路进行练习，保留建模过程。

2.6　材质的创建与导入

2.6.1　基本物理属性

Vray材质编辑器是3ds Max的材质编辑插件。相对于3ds Max自带的材质编辑器和渲染器，其物理属性分类明确，可操作性强，能够调节出非常真实的材质样式。如图2-141所示，其所包含的漫反射固有色、反射和折射属性，均对应真实的材料物理属性，比较容易学习。

1. 开启材质编辑器的三种方法

1）方法一：在主工具栏中单击图标。

2）方法二：在键盘上按快捷键〈M〉。

3）方法三：在菜单栏中单击"渲染"按钮，打开"材质编辑器"面板。

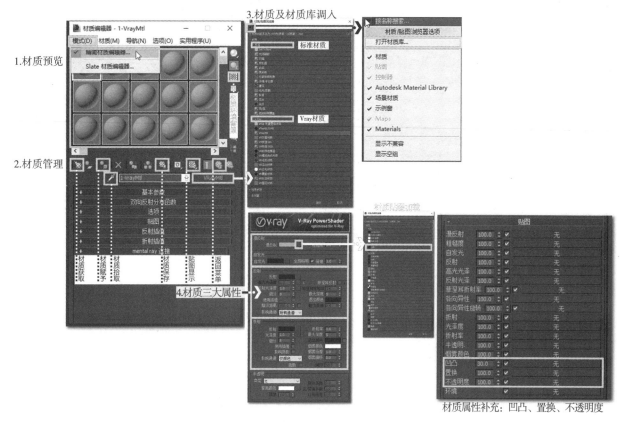

图2-141　精简材质编辑器面板功能

2. 材质的属性

Vray材质球的调整是模拟真实材料属性的叠加赋予过程。为了能够尽快地掌握材质调整方法，材质的学习主要分为材质球的制作与复制，以及材质库的创建与导入两个部分。材质球在场景中是否能够真实表达，依赖于与灯光、摄像机两者的配合程度。

常见的材质基本属性包括固有色（颜色纹理）、反射、折射、凹凸、透明、置换等。在此基础上，还有发光贴图、混合贴图和环境贴图等样式。

（1）固有色（颜色纹理）　固有色就是物体本身所呈现的色彩，也就是材质面板中的漫反射，主要分为两种：一种是只有颜色没有贴图的材质类型，场景中的绝大部分物体都属于这种情况，如墙体（图2-142）、塑料、不锈钢、镜面等颜色单一、表面基本无肌理的物体。另一种是有贴图纹理的材质，如木纹、壁纸（图2-143）、大理石、布料等有特殊肌理和风格特征的物体。固有色的处理要结合UVW贴图进行贴图纹理位置和大小的调整，效果图的失真往往与贴图的比例失调有关，如地板或壁纸的纹理过大，就会让人在视觉上感觉房屋空间过小。

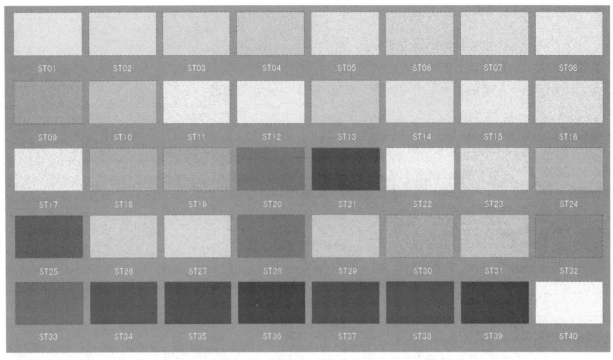

图2-142　固有色颜色（室内硅藻泥）样本

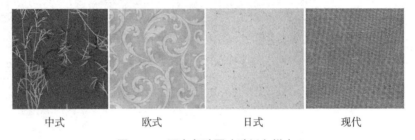

| 中式 | 欧式 | 日式 | 现代 |

图2-143　固有色贴图（壁纸）样本

（2）反射　在3ds Max虚拟环境中反射是体现效果图真实度的重要因素。反射率高的物体如镜面、不锈钢（图2-144）、抛光理石等，常见的反射率较低的材质有经亚光处理的塑料、木地板、石材等。一般来说，不存在没有反射属性的物体。3ds Max虚拟环境中，大面积反射的缺失（如墙体）会影响到整个环境的光能传递过程，使场景光线偏暗。另外，反射率的高低会影响到光子数量的分配，分配较少的物体可能会出现噪点。

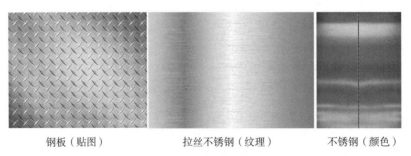

| 钢板（贴图） | 拉丝不锈钢（纹理） | 不锈钢（颜色） |

图2-144　反射样本

（3）折射　在3ds Max虚拟环境中具有折射属性的物体一般是指具有透明度属性的物体，透明度高的物体如玻璃、水晶、宝石等，折射属性较低的物体如磨砂玻璃（图2-145）、半透明亚克力、有色塑料等。一般来说，折射属性与渲染中的光子贴图有关，场景中折射属性强的物体越多，光子分配的时间越长，渲染速度越慢。

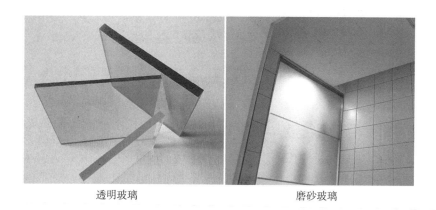

透明玻璃　　　　　　　　　　　　磨砂玻璃

图2-145　折射（玻璃）样本及实景

（4）凹凸　凹凸属性与纹理粗糙程度有关，其属于是能够在受光面体现出材质真实纹理的特征。在3ds Max虚拟环境中凹凸属性主要应用于近景或主体物体上（图2-146），能够在保证渲染速度的前提下最大限度地保证材质真实性。

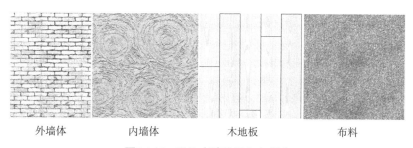

外墙体　　　　　内墙体　　　　　木地板　　　　　布料

图2-146　凹凸（默认黑白）样本

（5）透明　3ds Max虚拟环境中的透明属性主要用于镂空贴图的制作，且半透明的物体通常会通过折射属性进行调整。室内常见的镂空贴图主要包括带孔洞的穿孔板（图2-147）、金属网或有特殊形状的图案，利用透明贴图能够优化模型面数，节省建模时间。

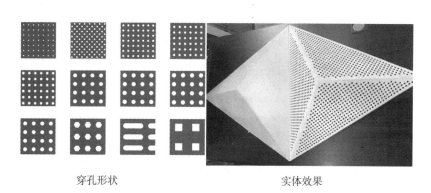

穿孔形状　　　　　　　　　　实体效果

图2-147　透明贴图（默认黑白）样本及实景

（6）置换　置换属性是凹凸属性的补充，置换贴图实际上更改了曲面的几何体或面片细分（而凹凸贴图仅是通过设置一种视觉上的错觉来产生凹凸感）。置换贴图应用贴图（图2-148）的灰度来生成位移，但也会产生较多的面数。

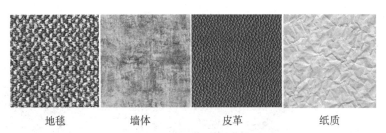

| 地毯 | 墙体 | 皮革 | 纸质 |

图2-148 置换（默认黑白）样本

本节任务点：

任务点：对生活环境中的物体进行拍照，应近景拍摄，抓拍细节，突出主要属性特征。拍照完成后，按照本节所学的材料物理属性对图片进行命名和归类。在此过程中，首先应注意对同一材料基本属性的观察和了解，二是比较不同材料之间同一属性的强弱变化。

2.6.2 七种常见类型材质的应用技巧

为了方便理解和记忆，将Vray材质归纳为七种常见材质：颜色和纹理贴图、高低反射、高低折射、凹凸、自发光、镂空、混合材质。这七种常见材质基本涵盖日常居住空间效果图制作所需的材质。下面将结合案例，对这七种有代表性的材质进行图示讲解。对于材质球的理解依赖于对真实生活的观察和反复的尝试练习，对于居住空间常见材料的名称、规格，以及施工工艺的补充学习也是有必要的。

1. 颜色和纹理贴图（漫反射颜色、漫反射贴图）

（1）漫反射颜色 居住空间中材料多数是有颜色表现的，纯粹颜色类的，如涂料或者亚克力饰面，包括在纹理上比较细腻的木纹，可以用颜色进行替代。通常只需要在材质球上给予固有色，不需要添加纹理贴图（图2-149、图2-150）。

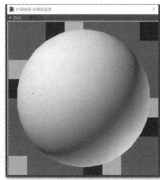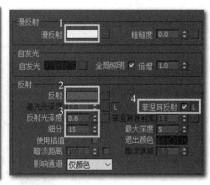

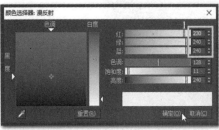

1.指定物体漫反射颜色，输入RGB参数　　2.指定物体反射强度（默认黑白色），输入RGB参数　　3、4.按照提示输入参数

图2-149 固有色——白色乳胶漆材质面板

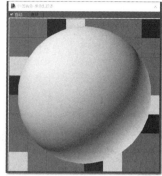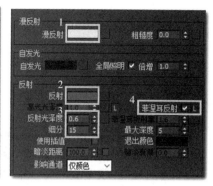

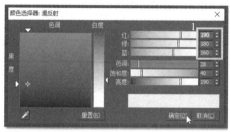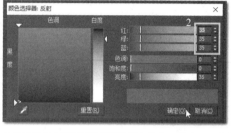

1.指定物体漫反射颜色，输入RGB参数　　　2.指定物体反射强度（默认黑白色），输入RGB参数　3、4.按照提示输入参数

图2-150　固有色——单色乳胶漆材质面板

（2）漫反射贴图　室内空间材料除了需要设置颜色外，还需要设置图案纹理贴图的，则需要下载或制作与现实材料比例相同的纹理贴图。选择材料的前提是对现实场景中纹理贴图的比例大小了解清楚，若纹理贴图太大则室内空间会显得狭小，纹理贴图太小，则会出现家具与空间的比例失调的情况。

1）在进行Vray材质纹理贴图的调整时可以用Photoshop进行处理，也可以用3ds Max对材质进行基本处理，如裁剪调整大小或替换材质。调整后的贴图可以进行常规尺寸的UVW调整。参照图2-151进行地砖材质面板的设置。

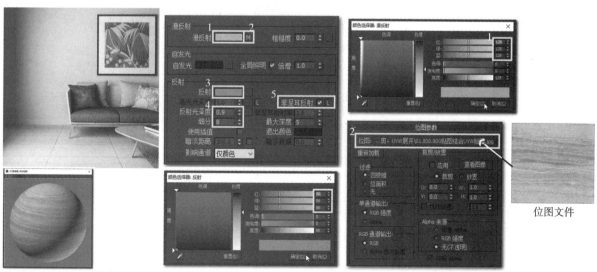

位图文件

1.默认漫反射颜色　2.单击"M"按钮加载贴图，单击"位图"按钮后单击"取消"按钮，将文件夹中位图文件拖拽至位图参数中的链接位置　3.指定物体反射强度（默认黑白色），输入RGB参数　4.按照提示输入参数　5.勾选"菲涅耳反射"

图2-151　漫反射800mm×800mm地砖材质面板

2）地板插件生成。对于地面带边缝的贴图可以在描边后利用Photoshop贴图制作边缝。

地面实体模型制作边缝的步骤：调整平面尺寸（800倍数，细分调整），转换成可编辑多边形面，按照多边形倒角设置参数，设置地面主体材质和边缝材质，调整UVW贴图（如果分离边缝需要创建组），如图2-152、图2-153所示。

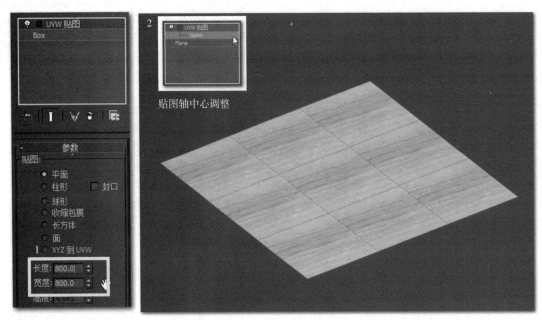

1.在"修改器列表"中打开"UVW贴图"面板，调整贴图长宽参数
2.如贴图分缝与模型位置错位，单击贴图轴中心，在视图中调整贴图位置

图2-152　漫反射800mm×800mm地砖UVW调整过程

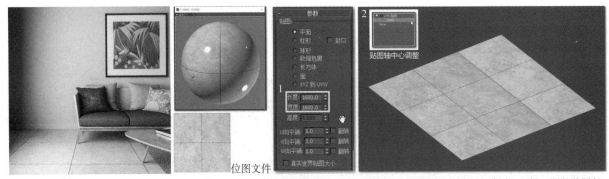

参照800mm×800mm地砖的材质参数进行位图的加载和反射参数的调整　1.在"修改器列表"中打开"UVW贴图"面板，调整贴图长宽参数　2.单击贴图轴中心，在视图中调整贴图位置

图2-153　漫反射1600mm×1600mm地砖UVW调整过程

注意，可利用超级地板插件，拾取场景中的样条线一键生成地面砖模型和地板模型。

2. 高低反射

反射是物体的基本属性之一，在3ds Max中任何材质都需要设置反射属性参数，反射的强弱通过黑白颜色来控制，反射到极端（白色）为图2-154的不锈钢材质。同时结合反射光泽度控制材质的亮光与亚光属性（图2-155~图2-158）。

（1）不锈钢材质练习　不锈钢材质面板如图2-154所示。

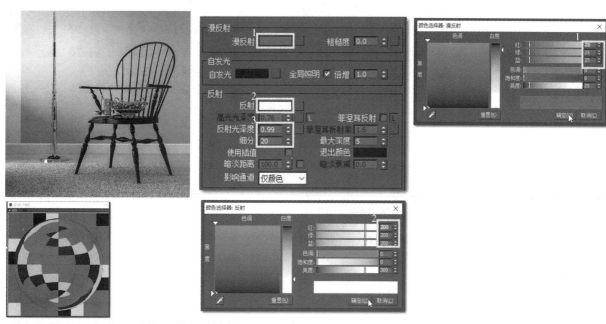

1.单击漫反射颜色，调整RGB参数　2.单击反射参数，调整RGB参数　3.设置反射光泽度及材质细分参数

图2-154　反射——不锈钢材质面板

（2）亮光和亚光木地板及石材练习　亮光和亚光木地板及石材练习如图2-155~图2-158所示。

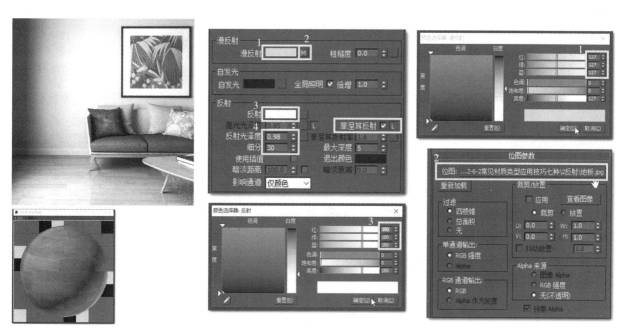

1.设置漫反射颜色　2.单击"M"按钮加载贴图，单击"位图"按钮后单击"取消"按钮，将文件夹中位图文件拖拽至位图参数中的位图链接位置　3.指定物体反射强度（默认黑白色），输入RGB参数　4.设置反射参数

图2-155　反射——亮光木材材质面板

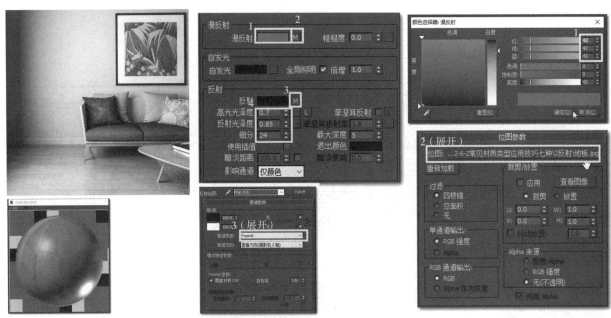

1.默认漫反射颜色　2.单击"M"按钮加载贴图，单击"位图"按钮后单击"取消"按钮，将文件夹中位图文件拖拽至位图参数中的位图链接位置　3.指定物体反射模式为衰减，设置类型为菲涅耳　4.设置反射参数

图2-156　反射——亚光木材材质面板

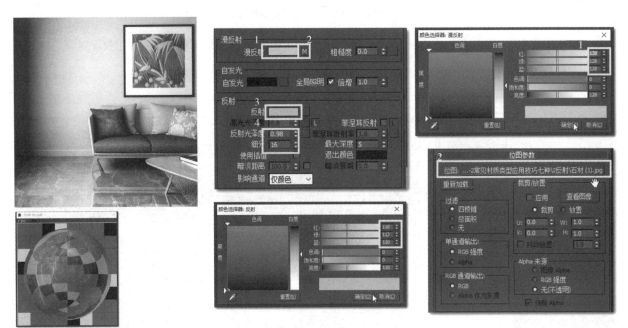

1.设置漫反射颜色　2.单击"M"按钮加载贴图，单击"位图"按钮后单击"取消"按钮，将文件夹中位图文件拖拽至位图参数中的位图链接位置　3.指定物体反射强度（默认黑白色），输入RGB参数　4.设置反射参数

图2-157　反射——亮光石材材质面板

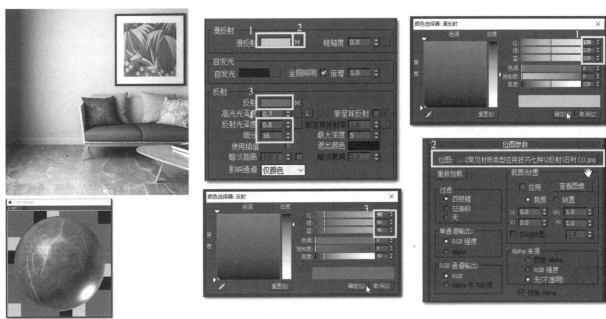

1.设置漫反射颜色　2.单击"M"按钮加载贴图,单击"位图"按钮后单击"取消"按钮,将文件夹中位图文件拖拽至位图参数中的位图链接位置　3.指定物体反射强度(默认黑白色),输入RGB参数　4.在主面板中设置反射参数

图2-158　反射——亚光石材材质面板

(3)布料的无反射参数处理(衰减贴图)　关于衰减贴图:贴图根据摄像机角度不同,可以让物体表面有一种虚实的变化,类似近实远虚的效果。如图2-159所示的抱枕材质面板设置,衰减贴图由前和侧两部分颜色及贴图构成:与摄像机角度越垂直的地方越能够体现前面的颜色及后面的贴图;与摄像机构成的夹角越大,则会倾向于显示侧的颜色及贴图,以此达到相对真实的材质感受。

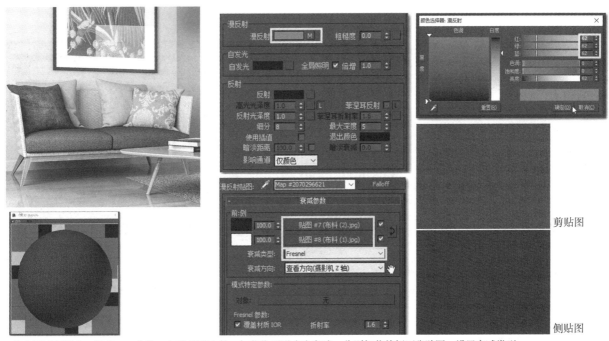

单击漫反射颜色,调整RGB参数,加载位图文件,加载位图形式为衰减,分别加载前侧两张贴图,设置衰减类型

图2-159　抱枕衰减贴图材质面板

3. 高低折射

折射是物体的基本属性之一，在3ds Max中折射属性需要的渲染时间最长。折射的强弱通过黑白颜色来控制，折射到极致（白色）为图2-160的玻璃材质。同时利用反射光泽度来控制材质的亮光与亚光属性（图2-161）。

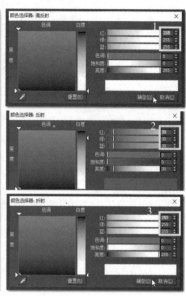

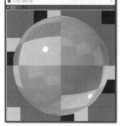

1.单击漫反射颜色，调整RGB参数　2.单击反射参数，调整RGB参数　3.单击折射参数，调整RGB参数

图2-160　折射——透明玻璃材质面板

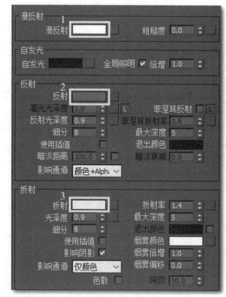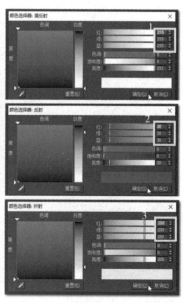

1.单击漫反射颜色，调整RGB参数　2.单击反射参数，调整RGB参数　3.单击折射参数，调整RGB参数

图2-161　折射——磨砂玻璃材质面板

4. 凹凸

凹凸属性能够突显材质肌理，使渲染效果更加真实，同样需要较长的渲染时间，凹凸贴图最好用黑白处理过的图片进行设置，使凹凸效果更加真实明确（图2-162~图2-164）。

（1）凹凸硅藻泥材质练习　凹凸——硅藻泥材质面板如图2-162所示。

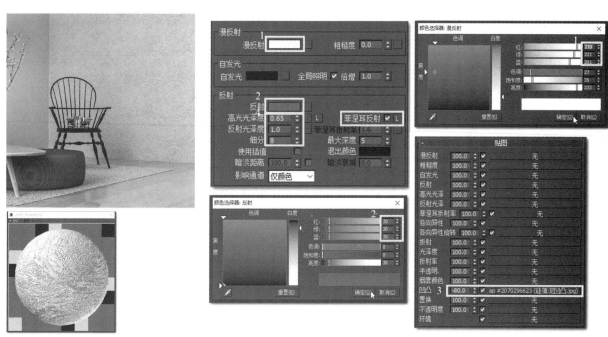

1.单击漫反射颜色，调整RGB参数　2.单击反射参数，调整RGB参数　3.打开"贴图"面板，加载凹凸位图，设置参数
4.在主面板中调整反射参数

图2-162　凹凸——硅藻泥材质面板

（2）凹凸红砖墙材质练习　凹凸——红砖墙材质面板如图2-163所示。

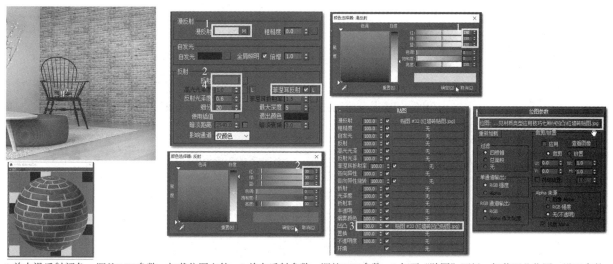

1.单击漫反射颜色，调整RGB参数，加载位图文件　2.单击反射参数，调整RGB参数　3.打开"贴图"面板，加载凹凸位图，设置参数
4.调整反射参数

图2-163　凹凸——红砖墙材质面板

（3）置换地毯材质练习　凹凸与置换——地毯材质面板如图2-164所示。

1.单击漫反射颜色，调整RGB参数，加载位图文件，加载位图形式为衰减，加载对应位图及衰减类型
2.加载凹凸和置换贴图，调整参数

图2-164　凹凸与置换——地毯材质面板

5. 自发光

室内材质中，有一种特殊的材料具有自身发光的属性，如灯罩，在3ds Max场景中，通常不会选择以与真实场景中一样的灯光样式，因为这样不能确保渲染出来的灯罩光照均匀。对于灯罩的处理通常是在设置自发光属性的基础上，再添加纹理贴图。

注意，自发光的物体在场景中不能承担照亮其他物体的作用，只能保证自身的亮度，这是大部分在学习3ds Max虚拟场景中布光时容易犯的错误。如果强制将其作为发光体，会导致噪点的出现。当然，可以通过灯光网格代理的方式将其设置成发光体。

（1）纯色和渐变色自发光材质练习　自发光——单色和渐变色材质面板如图2-165所示。

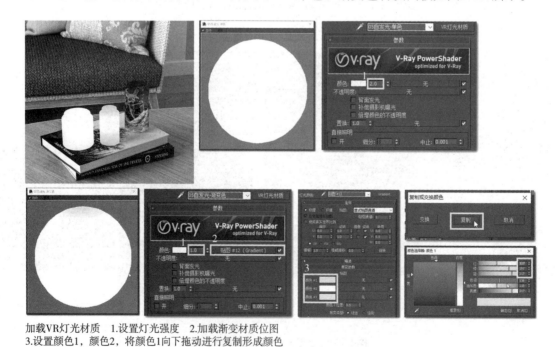

加载VR灯光材质　1.设置灯光强度　2.加载渐变材质位图
3.设置颜色1，颜色2，将颜色1向下拖动进行复制形成颜色

图2-165　自发光——单色和渐变色材质面板

（2）图案自发光贴图练习　自发光——贴图材质面板如图2-166所示。

 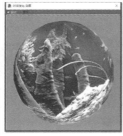  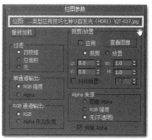

加载VR灯光材质　1.设置灯光强度　2.加载自发光贴图（可调整图片模糊/锐化）

图2-166　自发光——贴图材质面板

（3）外景HDRI天光贴图练习

1）创建穹顶灯，加载HDRI纹理（图2-167）。

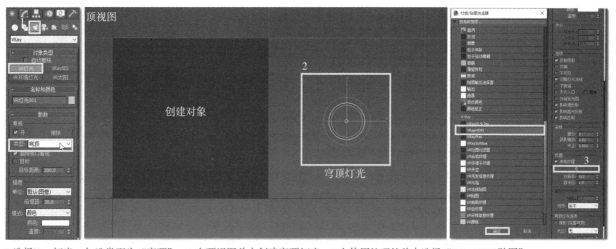

1.选择Vray灯光，勾选类型为"穹顶"　2.在顶视图单击创建穹顶灯光　3.在使用纹理处单击选择"VRryHDRI贴图"

图2-167　创建穹顶灯，加载HDRI纹理

2）Vray材质球加载HDRI文件（图2-168）。

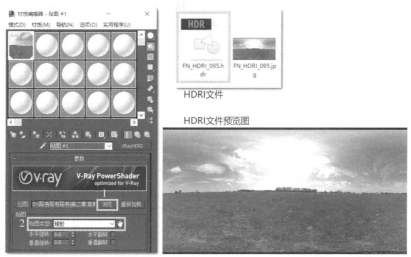

1.单击"浏览"按钮，加载HDRI贴图　2.选择贴图类型为球形

图2-168　Vray材质球加载HDRI文件

3）视口环境贴图的加载和显示（图2-169）。

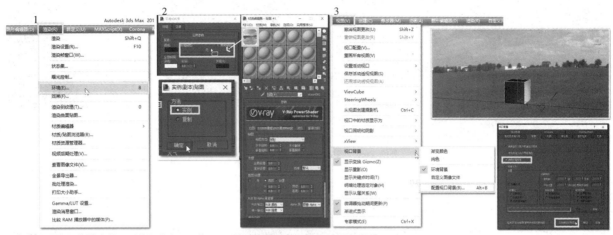

1.单击"渲染"菜单中的"环境"按钮　2.将HDRI材质球拖拽实例复制到环境贴图上
3.单击"视图"菜单中的"视口背景"按钮，勾选"环境背景"，应用到活动视图

图2-169　视口环境贴图的加载和显示

6. 镂空

室内镂空贴图分为两种实现方式：一种是通过透明属性（黑色为透明，渲染不可见），另一种是通过混合属性，黑白分配两种颜色或纹理贴图。

透明属性的原理是默认将黑白遮罩贴图中黑色给予透明的材料属性，只显示透明贴图中白色遮罩的材质部分。而混合属性贴图同样也是有黑白遮罩，需要分别对黑白两种颜色赋予不同的材质类型。

（1）透明贴图穿孔铝板材质练习　镂空——穿孔板材质面板如图2-170所示。

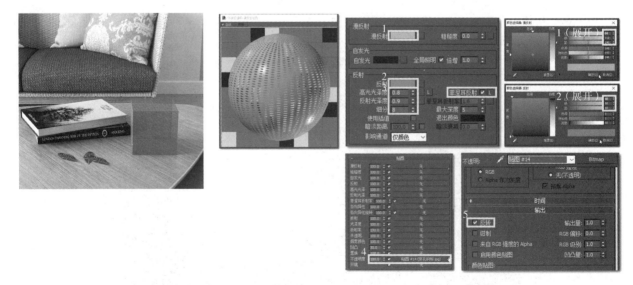

1.选择漫反射颜色，调整RGB参数　2.选择反射颜色，调整RGB参数　3.在主面板中设置反射参数　4.加载不透明贴图
5.输出面板进行反转（视情况而定）

图2-170　镂空——穿孔板材质面板

（2）透明贴图树叶材质练习　镂空——树叶材质面板如图2-171所示。

1.加载位图文件　2.贴图层级加载不透明度贴图

图2-171　镂空——树叶材质面板

7. 混合材质

混合贴图是将两种不同颜色或者两种不同贴图混合到一起，可以通过混合量控制两种颜色或者两种贴图的比例（如材料的做旧效果）。也可以通过一张黑白遮罩贴图控制黑白两种颜色的材质（需要两种贴图有特定的形态）。对于一个有较多材质的模型，首先需要设置多维材质球，进入多边形编辑，选择面进行ID设置。

混合材质的应用案例：一个物体包含两种材质，其中一种是具有镂空和透明属性的材质，如镂空的穿孔铝板，当然这种材质利用透明贴图也可以实现；另外一种是带图案的玻璃，通过黑白色的遮罩决定不同的材质属性，能够制作出比较复杂的效果，同时能够节省时间。

（1）不明确遮罩材质练习　混合材质——不明确遮罩材质面板如图2-172所示。

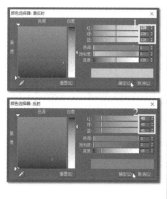

1.选择漫反射颜色，调整RGB参数，加载位图文件，加载位图形式为混合，先加载混合量贴图，再分别加载颜色1、颜色2贴图
2.选择反射颜色，调整RGB参数　3.设置参数

图2-172　混合材质——不明确遮罩材质面板

（2）明确遮罩材质练习　混合材质——明确遮罩材质面板如图2-173所示。

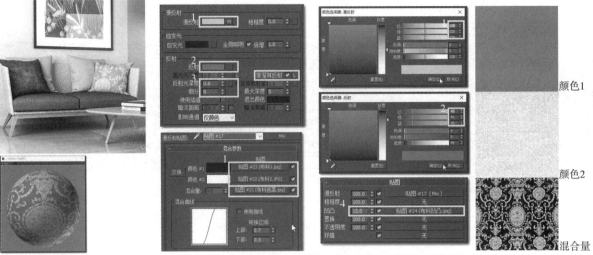

1.选择漫反射颜色，调整RGB参数，加载位图文件，加载位图形式为混合，先加载混合量贴图，再分别加载颜色1、颜色2贴图
2.选择反射颜色，调整RGB参数　3.设置反射参数　4.加载凹凸贴图，调整参数

图2-173　混合材质——明确遮罩材质面板

对于贴图纹理在视口中不显示的调整方法有以下两种：

1）如果将贴图指定给所选模型后，模型显示为灰色，首先应排除材质链接文件夹中的贴图是否已经丢失或其名称已经修改的情况。然后需要单击漫反射贴图后的材质加载按钮"M"，进入材质加载子层级面板后再单击显示背景贴图。

2）如果是在设置完所选模型后，只显示了贴图的颜色但没有纹理，需要取消勾选材质加载面板中的"使用真实世界比例"，或是加载修改器"UVW贴图"后取消勾选"使用真实世界比例"，如果场景材质中有很多只显示颜色的材质，则需要打开"首选项设置"面板，在常规面板右下角中取消勾选"使用真实世界比例"。

本节任务点：

任务点1：参照图2-149和图2-150所示，进行有关漫反射颜色的白色乳胶漆和单色乳胶漆的练习。

任务点2：参照图2-151，进行纹理贴图的基本调整。

任务点3：参照图2-152和图2-153所示，进行贴图尺寸与制作方式练习。

任务点4：参照图2-154所示，进行不锈钢材质设置的练习。

任务点5：参照图2-155~图2-158所示，进行亮光和亚光木地板及石材设置的练习。

2.6.3　UVW展开贴图与贴图纹理映射二法

针对展开型贴图的材质赋予有两种方法：①UVW展开贴图的导出与贴图制作；②UVW展开编辑器中的贴图纹理映射。

这两种方法有两处区别：第一种方法利用UVW展开是将模型分割或缝合后展开，将模板渲染导出后，利用Photoshop处理生成一张贴图。第二种方法是在UVW展开编辑器中，将展开的模型与赋予的模型进行位置的对应。在模型贴图较为复杂的情况下，建议将模型需要的所有贴图先拼贴到一张图上，方便进行位置对应。

1. 有关苹果模型的 UVW 展开贴图练习（图 2-174）

图2-174 苹果模型的UVW展开贴图练习

（1）方法1 UVW展开贴图的导出与贴图制作。

1）模型的分割与展开，如图2-175所示。

1.将模型转换为可编辑多边形 　　2.选择一条边单击"循环"按钮，　　3.在"修改器列表"中选择"UVW 展开"
　　　　　　　　　　　　　　　　单击"分割"按钮

图2-175 模型的分割与展开（一）

2）展开模板的渲染与导出，如图2-176所示。

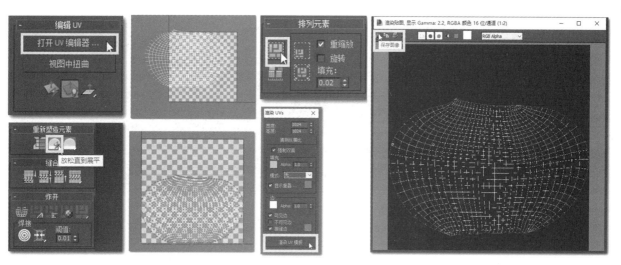

4.单击"找开UV编辑器"按钮后进行模型的展开，　　　　5.单击"渲染UV模板"按钮，然后保存成.png格式
同时在框内重新排列元素

图2-176 展开模板的渲染与导出

125

3）Photoshop贴图制作与导入，如图2-177所示。

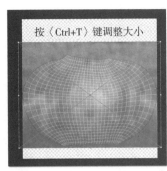

6.打开Photoshop将展开贴图置于底层，将绿线（贴图边界）外图像删除后保存成.png格式　7.在3ds Max中进行材质的赋予和显示

图2-177　Photoshop贴图的制作与导入（一）

（2）方法2　UVW展开编辑器中的贴图纹理映射。

1）材质的赋予与模型展开，如图2-178所示。

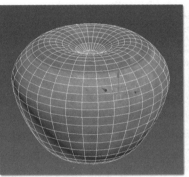

1.制作展开图的材质球赋予模型　　　　　　　2.在"修改器列表"中单击"UVW展开"按钮，单击"打开
UV编辑器"后将模型展平后调整大小（详细步骤可参照方
法1）

图2-178　材质的赋予与模型展开（一）

2）贴图纹理映射与调整过程，如图2-179所示。

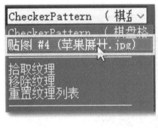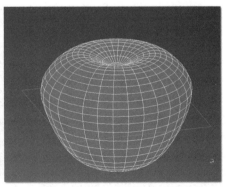

单击背景贴图纹理为材质球贴图后，调整贴图位置

图2-179　贴图纹理映射与调整过程（一）

2. 有关书籍模型的 UVW 展开贴图练习

书籍贴图模型场景如图2-180所示。

图2-180　书籍贴图模型场景

（1）方法1　UVW展开贴图的导出与贴图制作。

1）模型的分割与展开，如图2-181所示。

1.创建长方体后修改器添加UVW展开　　　　　　2.选择面后按〈Ctrl+A〉键全选，按照材质ID展平

图2-181　模型的分割与展开（二）

2）展开模板的缝合、渲染与导出，如图2-182所示。

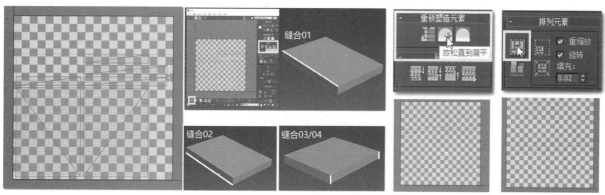

3.切换到边层级，进行缝合　　　　　　4.将缝合对象展平，排列并适当旋转调整好后利用UVW模板渲染导出.png文件

图2-182　展开模板的缝合、渲染与导出

3）Photoshop贴图的制作与导入，如图2-183所示。

5.Photoshop中将封面和页面贴图导入调整位置后导出.png格式　　6.在3ds Max中制作材质球赋予模型后显示贴图

图2-183　Photoshop贴图的制作与导入（二）

（2）方法2　UVW展开编辑器中的贴图纹理映射。

1）材质的赋予与模型展开，如图2-184所示。

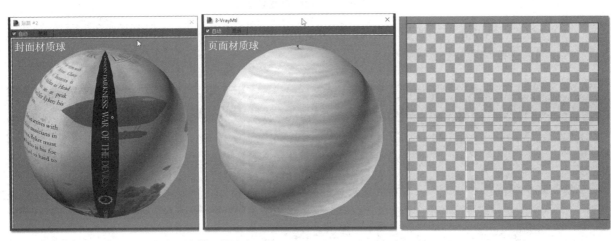

将封面材质球赋予模型，按照方法1进行模型的展开

图2-184　材质的赋予与模型展开（二）

2）贴图纹理映射与调整过程，如图2-185所示。

显示贴图为封面贴图后以自由模型调整贴图大小，选择部分面后调整大小，同时观察模型贴图变化

图2-185　贴图纹理映射与调整过程（二）

3）其他面的材质赋予与调整过程，如图2-186所示。

转换成可编辑多边形后，选择书模型的封面所在的面，然后赋予贴图材质

图2-186　其他面的材质赋予与调整过程

3. 照片墙（成组多图）UVW 展开贴图练习

利用集成贴图进行照片墙模型的材质赋予，采用两种方法：①UVW展开贴图的导出与贴图制作；②UVW展开编辑器中的贴图纹理映射（图2-187）。

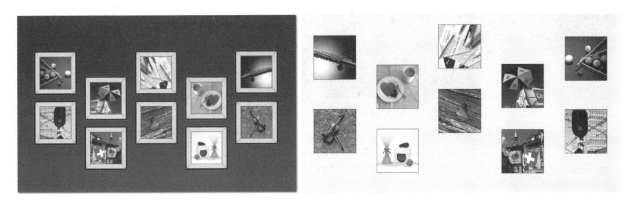

图2-187　照片墙文件与集成贴图

本节任务点：

任务点1：参照图2-175~图177和图2-178和图179所示的两种方法，进行有关苹果模型的UVW展开贴图练习。

任务点2：参照图2-181~图2-183以及图2-184~图2-186所示的两种方法，完成有关书籍模型的UVW展开贴图练习。

任务点3：参照图2-187所示的案例模型，利用右侧贴图素材进行照片墙（成组多图）UVW展开贴图练习。

2.6.4 材质插件与材质库的导入

1. 材质编辑器的清空与 Vray 材质的转换

由于3ds Max默认的材质编辑器面板为标准（Standard）模式，所以每次需要先进行Vray材质球的切换才能进行贴图加载和物理参数调整，比较费时间。针对这种情况，可以利用材质调整插件，直接将默认面板切换成Vray材质面板，在此基础上继续进行材质的赋予。

其操作步骤为：按快捷键〈M〉打开材质编辑器，将"清空材质球变成Vraymtl.mse"插件直接拖拽到界面视口中即可。

2. 材质属性复制练习

材质属性复制的技巧：创建材质库，在进行效果图的制作过程中，会有许多物理属性相似的材料，如同一材质画芯之间只是贴图不一致，木纹材质之间贴图和物理属性很相似。为了节省制图中赋予材质的时间，对于具有相同物理属性的材质球，可以进行材质的复制，修改完名称后，可根据需求进行贴图的替换和物理反射折射等属性的微调（图2-188）。

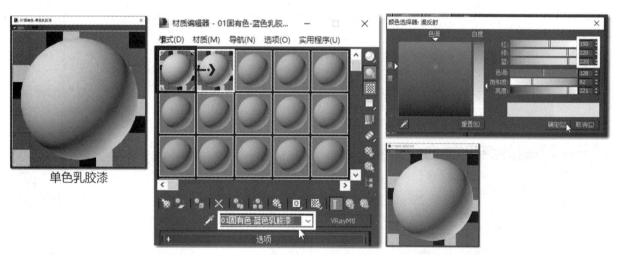

1.将材质球拖拽至空白材质球进行复制　　2.修改复制后，修改材质球名称　　　　3.根据需求进行物理属性的调整

图2-188　材质属性复制过程

3. Vray 材质库的导入与使用方法练习

材质库的导入和使用技巧：随着3ds Max软件开发的不断成熟，一些模式化的场景管理器、插件和集成材质球不断涌现，成为一部分人依赖的"作图神器"。诚然，这些插件或技术的进步能优化以往繁复的步骤，提升作图的效率。但作为学习者，应注意因为一味追随技术而打断自己的专业学习进程，毕竟扎实的练习更能提升建模和效果图的表现水平。

材质库导入后选择具有相同属性的材质球，进入贴图路径面板更换成需要的贴图，反射、折射属性和细分值可适度进行调整（图2-189）。

1.单击"材质"按钮　　　　2.单击倒三角按钮打开材质库文件（.mat文件）　　　3.材质库列表中选择所需材质双击加载

图2-189　材质库的导入与使用过程

4. 材质库创建与修改练习

为了提高作图效率，除了导入下载的材质库外，还可以将常用的材质储存起来，形成符合自身使用习惯的材质库，下次使用时可直接载入。注意材质库中材质的重命名和排序（图2-191步骤3中）只能在图2-190步骤2中单击"获取材质"按钮时才能进行。材质库的创建步骤如下：

1）材质库的创建，如图2-190所示。

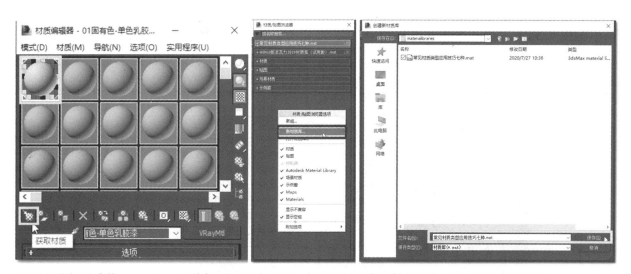

1.设置材质球基本参数　　　　2.单击"获取材质"按钮，在材质列表右击创建新材质库，并设置名称及保存位置

图2-190　材质库的创建

2）材质球保存入库及加载，如图2-191所示。

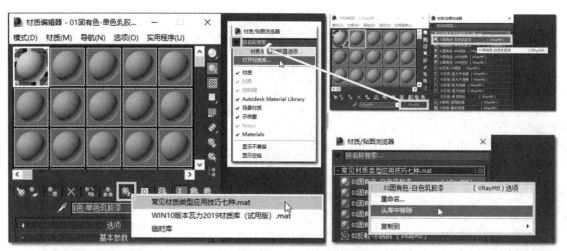

1.单击要保存的材质球，选择保存到库，选择新创建的材质库
2.材质球调入：单击"VRayMtl"按钮，单击倒三角形按钮，打开材质库，双击材质库中需要加载的材质球以调入
3.材质库中材质球修改：单击"获取材质"按钮，在材质库中单击需要修改材质球，右击进行相应设置

图2-191　材质球保存入库及加载

本节任务点：

任务点1：参照图2-188所示，进行材质属性复制的练习。

任务点2：参照图2-189所示，进行Vray材质库的导入与使用方法的练习。

任务点3：参照图2-190和图2-191所示，进行材质库创建与修改的练习。

2.6.5　家具组合场景的材质赋予训练

1. 精讲实例：详细过程展示，养成思路

美式田园单椅边柜组合材质综合练习，材质效果图参照图2-192，材质物理属性参数参照表2-14。打开场景练习文件，处于白模状态，按照步骤进行材质赋予练习。

图2-192　美式田园单椅边柜组合材质效果图

在材质属性参数调整时，参照表2-14中的数值进行调整，当基本了解各种参数调整的规律后，可自行根据经验进行材质属性赋予。

表2-14　场景所需材质参数汇总

材质名称	材质类型	漫反射	反射	折射	凹凸	自发光	UVW
壁纸	纸	贴图	25/25/25，0.6，菲				√
地毯	布艺	贴图	16/16/16，0.3		贴图，30		√
柜门	木材	贴图	100/100/100，0.9，菲		贴图，15		√
把手	金属	颜色：40/25/10	190/190/190，0.9，菲				
椅子面	布料	贴图：衰减贴图，黑色为布料贴图，白色浅白，菲涅耳衰减					√
椅子腿	木材	贴图	100/100/100，0.9，菲				
抱枕	布料	贴图：衰减贴图，黑色为布料贴图，白色浅白，菲涅耳衰减					√
盘子	陶瓷	颜色：200/200/200	180/180/180，0.9，菲				
画框01	布料	画面贴图					√
	白漆	边框颜色：200/200/200					
画框02	布料	画面贴图					√
	白漆	边框颜色：200/200/200					
台灯底座	混凝土	贴图	50/50/50，0.8，0.6，菲				√
台灯按钮	塑料	颜色：50/50/50	30/30/30，0.3				
台灯灯罩	自发光					贴图，1.5	√
玻璃瓶	玻璃	颜色：255/255/255	30/30/30，0.98	220/220/220，0.3			
树叶	植物	颜色：30/60/20	100/100/100，0.8，菲				
苹果	水果	贴图	45/45/45，0.8，菲				展开
苹果把	植物	颜色：渐变色	45/45/45，0.8，菲				
书籍	纸	贴图	50/50/50，0.4，菲				展开

注：颜色值为 RGB 数值；反射和折射参数顺序为颜色值、光泽度、高光光泽度、菲涅耳。

按照从界面（地面、墙体）到家具（桌椅）再到装饰品的顺序进行材质贴图的练习，基本涵盖常见的材质属性。具体步骤参考如下：

1）界面材质的赋予——墙体、地面（图2-193）。

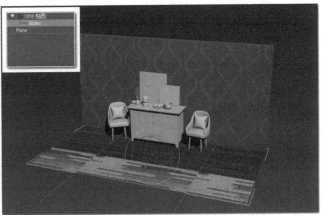

图2-193　墙体、地面的材质调整过程

2）主体家具材质的赋予——椅子（模型创建）、抱枕（模型创建）（图2-194~图2-197）。

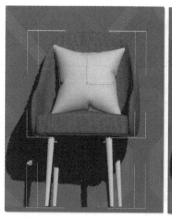

图2-194　座椅、抱枕的材质调整过程

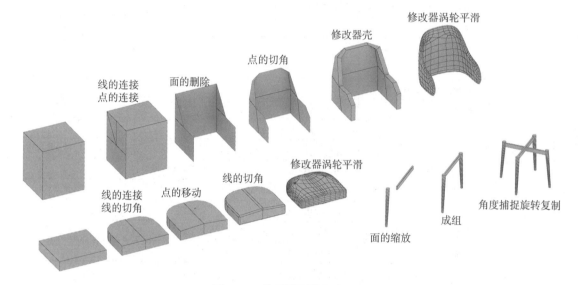

图2-195　椅子模型的创建过程

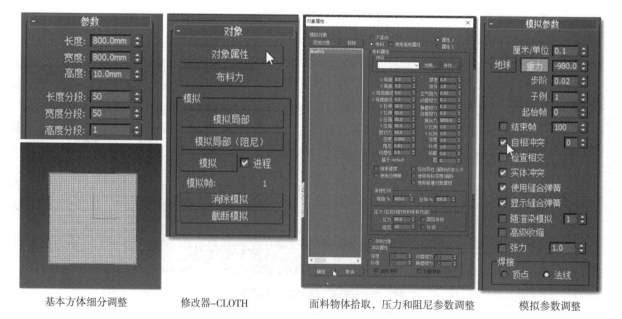

基本方体细分调整　　　　修改器–CLOTH　　　　面料物体拾取，压力和阻尼参数调整　　　模拟参数调整

图2-196　抱枕模型的创建过程（一）

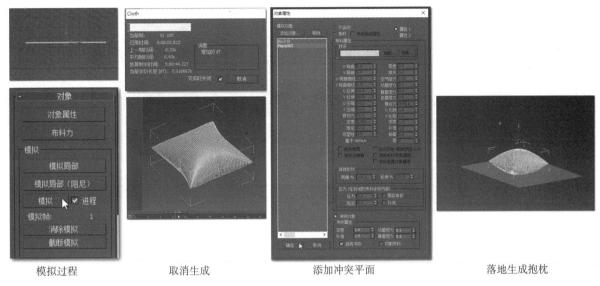

| 模拟过程 | 取消生成 | 添加冲突平面 | 落地生成抱枕 |

图2-197 抱枕模型的创建过程（二）

3）装饰品材质的赋予——画框、花盆、盘子、苹果、书籍、树叶、台灯、花瓶（图2-198~图2-200）。

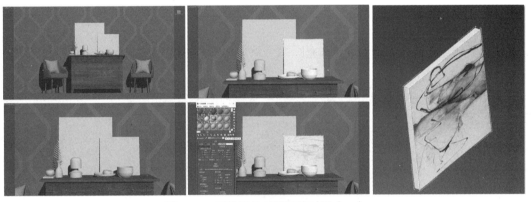

图2-198 装饰品的材质替换过程（一）

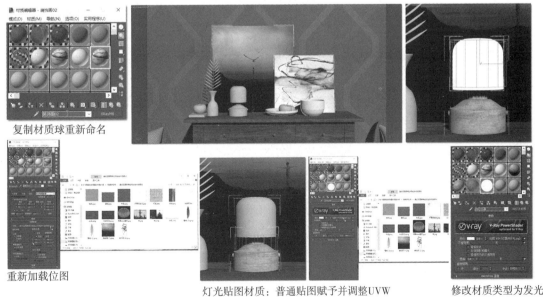

复制材质球重新命名

重新加载位图

灯光贴图材质：普通贴图赋予并调整UVW

修改材质类型为发光

图2-199 装饰品的材质替换过程（二）

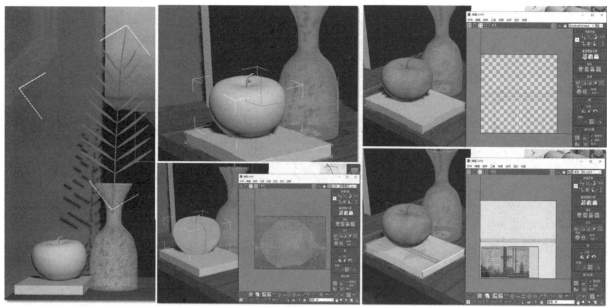

树枝漫反射材质　　　　　UVW展开贴图——苹果和书籍

图2-200　装饰品的UVW展开贴图过程

2. 概括实例：过程节点提示，灵活掌握技巧

（1）现代简约边柜组合模型的创建和材质赋予练习（图2-201~图2-204）

图2-201　现代简约边柜组合效果参照

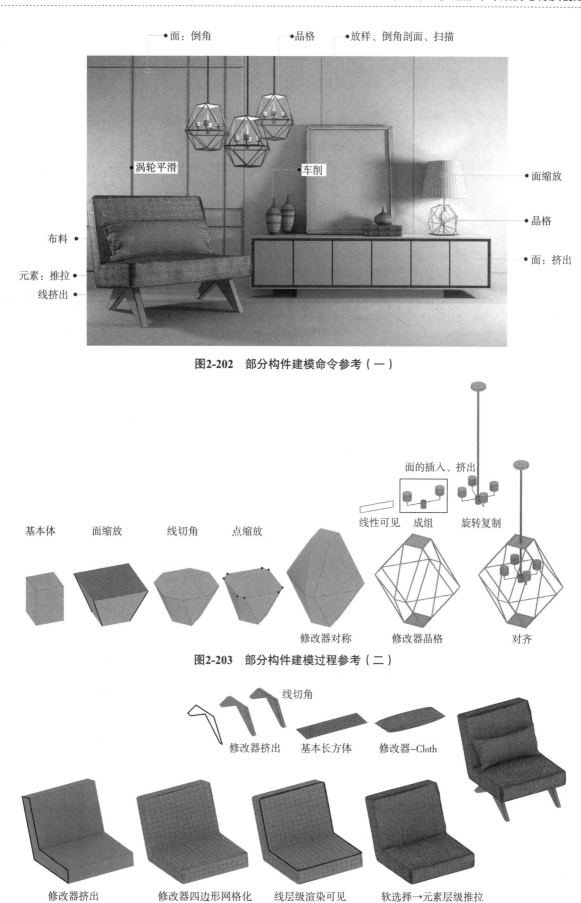

图2-202　部分构件建模命令参考（一）

图2-203　部分构件建模过程参考（二）

图2-204　部分构件建模过程参考（三）

根据提供的白模和材质素材，尝试利用材质库素材将图2-205和图2-206所示的模型进行材质贴图的快速赋予。

（2）现代中式边柜组合模型创建和材质赋予（图2-205）

图2-205 白模场景与最终效果（一）

（3）地中海风格边柜组合创建和材质赋予（图2-206）

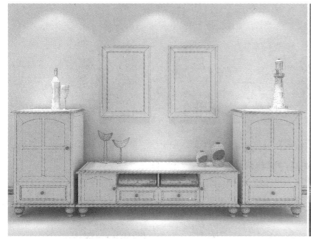

图2-206 白模场景与最终效果（二）

本节任务点:

任务点1：参照图2-192~图2-200所示，进行美式田园单椅边柜组合材质综合练习。

任务点2：参照图2-201~图2-204所示，进行现代简约边柜组合模型的创建。

2.6.6 模型代理减面方法

针对场景中家具或装饰元素面数太多或在场景中导入模型需要大量阵列的情况，可以利用Vray代理将其概括成八面体或者点的形式，以达到减少场景总面数的目的。其主要的操作过程如图2-207~

图2-209所示。

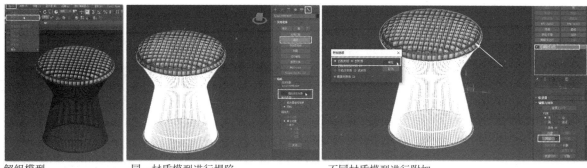

解组模型　　　　　　　　同一材质模型进行塌陷　　　　　　不同材质模型进行附加

图2-207　模型代理过程1

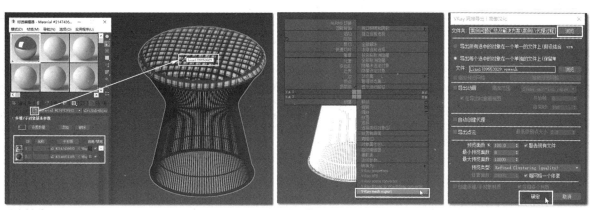

吸取材质　　　　　　　　　　　　　导出模型　　　　　　　　　　设置导出模型位置

图2-208　模型代理过程2

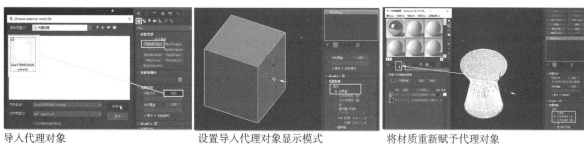

导入代理对象　　　　　　　设置导入代理对象显示模式　　　　　将材质重新赋予代理对象

图2-209　模型代理过程3

　　1）首先将需要代理的模型全部附加，打开材质编辑器进行材质的吸附，此时显示材质球为多维材质。注意，保留住材质球不要被覆盖或隐藏。

　　2）选取场景需要代理的模型，右击"Vray网格导出"按钮，指定一个文件位置，注意尽可能把这个文件放置到场景所在的文件夹中，不能丢失。勾选导出所有选中的对象在一个单独的文件上，勾选"自动创建代理"，指定预览网格，拾取场景中需要代理的物体，单击"确定"按钮。此时物体的代理模型已经生成。

　　如果不勾选"自动创建代理"，需要在标准基本体创建面板中，找到Vray，选择Vray代理，在模型场景中单击加载文件夹中导出的代理模型。此时可在修改器面板设置代理模型的显示模式。

　　3）单击"导入作为网格"按钮进行原有模型的恢复，赋予材质编辑器中的多维材质。

注意，在过程2）中设置导出模型位置时，可以直接勾选"自动创建代理"，以调整最大预览面数，直接创建代理对象，不需要过程3）中的再次导入过程。

本节任务点：

任务点：参照图2-207~图2-209所示，进行模型代理练习。

2.6.7　模型贴图归档

模型场景中材质的归档主要有两种方式，一种是利用插件对场景贴图制订路径导出，另一种是利用归档和解压的方式将场景贴图放置到一个文件夹中。

方法一：利用插件进行材质贴图收集应先将收集贴图的贴图插件拖拽到界面中设置贴图输出路径后，新建一个文件夹，再进行贴图输出（图2-210）。

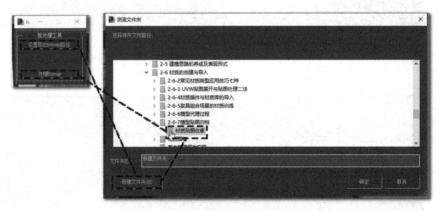

图2-210　模型贴图收集

方法二：场景归档后，不解压路径进行贴图收集，利用解压（不解压路径）的方法合并贴图路径，普通的归档可以根据贴图的文件路径进行归档，但有些图片的文件路径过长会导致文件加载的速度变慢，可能会出现贴图丢失的情况，为了避免这种情况，可以利用解压工具将所有的文件路径进行合并，再将所有的贴图解压到一个文件夹中，这样加载和修改起来就会比较快速了（图2-211）。

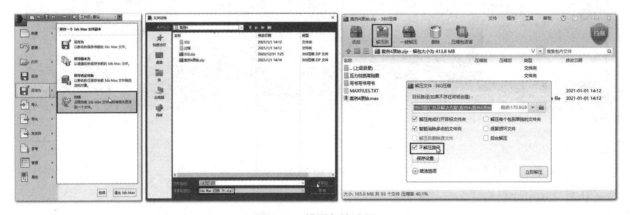

图2-211　模型归档过程

本节任务点：

任务点1：按照图2-210所示，进行3ds Max材质贴图收集的练习。

任务点2：按照图2-211所示，进行3ds Max场景归档和重新解压练习。

本章小结

　　通过本章的学习，可以掌握三维建模应用在室内空间表现的主要命令，其中3ds Max的命令分为：多边形建模、样条线建模和线转多边形建模三大模块。SketchUp作为3ds Max建模的前期辅助，也可以通过插件的安装实现与3ds Max命令同样的操作效果。通过针对每个命令的实例对三大模块的命令进行组合练习，逐步培养灵活的建模思路。本章最后一部分是材质的学习，通过学习七种常见材质的赋予方法，能够掌握常见材质的赋予方法，同时，通过材质库的创建和导入提高初学者附予材质的效率。

第3章　软件建模比较与模型互导过程

本章综述：本章通过案例练习综合比较3ds Max与SketchUp在建筑结构框架和室内构件建模的特点。同时掌握两种软件之间模型互相导入的技巧，以及对导入模型的基本调整，为第4章室内场景模型的创建提供更多的建模思路。

3.1　3ds Max和SketchUp两个软件建模方式的比较

3.1.1　多边形编辑三大命令差异

通过表3-1对3ds Max和SketchUp两个软件在多边形点、线、面编辑上的差异进行汇总：SketchUp与CAD互导的兼容性较好，可直接将CAD的线进行封面和挤出，同时CAD中的图块在SketchUp中会转化成可相互关联的组件，有利于模型的快速创建。对面的分割及桥接，SketchUp同样较为方便灵活。3ds Max针对点线的控制方式较方便，可同时实现多个对象执行挤出、倒角或插入操作，而SketchUp在这方面对插件的依赖性较大。通过本节十个案例的学习用两个软件同步建模以进行综合比较，掌握两个软件在建模中各自的差异，以便提高建模效率。

表3-1　多边形点、线、面编辑上的差异汇总

软件名称	成形方式	点编辑		线编辑		面编辑		
SketchUp	（1）导入CAD线封面较为方便 （2）推拉和延伸成形方式单一	缺少点的选择、移动控制（可通过插件辅助）	点的切角需要画线进行辅助	线连接自动捕捉，可利用辅助线，可进行定距移动和复制	线的切角依赖线的绘制（可通过插件辅助一键切角）	单面封口较为方便，可通过坯子插件辅助批量挤出	面的倒角依赖面的挤出和缩放两步操作（插件辅助实现多面倒角）	推拉捕捉实现桥接比较方便
3ds Max	多样化的成形方式： （1）推拉（挤出和壳） （2）延伸(放样、倒角剖面、扫描)	可以实现单点操作和多点操作	可以实现多点的切角操作	可实现同步连接、切角、辅助切割或切片平面	可同时实现多线切角	复杂面绘制样条线较为复杂，但多面可同步操作执行挤出、倒角命令	可同时实现多面倒角	必须选择一组平行面进行桥接，但可实现多组同时进行

1. 有关点的调整案例练习（斜屋顶模型）

如图3-1所示为斜屋顶模型的创建，其建模过程是为了比较3ds Max和SketchUp在点的调整操作上的差异。

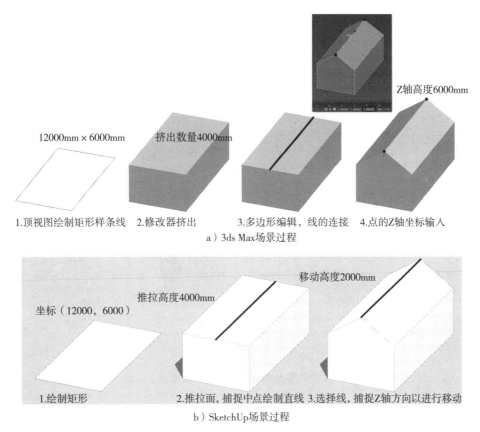

a）3ds Max场景过程

b）SketchUp场景过程

图3-1 点的调整案例（斜屋顶模型）

案例总结：3ds Max对多边形点的控制除了移动外，还可以通过输入Z坐标轴数值的方式进行精确调整，在门窗洞口确定中点的位置也是通过这种方式。SketchUp中缺少点的控制，只能通过捕捉Z轴进行线的移动，优势在于可自动捕捉轴向并进行数值的输入。

2. 点的调整案例练习（双面墙体屋顶模型）

如图3-2所示为双面墙体屋顶模型的创建，其建模过程是为了比较3ds Max和SketchUp在点的调整操作上的差异。

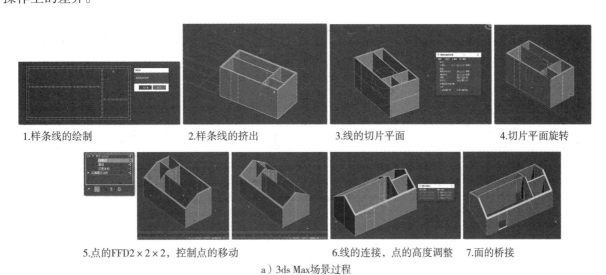

a）3ds Max场景过程

图3-2 点的调整案例（双面墙体屋顶模型）

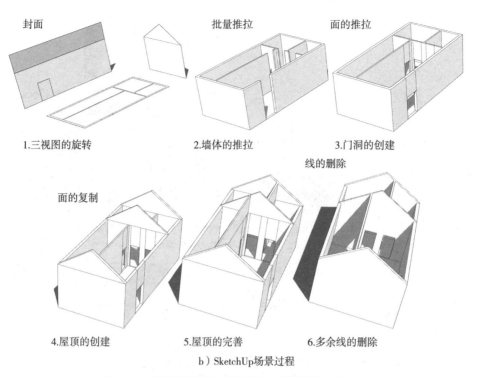

图3-2 点的调整案例（双面墙体屋顶模型）（续）

案例总结：FFD修改器是3ds Max中对模型点控制常用的工具，可以实现模型整体的弯曲、倾斜或扭曲，相对SketchUp较为方便。

3. 单一复杂面封面命令的案例练习（家具模型）

如图3-3所示为家具模型的创建，其建模过程是为了比较3ds Max和SketchUp在单一复杂面封面操作上的差异。

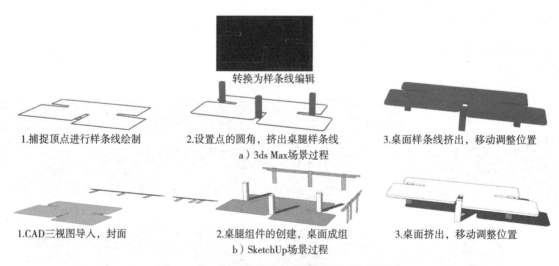

图3-3 单一复杂面封面命令的案例（家具模型）

案例总结：由于3ds Max中不能直接识别CAD导入的线，需要重新绘制和编辑，处理起来较为复杂。可以借助Photoshop软件进行样条线的生成，直接在3ds Max中进行挤出（参照图3-5所示模型的创建过程）。SketchUp通过封面辅助插件，能够快速对封闭样条线进行封面操作，但也要注意提前在CAD中对需要封闭的样条线进行整理。

4. 线的连接和面的桥接命令的案例练习（室内门窗洞口模型）

如图3-4所示为室内门窗洞口模型的创建，其建模过程是为了比较3ds Max和SketchUp在线的连接和面的桥接命令操作上的差异。

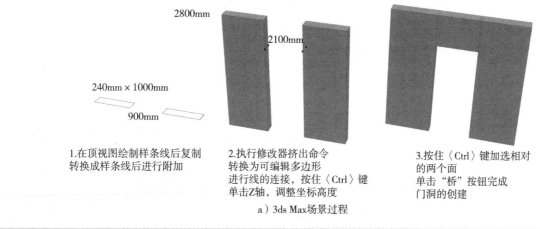

1. 在顶视图绘制样条线后复制转换成样条线后进行附加

2. 执行修改器挤出命令转换为可编辑多边形进行线的连接，按住〈Ctrl〉键单击Z轴，调整坐标高度

3. 按住〈Ctrl〉键加选相对的两个面单击"桥"按钮完成门洞的创建

a）3ds Max场景过程

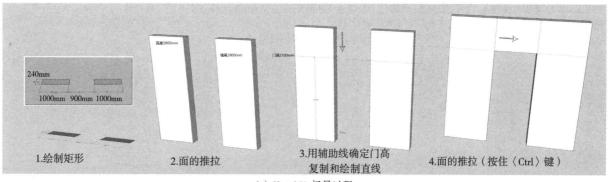

1. 绘制矩形

2. 面的推拉

3. 用辅助线确定门高复制和绘制直线

4. 面的推拉（按住〈Ctrl〉键）

b）SketchUp场景过程

图3-4 线的连接和面的桥接命令的案例（室内门窗洞口模型）

案例总结： 门窗洞口的连接在3ds Max中需要同时选择一组相对面进行桥接，前提是两个物体应附加在一起，而在SketchUp中只需要将一侧的面进行推拉即可。

本节任务点：

任务点1：参照图3-1中所示的步骤，分别在3ds Max和SketchUp软件中进行点的调整案例的练习。

任务点2：参照图3-2中所示的步骤，分别在3ds Max和SketchUp软件中进行点的调整案例的练习。

任务点3：参照图3-3中所示的步骤，分别在3ds Max和SketchUp软件中进行单一复杂面封面命令案例的练习。

任务点4：参照图3-4中所示的步骤，分别在3ds Max和SketchUp软件中进行线的连接和面的桥接命令案例的练习。

3.1.2 多边形修改器效果差异

从表3-2中可以看出，复杂的镂空模型适合在SketchUp中进行创建，但弧度细分不能保证。在实现模型延伸效果上，3ds Max可实现的方法较多，平滑和细分的调整也较为方便。

表3-2　多边形修改器效果差异

软件名称	模型镂空	模型延伸	模型精度
SketchUp	在多边形上绘制图形较为方便，推拉镂空	延伸成体后调整困难	圆弧造型细分不足，插件圆滑过程不可逆
3ds Max	图形合并调整过程较为复杂，布尔运算会产生乱线，影响后期贴图	放样、倒角剖面、扫描修改器对路径及剖面可进行修改	细分调整较为方便，命令节点可随时退回修改

1. 实现镂空效果案例练习（室内隔断模型）

如图3-5所示为室内隔断模型的创建，其建模过程是为了比较3ds Max和SketchUp在实现镂空效果操作上的差异。

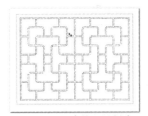  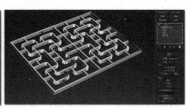

1.Photoshop：魔棒工具创建选择区域　　2.右击创建工作路径（0.5像素）文件导出工作路径（.ai格式）　　3.向3ds Max导入.ai格式样条线　　4.执行修改器挤出命令，输入数量如有破面，转换成多边形执行边界层级下的封口命令

a）3ds Max场景过程

 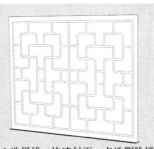 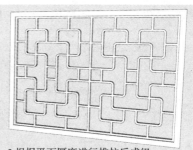

1.CAD图样导入，旋转　　2.选择线，快速封面，点选删除镂空面　　3.根据平面厚度进行推拉后成组

b）SketchUp场景过程

图3-5　实现镂空效果案例（室内隔断模型）

案例总结：通过Photoshop导出模型的工作路径可以直接在3ds Max中挤出，但需要保证图片清晰。挤出的模型可能存在面数较多的缺点，需要进一步优化。如果挤出的不是主要构件，可以利用透明贴图的材质方式进行替代。

2. 室内柜体隔板模型案例练习

如图3-6所示为室内柜体隔板模型案例。

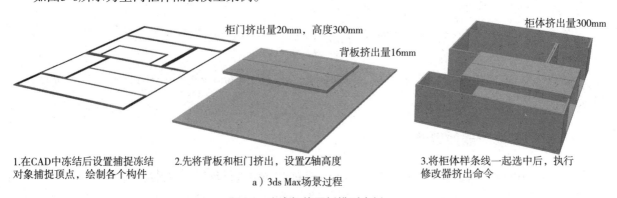

柜门挤出量20mm，高度300mm
背板挤出量16mm
柜体挤出量300mm

1.在CAD中冻结后设置捕捉冻结对象捕捉顶点，绘制各个构件　　2.先将背板和柜门挤出，设置Z轴高度　　3.将柜体样条线一起选中后，执行修改器挤出命令

a）3ds Max场景过程

图3-6　室内柜体隔板模型案例

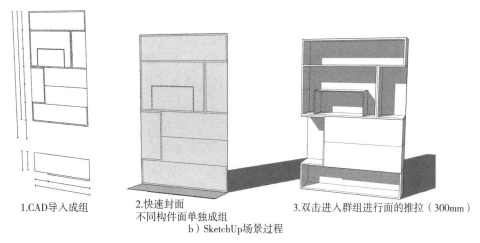

| 1.CAD导入成组 | 2.快速封面
不同构件面单独成组 | 3.双击进入群组进行面的推拉（300mm） |

b）SketchUp场景过程

图3-6　室内柜体隔板模型案例（续）

案例总结：利用3ds Max创建橱柜模型的操作要点是对于同一材质的构件应尽可能一起描线（利用取消勾选"开始新图形"来实现），一起挤出，一起赋予材质。如果没有同时描线，也可以在转换为可编辑样条线后，将同一材质模型的样条线进行附加；在SketchUp中，对橱柜模型统一封面后，需要将同一材质的面创建在一个群组，再双击进入群组执行面的批量推拉命令，这样也能防止与其他造型粘黏，后期也可一起赋予材质。

3. 延伸成体操作案例练习（顶棚模型）

如图3-7所示为顶棚造型的创建，其建模过程是为了比较3ds Max和SketchUp在延伸成体操作方面的差异。

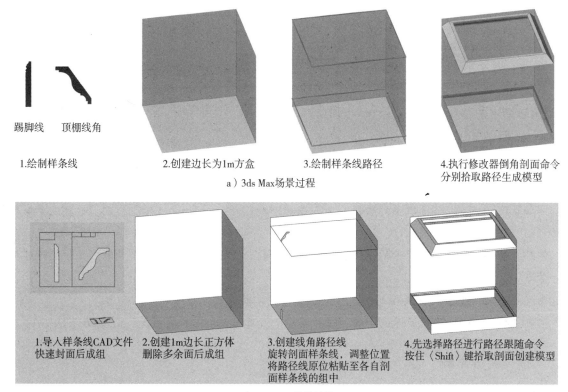

踢脚线　顶棚线角

| 1.绘制样条线 | 2.创建边长为1m方盒 | 3.绘制样条线路径 | 4.执行修改器倒角剖面命令
分别拾取路径生成模型 |

a）3ds Max场景过程

| 1.导入样条线CAD文件
快速封面后成组 | 2.创建1m边长正方体
删除多余面后成组 | 3.创建线角路径线
旋转剖面样条线，调整位置
将路径线原位粘贴至各自剖
面样条线的组中 | 4.先选择路径进行路径跟随命令
按住〈Shift〉键拾取剖面创建模型 |

b）SketchUp场景过程

图3-7　延伸成体操作案例（顶棚模型）

案例总结：在3ds Max中，绘制角线的方式主要有放样、倒角剖面和扫描三种命令，倒角剖面命令的稳定性最好，剖面样条线易于调整；多个样条线同时生成模型时可以选用扫描命令；在一个路径上拾取两种以上剖面样条线时只能选用放样命令。在SketchUp中，除了手动实现路径跟随效果以生成室内角线外，也可以通过Profile Builder（轮廓放样）插件，选取样条线后以绘制线的方式直接绘制出室内角线。

4. 实现平滑效果案例练习（云椅子模型）

如图3-8所示为云椅子模型的创建，其建模过程是为了比较3ds Max和SketchUp在实现平滑效果操作上的差异。

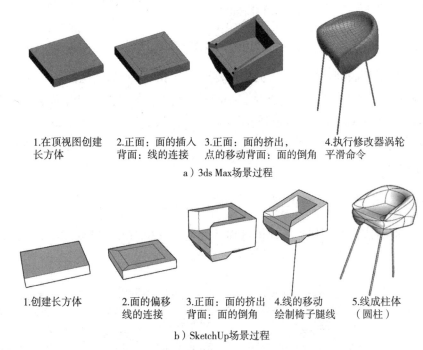

1. 在顶视图创建 2. 正面：面的插入 3. 正面：面的挤出， 4. 执行修改器涡轮
长方体　　　　背面：线的连接　点的移动背面：面的倒角　平滑命令

a）3ds Max场景过程

1. 创建长方体　　2. 面的偏移　　3. 正面：面的挤出　4. 线的移动　　5. 线成柱体
　　　　　　　线的连接　　背面：面的倒角　绘制椅子腿线　（圆柱）

b）SketchUp场景过程

图3-8　实现平滑效果案例（云椅子模型）

案例总结：两种软件在多边形编辑过程方面基本一致，区别在于SketchUp的平滑处理需要依靠Subsmooth（模型细分）插件来完成。

本节任务点：

任务点1：参照图3-5中所示的步骤，分别在3ds Max和SketchUp软件中进行实现镂空效果案例的练习。

任务点2：参照图3-6中所示的步骤，分别在3ds Max和SketchUp软件中进行室内柜体隔板模型案例的练习。

任务点3：参照图3-7中所示的步骤，进行延伸成体操作案例的练习。

任务点4：参照图3-8中所示的步骤，进行实现平滑效果案例的练习。

3.1.3　模型管理差异

通过表3-3可以看出在场景模型的管理上，SketchUp的组件与CAD中的图块保持着关联性，且组件之间不仅存在关联关系，还可进行嵌套操作，可随时进入组件添加模型；而3ds Max的实例复制只能保证在多边形编辑中产生关联关系。在成组方面，3ds Max打开和关闭的操作相对SketchUp有关群组的操作也较为复杂。

表3-3 模型管理差异

软件名称	模型成组	模型关联性
SketchUp	群组与组件嵌套使用方便	组件可实现同步修改和添加模型，导入的CAD图块即可成为组件
3ds Max	成组打开编辑较为不便	实例复制，但不能添加模型

1. 模型管理操作案例练习（室内装饰筒灯模型）

如图3-9所示为室内装饰筒灯模型的创建，其建模过程是为了比较3ds Max和SketchUp在模型管理操作上的差异。

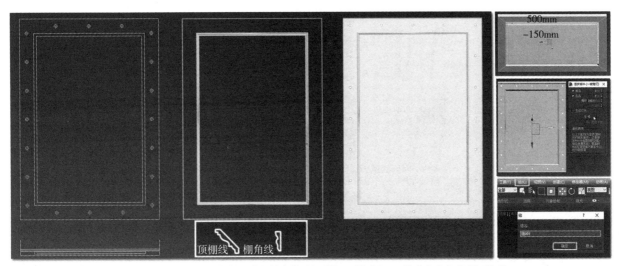

1.导入CAD，冻结
设置定点捕捉，捕捉到冻结对象

2.绘制顶棚剖面路径样条线（矩形）
利用倒角剖面命令生成顶棚模型

3.利用插入、挤出命令生成顶棚模型
利用筒灯生成插件
框选所有筒灯后成组

a）3ds Max场景过程

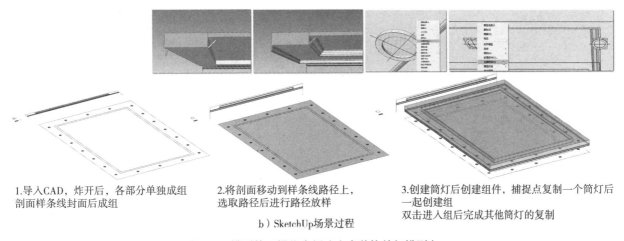

1.导入CAD，炸开后，各部分单独成组
剖面样条线封面后成组

2.将剖面移动到样条线路径上，
选取路径后进行路径放样

3.创建筒灯后创建组件，捕捉点复制一个筒灯后
一起创建组
双击进入组后完成其他筒灯的复制

b）SketchUp场景过程

图3-9 模型管理操作案例（室内装饰筒灯模型）

案例总结：3ds Max中通过同类构件的关联复制或成组进行多个模型管理，SketchUp通过组件和成组两种方式进行同类构件的管理。区别在于SketchUp的组件关联可以随时在组件内增加模型，同时可进行材质赋予和修改；3ds Max只能进行点、线、面多边形编辑的关联。

2. 组件创建与编辑操作案例练习（室内门窗构件模型）

如图3-10所示为室内门窗构件的创建，其建模过程是为了比较3ds Max和SketchUp在组件创建与编辑操作上的差异。

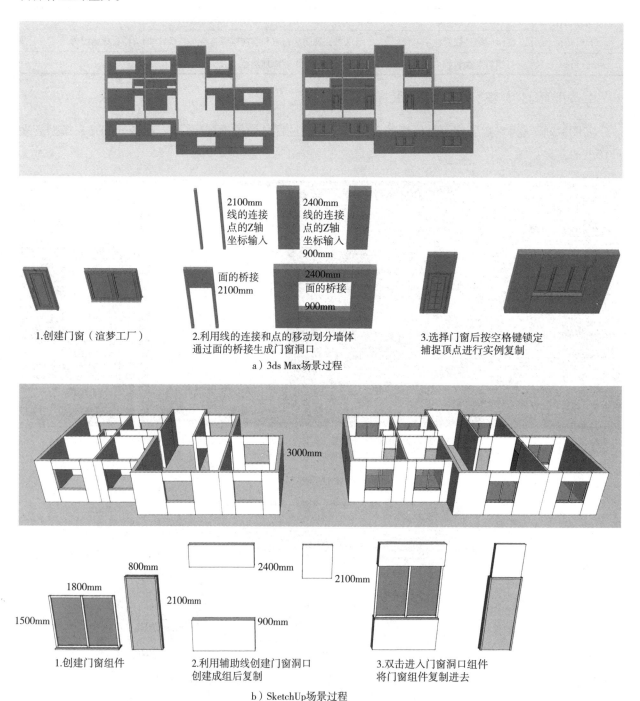

1.创建门窗（渲梦工厂）

2100mm 线的连接点的Z轴坐标输入

2400mm 线的连接点的Z轴坐标输入 900mm

面的桥接 2100mm

2400mm 面的桥接 900mm

2.利用线的连接和点的移动划分墙体 通过面的桥接生成门窗洞口

3.选择门窗后按空格键锁定 捕捉顶点进行实例复制

a）3ds Max场景过程

3000mm

800mm 2400mm 2100mm

1800mm 2100mm

1500mm 900mm

1.创建门窗组件

2.利用辅助线创建门窗洞口 创建成组后复制

3.双击进入门窗洞口组件 将门窗组件复制进去

b）SketchUp场景过程

图3-10　组件创建与编辑操作案例（室内门窗构件模型）

案例总结：通过上述案例可知，SketchUp软件较适用于室内墙体封面、界面划分、构件及复杂面的门窗构件的创建，在同类型构建的组件关联操作方面也有自己的优势。3ds Max擅长室内多边形点的编辑、整体形的平滑柔化，较适用于创建室内装饰元素及家具细节的创建。

具体软件的选择还应分析模型具体的造型特征，根据其对于组件的依赖程度，以及细分的复杂程度要求等因素来确定。

本节任务点：

任务点1：参照图3-9中所示的步骤，分别在3ds Max和SketchUp软件中进行模型管理操作案例的练习。

任务点2：参照图3-10中所示的步骤，分别在3ds Max和SketchUp软件中进行组件创建与编辑操作案例的练习。

3.2　软件之间模型互导技巧

3.2.1　SketchUp模型导入3ds Max场景

SketchUp模型中面的方向必须是统一的，系统默认白色的面是正面，蓝灰色的面是反面。在导入3ds Max前，需要正面朝外、反面朝里，否则导入3ds Max后反面呈黑色或显示为透明，而3ds Max修改反面（需要进行多边形编辑中面的翻转）的过程又较为复杂。导出之前需要对面的统一性进行检查（通常是通过样式工具栏中的单色显示进行），翻转面后再次显示贴图，查看贴图纹理是否正确。进行面的翻转可通过手动选择面后翻转平面，当翻面较多时可利用坯子助手插件进行滑动翻面。

1. 面的检查和翻转

如图3-11所示为面的检查和翻转过程。

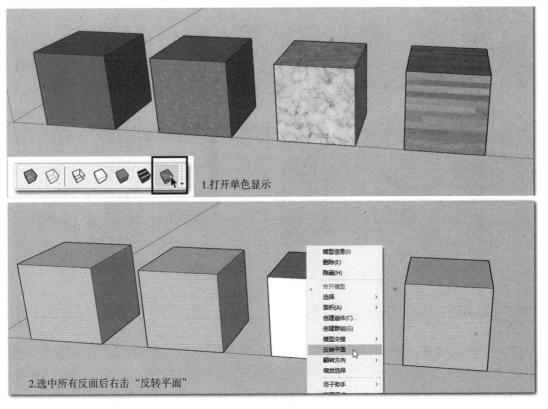

图3-11　面的检查和翻转过程

2. 材质拾取和替换

在导入3ds Max之前需要在SketchUp中完成材质的赋予，对此，可以使用SketchUp默认的材质（默认材质的选择尽可能增大颜色或纹理之间的差别，方便在3ds Max里进行识别和贴图替换）；也可以对材质进行编辑，替换成场景所需的真实贴图（图3-12、图3-13），且经过这种方式导入的模型，在3ds Max里无须调整贴图UV，就可直接进行反射、折射等其他属性的补充。

SketchUp的材质工具：

1）吸取材质：在材质编辑面板下，按住〈Alt〉键用吸管吸取场景材质。

2）替换材质：替换相邻面的材质按〈Ctrl〉键；替换所有连接面（三击后可全部选中）的材质按〈Ctrl+Shift〉键；替换场景中所有面的材质按〈Shift〉键。

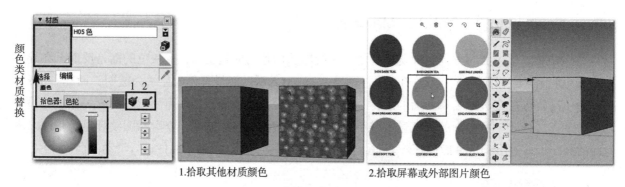

1.拾取其他材质颜色　　　　2.拾取屏幕或外部图片颜色

图3-12　SketchUp真实颜色材质替换

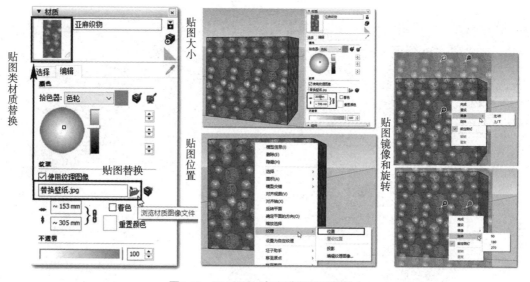

图3-13　SketchUp真实贴图材质替换

3. 三维模型的导出设置

SketchUp导出的.3ds格式的文件比较适合在3ds Max中进行修改。同时单位要与3ds Max保持一致，设置以毫米为单位。导出时通常会选择按照材质进行导出，这样在3ds Max中导入的模型方便按材质进行选择，以统一调整UVW贴图。一同导出的文件应指定到一个文件夹中，包括同时导出的相应贴图文件（图3-14）。

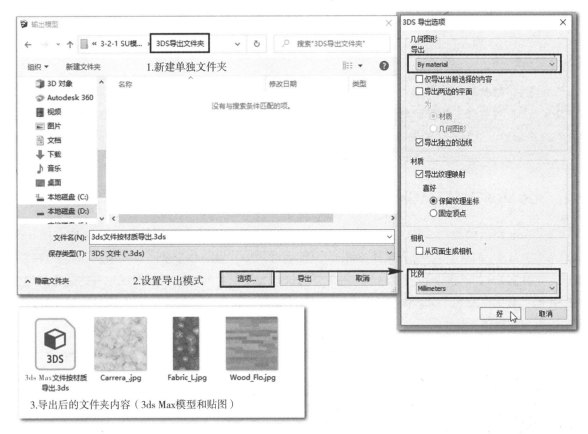

图3-14　.3ds格式模型导出设置

如图3-15所示，在SketchUp中同一材质的物体的赋予尽可能吸取上一个同一材质的物体，尤其是更改过纹理大小的贴图，否则，同一材质的物体在3ds Max场景中导入后不能够同时被吸取和贴图替换。

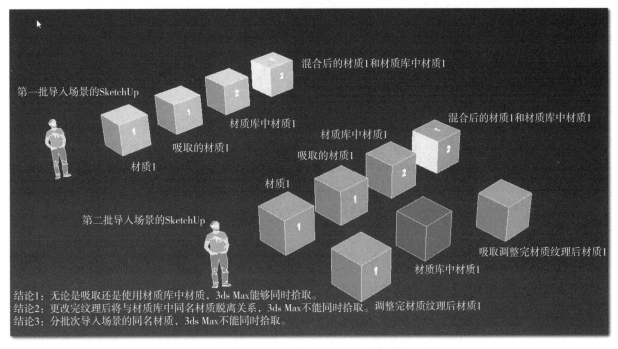

图3-15　材质赋予方式及分批导入对3ds Max材质替换的影响

针对SketchUp模型导入3ds Max场景在第4.3节"建模过程中软件的结合运用"中会进行具体训练。

本节任务点：

任务点1：打开配套资料中的文件，按照图3-11所示的步骤进行面的检查和翻转练习。

任务点2：打开配套资料中的文件，按照图3-12所示的步骤进行SketchUp真实颜色材质替换的练习，并按照图3-13所示的步骤进行SketchUp真实贴图材质替换的练习。

任务点3：打开配套资料中的文件，将场景按照图3-14所示的步骤进行导出练习。

3.2.2 3ds Max模型导入 SketchUp场景

如果将3ds Max模型以.3ds格式直接导入SketchUp场景，则导入模型的显示会乱成一团，因为SketchUp不承认3ds Max中的复制和镜像操作，只能通过附加、塌陷命令来固定模型。随着软件技术的发展，大量针对3ds Max模型导入SketchUp并能够保证模型还原度的插件不断出现，有的是通过中介软件间接处理，有的是安装于3ds Max中直接以.skp格式输出，这些方式都能够大大减少模型互导过程中出现的错误（图3-16）。

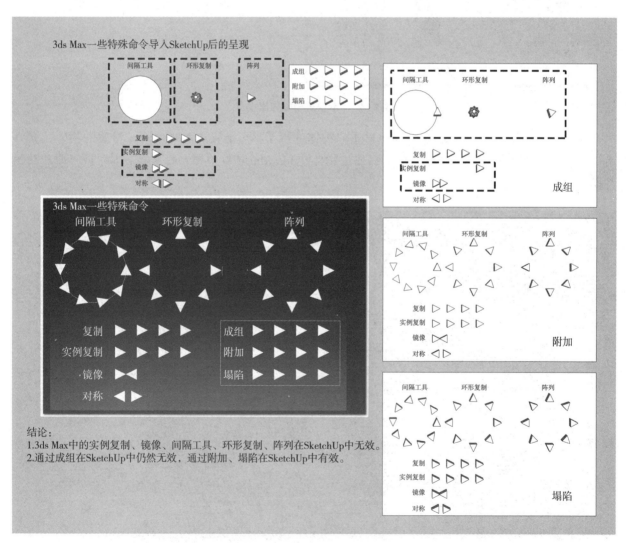

图3-16 3ds Max特殊命令导入SketchUp后的变化以及处理方法汇总

通过图3-16可以看出，在3ds Max中进行实例复制、镜像、间隔工具、环形复制、阵列命令的模型在SketchUp场景中会发生位移甚至消失，针对这种情况可以通过模型附加或塌陷的方式保持原有的模型样式的方法来解决。另外，也可以通过安装专门的3ds Max转SketchUp插件，按照图3-17所示的步骤进行.skp格式的模型导出，保证模型导入SketchUp后不会变形。

1.插件安装

2.3ds Max模型导出   3.选择导出格式：.skp

图3-17   3ds Max转SketchUp插件安装和模型导出设置

本节任务点：

任务点：打开配套资料中的文件后，尝试将场景中SketchUp不识别的命令进行附加和塌陷操作，然后以.3ds格式导出，以保证导入到SketchUp中的模型形态与3ds Max中的一致。

3.3   SketchUp场景中的模型导入3ds Max时的材质替换过程

将SketchUp场景中的模型导入3ds Max时的材质替换过程：

1）在SketchUp中将创建好的场景赋予基础材质，确保所有的面为白色正面，再勾选"材质"以.3ds格式导出，由于是按照材质导出的，除了模型文件外还会增加多个贴图文件，所以文件保存路径需要放到一个指定文件夹里。

按照材质导出的.3ds格式的文件导入3ds Max时，场景中一种材质会对应具有该种材质的所有模型，利用这种特性可在材质编辑过程中进行如下两种操作：

①UVW贴图的统一调整：由于SketchUp场景的模型构件之间如果不创建组的话会发生粘黏，在3ds Max中就很难进行材质区分和贴图纹理调整，此时可以参照图3-18所示的步骤在多边形编辑中加选所有同类材质的面后进行分离，单独调整UVW贴图纹理。

②场景中同一材质模型的选取：如图3-19所示，在材质编辑器中拾取一个材质后，点选按材质导出模型后，会自动拾取场景中同一材质的所有模型。

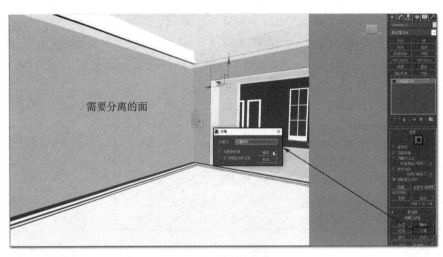

需要分离的面

图3-18　粘黏模型中相同材质面的分离调整

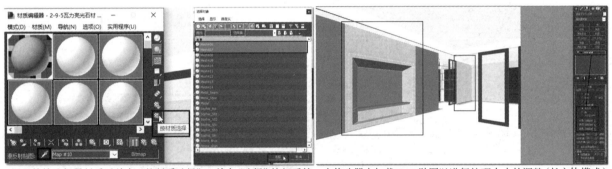

1.用吸管拾取场景材质后单击"按材质选择"　2.单击"选择"按钮后统一在修改器中加载UVW贴图以进行纹理大小的调整（长方体模式）
按钮

图3-19　按材质选取模型

2）打开3ds Max设置单位为"mm"，导入.ds格式模型。打开材质编辑器，利用吸管吸取SketchUp的模型材质，单击"Standard"按钮进行Vray材质的替换（图3-20），此时可以替换为Vray材质（Vraymtl），也可以直接导入材质库的成品材质球进行替换。成品材质球如需替换贴图（Bitmap），可直接单击材质加载通道进行贴图的替换。贴图替换完成之后，需要选择修改器UVW贴图以进行纹理大小和轴方向的调整。

1.用吸管拾取场景材质后单击"按材质选择"按钮　　2.单击标准材质加载材质库中的材质球，找到位图链接后替换真实贴图

图3-20　SketchUp材质替换成Vray材质过程

本节任务点:

任务点:将配套资料中的"客厅场景.3ds"文件导入3ds Max场景,按照图3-18~图3-20所示的步骤完成SketchUp室内场景的导入、材质替换和纹理调整过程的练习。

3.4　下载模型导入3ds Max

室内软装元素其种类大致分为两种:一种软装元素包括家具、灯饰、布艺,属于室内装饰中体量较大的元素;另一种是画品、花品和饰品等元素,这一部分在视觉上起到调和颜色的作用。

由于软装元素的造型过于复杂,自己创建的时间成本又过高,所以下载外部模型进行场景导入是效果图制作中的常用操作,但在导入模型的过程中要注意下载模型的基本格式、基本调整以及导入方式。

3.4.1　下载模型的格式

如图3-21所示,下载外部模型的格式通常为两种:一种是不带材质的.3ds格式,适用于模型组成相对简单的情况,通常这种格式的面数相对较少,导入场景后不容易出错。另一种是带材质或灯光归档的压缩包格式,这类模型下载前要先看清楚3da Max的版本,如果遇到版本过高的情况,可采用插件或先对版本进行调整再执行下一步。

.3ds格式
(缺少贴图)

3ds Max文件压缩包.zip格式
或.rar格式
(包含贴图和灯光)

图3-21　下载模型的常见格式

3.4.2　下载模型后进行的基本调整

1. 下载模型直接导入场景可能会存在的问题

将下载模型直接导入3ds Max场景通常会出现以下三个问题:

1)因3ds Max设置的单位与下载模型设置的单位不统一导致导入的模型被放大或缩小。

解决方案:确定3ds Max场景模型与下载模型的单位一致为毫米,再进行模型导入。

2)因文件位置不统一导致导入的模型没有材质。

解决方案:参照图3-22所示,下载模型解压后,将压缩包里的3ds Max文件及贴图灯光素材剪切到主场景文件夹中,再进行模型的合并或导入。

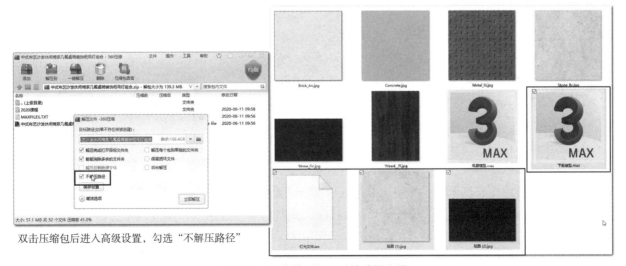

双击压缩包后进入高级设置,勾选"不解压路径"

图3-22　下载模型解压后的放置位置

3）导入模型后渲染出错，或出现渲染时间过长的现象。

解决方案：下载模型的材质细分过高或材质属性过高，如折射属性。针对这种情况，应先将下载模型解压后进行细分调整，再导入模型。

2. 对下载模型进行调整

对于下载的模型，需要先单独打开进行渲染，过程中可能存在渲染不了的情况，此时可参照下面步骤进行调整：

1）模型细分调整：下载模型，导入减面插件，按照图3-23所示的面板对面数比例进行调整以达到减面的目的。

2）材质细分调整：下载模型的材质细分通常较高，材质细分过高会影响最终渲染速度，此时需要在材质面板进行场景材质的吸取，再参照图3-24所示的面板进行调整。

3）贴图替换调整：场景材质的贴图文件过大也会影响渲染速度，此时需要对模型贴图的大小进行修改。注意贴图文件的分辨率要适中，利用Photoshop软件参照图3-25进行贴图大小的调整，调整其品质参数后导出，替换原来的贴图。

图3-23　模型面数优化　　图3-24　模型材质细分优化　　图3-25　Photoshop图片转存的大小调整

3.4.3　下载模型的导入方式

1. 导入前的准备文件

模型导入需要注意以下四点：

1）保证需要导入的模型位置和场景的位置都在坐标轴附近，防止导入后因离主场景太远而找不到。

2）两个场景模型单位一致，通常是以"mm"为单位，防止单位不统一出现比例失调。

3）需要导入的模型要成组，防止导入场景与主场景因重叠而无法分开。

4）导入场景中要有摄像机，方便从摄像机角度找到模型，并将其与场景元素对齐。

注意，导入模型可能存在"不能成组"的状况，此时将需要成组的模型复制一份后删除，再次选择模型进行成组即可。

2. 模型导入方式一：合并文件

为了避免合并后出现模型的材质丢失的情况，需要在导入前下载模型的贴图路径，以及调整文件位置：

图3-26　3ds Max文件的合并

1）下载模型的解压方式：下载的3ds Max模型文件格式通常为归档的压缩包格式，为了避免下载模型原有的文件路径链接过长，可能导致后期自身文件归档崩溃的情况出现。为了避免出现这种情况，在解压时，可选择不解压路径的高级选项，此时，下载模型的3ds Max文件和自身的贴图文件就在一个文件夹中了。

2）下载模型的文件和贴图文件剪切到主场景文件夹中，将下载的模型拖拽到主场景界面中，单击"合并文件"按钮（图3-26）。

3. 模型导入方式二：利用复制粘贴插件导入

图3-27　3ds Max文件的复制粘贴

1）利用复制粘贴插件可缓解导入模型时丢失材质的情况，但在导入前需对模型的基本模型面数、材质和细分数进行检查和调整，导入完成后建议对场景文件进行重新归档。

2）导入插件（将插件拖拽到界面视口中），选择需要复制的模型，如图3-27所示，单击"第1步选要点击的模型"按钮进行模型复制。将插件再次导入主场景，单击"第2步场景里粘贴模型"按钮进行粘贴即可。

本节任务点：

任务点：在配套资源中打开"壁灯模型.max"模型和"软装组合场景.max"模型（图3-28）按照图3-26和图3-27所示内容分别进行场景模型的合并导入和利用复制粘贴插件进行导入，也可以自行准备下载模型和场景模型文件进行练习。

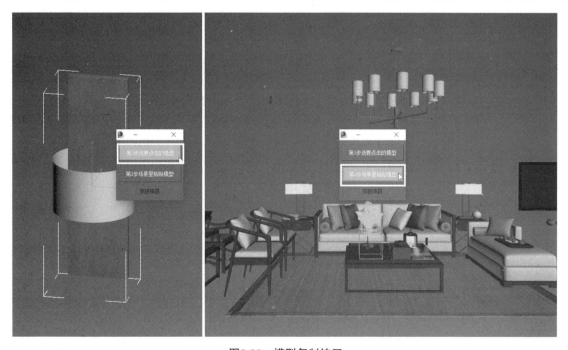

图3-28　模型复制练习

本章小结

　　本章的学习主要是针对多边形建模命令，通过比较SketchUp和3ds Max两款建模软件在处理点、线、面编辑上各自的优势和不足，以逐渐养成一个高效的建模思路，为第4章空间场景的创建及两款软件的联合运用打下基础。

第4章 施工图整理到空间场景模型创建

本章综述：本章对效果图制作的每个阶段进行梳理：CAD施工图的整理过程及注意点；场景分析与单体建模的思路；场景空间利用3ds Max、SketchUp、天正建筑和Photoshop进行空间墙体的创建；空间场景创建，即顶棚造型和地面模型的生成。同时补充SketchUp场景导入3ds Max场景中时进行材质替换和编辑的技巧，以及对下载模型的面数和材质细分调整过程，以保证后期处理中场景渲染的顺利展开。

4.1 建模思路与CAD图样整理

整理CAD图样的目的：整理CAD图样是将施工图整理成适合模型创建的图样，以此提高建模的效率，特别适用于当前存在效果图与施工图分工的情况，这可以使效果图制作人员快速准确地读图、整理，以及把握整个设计思路，将设计主题完整地通过空间表达出来。此时不再是机械地利用尺寸去创建模型，而是从设计的角度出发去理解整个图样，如从空间上明确每个功能分区的内容，包括功能分区之间的联系，例如是属于开放通透的还是完全分隔的，以及具体的材料名称和分缝处理方式等。这对后期效果图分块进行场景创建和渲染起到很大的参考作用。

另外，对施工图节点的解读也很重要，这部分内容虽然属于隐蔽工程，在建模过程中不需创建，但会间接地影响界面的造型表现。好的效果图能够指导施工的原因，就是对施工中重要节点的准确解读和表达。同时对家具等软装布置和对墙体进行丰富及深化，更好地处理了立面的构成关系，所以说效果图的制作过程也是方案不断调整深化的过程。

4.1.1 场景分析与单体建模的思路

如图4-1所示，客厅空间创建之前，需要综合考虑以下方面：

1）素材来源的考虑：根据软装方案或平面家具布置观察家具样式，确定场景任务量，以及需要自己创建模型，还是导入外部资源。观察立面的材料样式，对特定规格和纹理样式的贴图进行收集。

2）模型创建的软件分配：根据前期资料，分配各软件如CAD（天正建筑）、SketchUp、Photoshop的制作流程，并进行基础场景模型（墙体门窗、隔断、固定家具）的创建，赋予基础材质。

3）基础场景完成后，将其导入3ds Max进行材质、摄像机、灯光的创建和预渲染。

4）进行测试渲染，调整灯光和摄像机参数及位置，没问题后可导入成品参数出图，也可分块渲染。同时导出通道图，格式为.tif，以保证图片存储的质量。

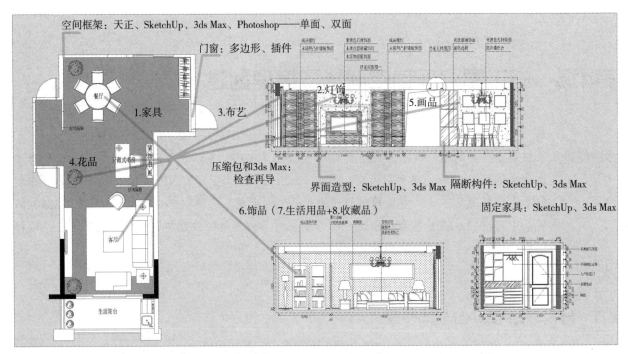

图4-1 客厅空间创建软件选择思考过程

4.1.2 CAD图样的整理过程

1. CAD 图样整理的前提

首先是读图，对平面布置图、地面铺装图、顶棚图、简单立面图进行整理。整理的前提是要识别图中哪些是真实的尺寸，哪些只是作为样式和位置的参照，哪些是绘图标准中的图例。只有先读懂图样，才能整理出有效的CAD图样。可参考以下五个要点进行施工图的解读：

1）空间功能名称、基本流线、空间之间的关系（邻接隔断形式）。

2）家具分类：区分固定家具和活动家具，找到固定家具的立面造型图样。

3）平面材料规格尺寸、铺装基点（贴图的制作收集）如地砖、地板、集成顶棚等模块化的样式，或者拼花类型的样式是否可以用Photoshop制作成一张贴图。

4）立面造型及材料（建模方式选择，贴图的制作收集），如板式家具或贴面。

5）节点大样图（施工工艺），如顶棚、暗藏灯管的节点大样。

根据图4-2的内容，在建模之前需要对施工图进行整理、删除和造型补充，对于3ds Max软件建模来说有效的信息主要有：①墙体门窗的尺寸，其中墙柱结构是模型场景建立首先要整理的，通过平面墙体的推拉产生空间，门窗属于图例，不具有建模样式的参考价值。②家具的尺寸方位，其中固定家具的尺寸相对真实，活动家具基本属于图例，通常不作为建模的样式或尺寸参照。③地面铺装图中的材料和规格，为后期准备贴图素材做好准备。④顶棚图中的重要信息是不同功能分区的顶棚高度，以及灯位和设备（空调进出风口）。除此之外对于效果图中不会出现的管道及检修（空调、暖气、煤气管道、水阀等）位置也要了解，有时会对方案尤其是立面造型（如材料分缝和假柱包管）产生影响。只有充分了解了方案，才能做好施工图整理，整理过程也有助于丰富项目施工的经验。汇总整理好的表格见表4-1。

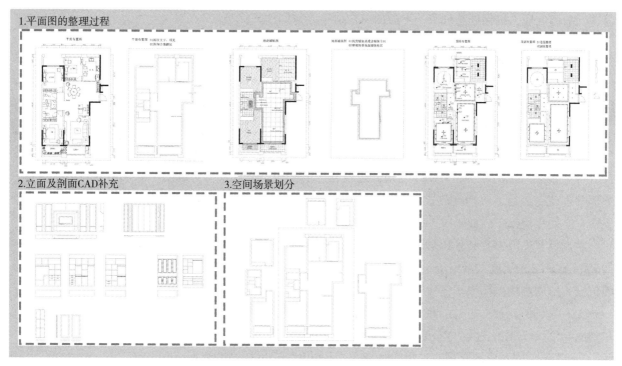

图4-2　CAD施工图建模前整理过程总图

表4-1　室内平面图整理内容概况（需结合项目实际）

平面图	需整理部分	需删除部分	需补充部分
平面家具布置图（复制一份成块作为后期家具等软装模型导入的位置参考）	墙体的完整边界 墙体柱子衔接修剪 台阶高差产生的上下面完整边界 固定家具的平面（与其立面放置一起）	尺寸、标注、文字索引 材料填充、活动家具、电器、植物等软装图块 固定家具的图例（柜门斜线） 门窗套踢脚线、角线等装饰线	门窗洞口过门石线 划分空间时的完整边界
地面铺装图	地板不同材料的完整边界 收边石过门石 拼花图案边界	无须删除补充，将整理好的图形复制，可利用整理好的地面铺装图导入到Photoshop以进行整体贴图制作	
顶棚布置图（复制一份成块作为后期灯具模型导入的位置参考）	顶棚高差产生的完整边界 特殊造型的顶棚边界及线角样条线	无须删除补充，将整理好的图形复制，补充整理间接照明等暗藏灯光的施工节点剖面图	

　　作者通过教学实践发现，好多初学者很容易忽略空间立面造型的整理，读者在对本章开始学习时，应注意墙体与门窗家具一起形成的立面构成关系。

　　通过平面整理，已经可以推拉出立面的框架，此时对于立面还需要整理出固定家具的立面及形象墙的造型。

　　在立面的绘制中，要考虑墙面的体块分割关系，立面家具参与下的门和窗的比例，前后墙的关系，以及顶棚与地面的对应和延续关系。制作效果图时，要根据视角构图和家具饰品，进行不断调整。

　　2. 平面图的整理过程

　　（1）平面家具布置图　整理前后的图样比较如图4-3所示，常见的需要删除的对象可参照以下内容进行酌情处理，以保证整理完的平面图结构清晰，空间边界完整。

1）文字标注、索引、墙体填充、承重墙与非承重墙间隔线直接删除。

2）图例合理删除。

注意，图例类型的图样有固定家具（可备份一张平面图作为将来模型放置的参照）；烟道（用PL线概括，或与墙体连为一体）；窗户（留两条结构线）；门（留门体位置，保留过门石）；植物绿化（如阳台有花草池要保留底座形状）。

（2）地面铺装图　整理前后的图样比较如图4-4所示。

有了整理出来的家具布置图作为地面边线创建的参照，只需要再整理出特殊地面铺装形状即可，这部分创建完成后，再捕捉放置到家具布置图创建的空间中。注意，将特殊造型整理成完整的闭合样条线，方便在建模中封面以及Photoshop整体贴图的制作。

常规材料类不需要整理出来，将来在3ds Max中直接同插件或贴图生成，如地板，或是固定规格，如600mm×600mm或800mm×800mm的固定规格。明确铺装基准及铺装方向，作为将来贴图UV调整的依据，以便利用贴图或实体建模的方式进行表现。

（3）顶棚布置图　顶棚布置图的整理也是主要针对有特殊造型和高度的顶棚。整理前后的图样比较如图4-5所示，在此过程中主要关注以下三点。

1）找到顶棚对应的标高，对照剖面节点了解不同功能区的高差造型。

2）整理出除平顶以外的特殊顶棚造型，删除暗藏灯线等图例，整理特殊造型顶棚剖面，方便在SketchUp里进行路径跟随命令，和在3ds Max中进行倒角剖面、放样或扫描命令。

3）集成顶棚尽可能的铺装基准与地面一致，尽可能保证顶棚、墙体与地面的对缝一致。

3. 立面图及剖面图 CAD 补充

最终整理（图4-6）后与平面图放置到一起。

（1）主体空间的背景墙组合　客厅电视背景墙、沙发背景墙、主次卧背景墙，注意平面中涉及的家具和角线造型应单独整理出来。

（2）固定家具三视图　玄关衣柜、鞋柜，卧室现场制作的嵌入式衣柜，书房的书柜、储物柜，立面图整理时注意对照平面图中的左右方向。

（3）特殊造型隔断　如屏风，厨房、阳台、卫生间定制的推拉玻璃门的立面整理，方便在SketchUp中快速封面。

4. 空间场景划分

空间场景划分参照如图4-7所示。

空间场景划分是为了在保证模型场景完整性的同时节省模型大小，提高作图速度。功能区块分离的标准：如果两个空间是通透的连接关系，在施工图整理时要一起整理，否则会存在场景缺失的现象。将经场景划分后的CAD图样整体导入一个3ds Max场景，然后进行墙体门窗的创建及基础材质的赋予，当摄像机位、灯光完成后，再进行单个独立空间的分别储存。

1）空间场景划分参照设计平面中空间的开放与封闭形式进行划分：主客厅、餐厅、厨房、玄关（可以依据角度需求合理区分，可分可合）、卧室（主次）、书房、卫生间。

2）图样按各个空间整理完成后，用整理完成的CAD文件创建的操作为：①按〈Ctrl+C〉键，复制建模部分图样；②按〈Ctrl+N〉键，新建CAD文件，选acad.dwt模板；③按〈Ctrl+V〉键，粘贴建模部分图样；④指定插入坐标点（0，0）；⑤将视图最大化图样显示（〈Z〉键+空格键、〈A〉键+空格键

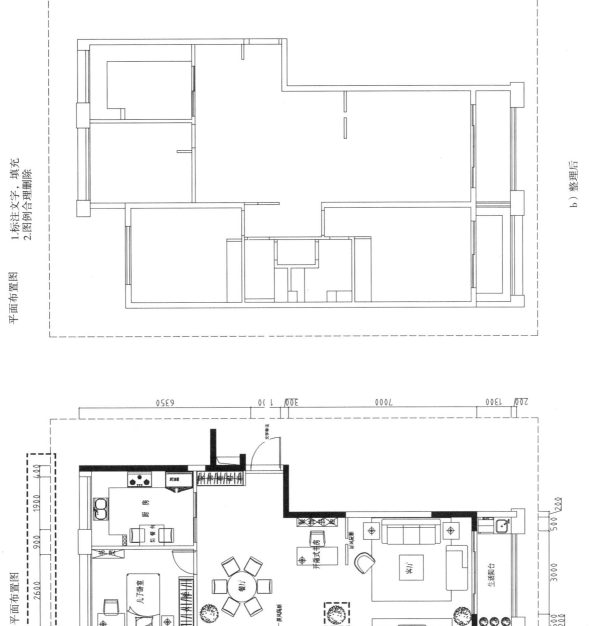

图4-3 平面布置图图整理前后比较

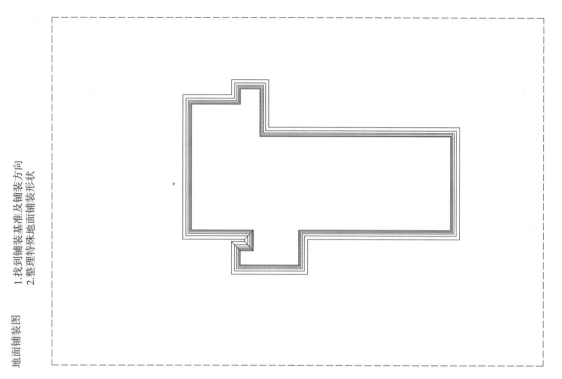

b) 整理后

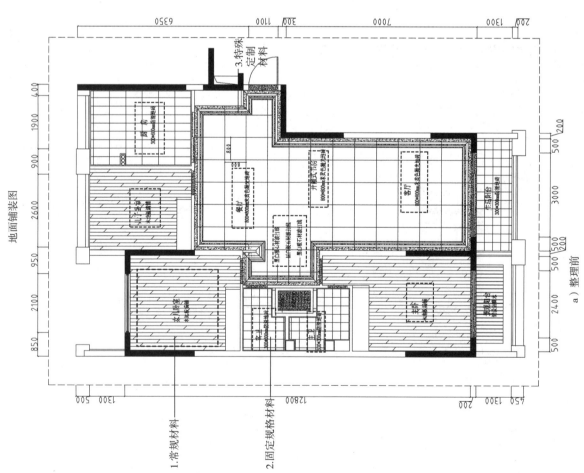

a) 整理前

图4-4 地面铺装图整理前后比较

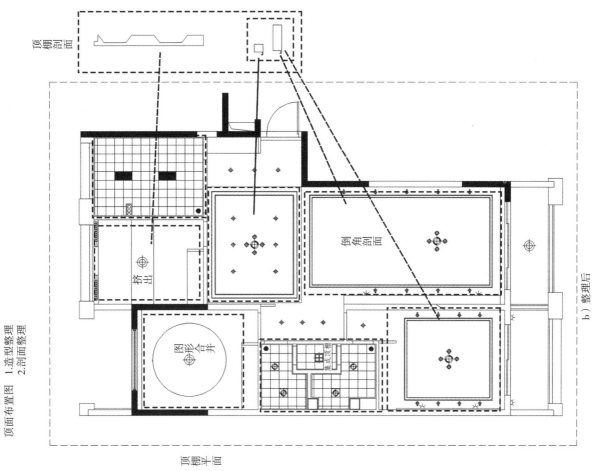

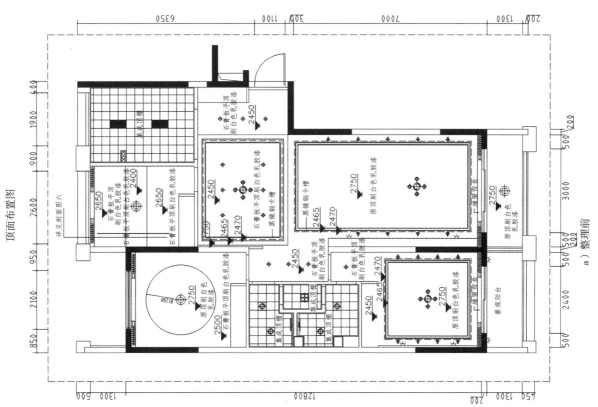

图4-5　顶棚布置图整理前后比较

背景墙三视图

客餐背景墙　　　　　　　　　　　主卧背景墙

固定家具三视图

卧室衣柜　　　　　　　　　　　　玄关鞋柜

隔断家具三视图

客餐厅隔断

图4-6　最终整理出的三视图

图4-7　空间场景划分参照

或双击中轴滚轮）；⑥最后将保存文件储存为2004低版本。

在执行上述过程中，还应注意：

1）对于CAD图样的整理除了在文件备份后删除建模不需要的造型这种方式外，也可以通过隐藏无关的图层，将最终建模需要的图样复制到新建文件中，前提是图样的图层划分要明确。

2）单一空间划分后，整体导入SketchUp中进行模型场景空间的创建，在统一赋予材质后，以.3ds格式导入3ds Max，直到在3ds Max中将SketchUp的材质替换完成后，再进行场景的分文件处理，此时可复制一份场景灯光系统，以此方法提高建模的效率。

本节任务点：

任务点：打开配套资料中的"CAD施工图建模前整理过程总图"文件，参照本节内容进行CAD施工图的整理。

4.2　空间场景创建方法比较

本节主要讲解内容是3ds Max的Vray渲染，但在实际的空间场景建模中可以采取多种方式来创建。根据表4-2中内容，可知不同的建模方法都有自身的优势和缺陷。

表4-2　室内三维空间模型创建的方法汇总及比较

建模软件	导入格式	优势	注意事项	简要评价
SketchUp	CAD 图样	（1）可以将 CAD 线自动封面后挤出 （2）可以通过建筑辅助插件直接生成带门窗的空间	模型的正反面，编组与组件处理，图层管理，基础材质全面	比较快速，精度不高，需导入 3ds Max 进一步细化
3ds Max	CAD 图样	（1）单面片建模方便后期单元空间划分 （2）多门窗对象可同时创建	CAD 图样整理清晰图样需要成组冻结	需重新捕捉描线 比较传统，稳定，自主性强
天正建筑	T3 平面 CAD	（1）边线能够直接在 3ds Max 进行挤出创建墙体 （2）图层图块较为规范	整理好图层图块	推荐使用，灵活方便
	三维模型	可直接导入 SketchUp 和 3ds Max 场景中	模型单位，成组	最为快速，不推荐，修改复杂
Photoshop	.ai 格式	样条线直接在 3ds Max 进行挤出	（1）模型精度受图片影像 （2）模型细分较高，需要优化 （3）模型比例需要依靠插件缩放	快速成型，不推荐，精度不高，细分过高

4.2.1　SketchUp场景创建和建筑插件

根据表4-3中的内容，在空间场景的创建过程中，一般来说基础场景可以选择SketchUp草图大师或者3ds Max两种创建方式。作者在教学过程中发现，绝大部分学生会选择SketchUp作为基础场景的创建软件，其特点是与CAD衔接流畅（而在3ds Max中，需要重新进行描线），操作命令简单，可视化强，材质赋予相对方便。而SketchUp草图大师相对于3ds Max的劣势在于对带圆弧或平滑的物体操作程序复杂，细分不易控制，模型精度不高。而3ds Max中，可以很容易对模型进行细分和平滑的修改。

另外，对于后期场景中的模型补充，3ds Max材质库的资源相对来说更加丰富完整，其摄像机角度和灯光渲染效果要更加真实。因此，SketchUp草图大师的表现效果还是倾向于概念性方案的表达。利用SketchUp的渲染插件ENscape和Vray渲染器，虽然在渲染速度上相比较3ds Max占有绝对优势，但相比较3ds Max的真实程度的表达还是逊色不少。

表4-3　空间场景的创建内容方式及过程

创建内容	墙体、地面、顶棚、门窗、地形环境	家具、灯饰、布艺、画品、花品、饰品	
创建方式	SketchUp、3ds Max	3ds Max	导入插件
创建过程	CAD 导入、成组、冻结 2.5 维捕捉、二维描线、挤出 编辑多边形（面片：门窗口为线的桥接，体：门窗口为面的桥接）	命令选择组合 UV 展开贴图，Photoshop 处理贴图技巧（空间的展开，单体的展开） 材质贴图调整	模型优化 材质优化（利用插件进行模型的粘贴复制）

1. SketchUp 建模之前的图样及插件素材准备

SketchUp建模之前的图样及插件素材准备有：

1）CAD整理后的文件，封面工具插件，门窗组件的素材，.skp格式文件。

2）Dibac建筑插件：绘制墙体（配合〈Esc〉键和〈Ctrl〉键），创建群组，生成空间。

SketchUp插件分为三种，一种是.exe格式的文件，其可以单独进行安装，无须打开程序；一种是.rbz格式的插件，其需要打开SketchUp后进行安装或卸载；还有一种是.rb格式，其需要手动复制到C盘插件文件夹中（安装时需要关闭SketchUp，安装完成后打开SketchUp），安装位置如图4-8所示，C盘搜索"Plugins"，单击链接进入，将插件文件复制到"Plugins"文件夹中，注意复制的是插件包内部的文件（.rb文件及扩展文件），不是插件包整个文件。

图4-8　.rb格式插件放置位置

2. 重新描绘 CAD 图样

重新描绘CAD图样的过程类似用天正建筑绘制图样的方法和流程：墙体→门窗→建组→空间生成（图4-9）。

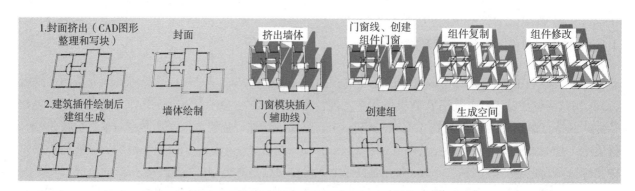

图4-9　SketchUp室内场景创建的两种方法（自带工具和Dibac插件）

1）SketchUp自带工具的空间场景创建，如图4-10所示。

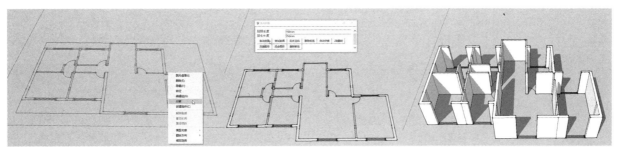

1.导入CAD图样后分解　　　　　2.利用封面工具进行封面，选取墙体面成群组　　3.进入墙体群组后整体推拉，设置推拉高度为3000mm

a）SketchUp创建过程1：墙体创建

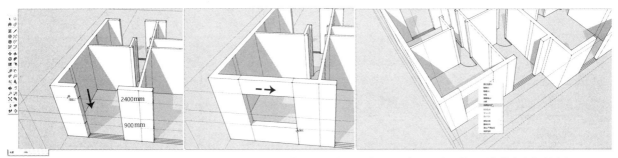

4.利用辅助线确定窗户上下边线，选中所有窗线向下复制两次　　5.按住〈Ctrl〉键进行推拉，生成窗洞　6.窗洞上下框选后成组件，后期将窗户复制进去

b）SketchUp创建过程2：窗洞创建

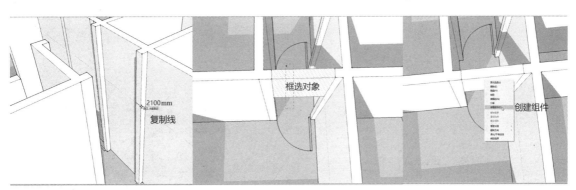

7.以同样方式确定门线高度后选中所有门线向下复制一次　　8.按住〈Ctrl〉键进行推拉，生成门洞　　9.门洞上下框选后成组件，后期将门复制进去

c）SketchUp创建过程3：门洞创建

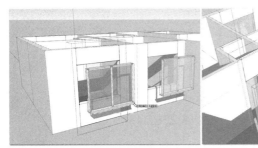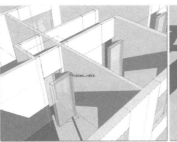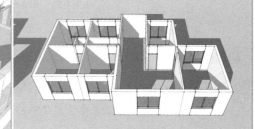

10.复制窗户素材，双击进入窗洞组件粘贴后调整位置　　11.复制门素材，双击进入门洞组件粘贴后调整位置　　12.最终场景框架完成效果

d）SketchUp创建过程4：门窗复制

图4-10　SketchUp自带工具的空间场景创建

2）SketchUp利用Dibac插件进行空间场景创建的过程如图4-11所示。

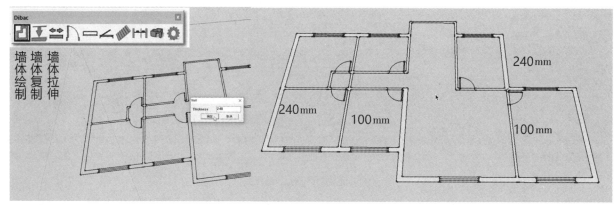

1.先将CAD图样导入后保持成组状态，根据CAD图样中墙体宽度，捕捉墙体进行绘制

a）SketchUp创建过程1：墙体绘制

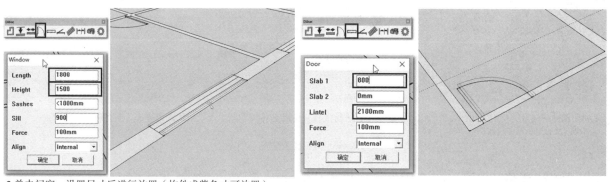

2.单击门窗，设置尺寸后进行放置（构件成紫色才可放置）

b）SketchUp创建过程2：门窗插入

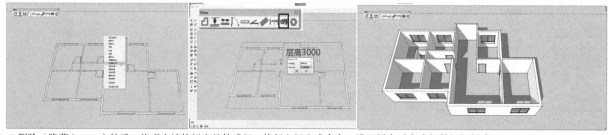

3.删除（隐藏）CAD文件后，将现有墙体门窗整体成组，执行空间生成命令，设置层高后完成场景框架创建

c）SketchUp创建过程3：空间生成

图4-11 SketchUp利用Dibac插件进行空间场景创建

本节任务点：

任务点1：参照图4-10所示，进行SketchUp自带工具的空间场景创建。

任务点2：参照图4-11所示，在SketchUp中利用Dibac插件进行空间场景创建。

4.2.2 3ds Max场景创建

如图4-12所示为3ds Max室内场景创建的两种方法（单线和双线）。

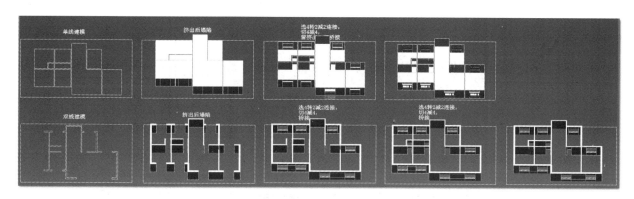

图4-12　3ds Max室内场景创建的两种方法（单线和双线）

1. 3ds Max 场景中导入 CAD 图样后的一般空间场景创建过程

1）导入CAD图样后冻结，单击进行三维捕捉，选项勾选"捕捉冻结对象"，捕捉对象勾选"顶点"。

2）描内墙线成片；墙体闭合样条线挤出成体。

3）生成室内角线：顶棚（顶棚角线、装饰线），室内角线（踢脚线、腰线、护墙板），地面（超级地板插件）。

4）绘制固定家具（根据CAD图样整理出来的立面和剖面进行绘制）。

5）赋予基础材质（墙体和顶棚；固定式家具；踢脚线和地面；窗框和玻璃）。

6）调整摄像机，利用插件生成的辅助线找好构图。

7）调整灯光：太阳光、光域网（重点照明和过度照明两种）、片灯光源。

8）分空间储存3ds Max文件（归档：每一个文件里保存一份相同的太阳光、片灯和光域网文件）。

2. 逆时针描线：单线和双线两种方式

1）单线面片建模是指在整理CAD图样时，以独立空间单元的内部边界为依据，一个空间绘制成一条闭合的样条线。注意在门窗洞口的位置也要捕捉生成点，方便后期门窗洞口的创建。

2）双线体建模就是将整个空间的每段墙体都绘制成一条闭合的样条线，躲开门窗洞口位置，后期通过桥接创建门窗洞口。注意描线时方向尽可能保持一致为逆时针方向，防止后面编辑时出错。

在多边形编辑过程中，面片的编辑相对体编辑的优点有：在选择点、线的细分和面的编辑命令上，相对双面实体操作起来可能更加方便；面片建模挤出后直接创建出顶棚和地面模型，体建模需要后期重新创建。在进行室内门窗洞口的创建过程中，能够很直观地体会到面片建模和实体建模的不同。

（1）3ds Max单线面片创建室内空间场景　将CAD文件进行成组和冻结，防止因样条线描线之后与CAD图样重合而无法选取。参照图4-13所示，在捕捉设置里，勾选"捕捉到冻结对象"。打开"2.5维捕捉"，在样条线面板中单击"线"按钮，进行CAD图的描线，要注意按住〈Shift〉键直角约束与点捕捉模式的配合，如果选择点超出了视口范围，可按快捷键〈I〉光标端点进行追踪。

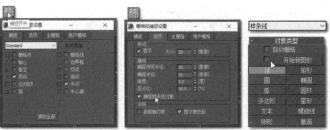

1.基本设置：设置顶点捕捉 设置捕捉到冻结对象　　取消"开始新图形"

a）单面创建过程1：捕捉设置

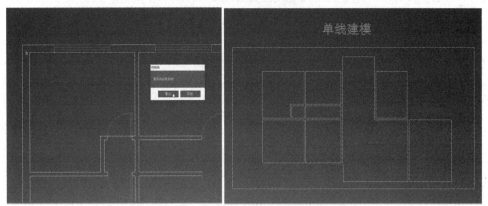

2.绘制样条线：捕捉顶点，绘制每一个独立闭合空间（统一逆时针方向）

b）单面创建过程2：内墙线绘制

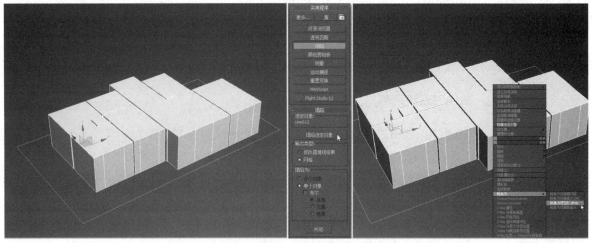

3.空间生成：执行修改器挤出命令（数量3000mm），如样条线为多个，挤出后的对象单击"塌陷"按钮，转换为可编辑多边形

c）单面创建过程3：墙体挤出

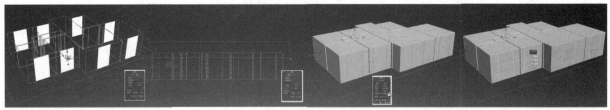

4.门窗洞口创建：按〈Ctrl〉键加选所有窗户所在面后按住〈Ctrl〉键单击线，利用前视图窗口框选模式减选顶部和底部的横线，勾选"连接"，设置数量为"2"

d）单面创建过程4：窗线创建

图4-13　3ds Max单线面片创建室内空间场景

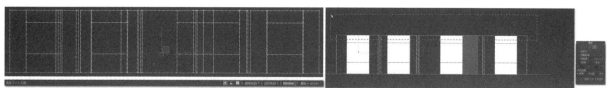

5.门窗洞口创建：前视图框选窗户底部点，设置Z轴高度，再框选顶部点，设置Z轴高度，再切回到面层级

e）单面创建过程5：窗线位置调整

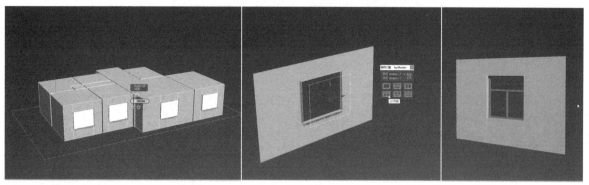

6.门窗构件创建：在前视图以交叉框选模式按住〈Alt〉键减选上下多余面后进行挤出，将挤出面删除，再捕捉顶点，绘制样条线，导入插件至界面，选择需要生成的窗户样式

f）单面创建过程6：窗洞及窗户的创建

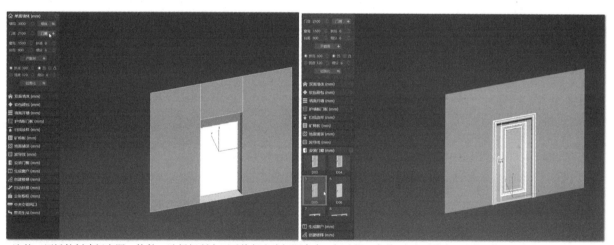

7.渲梦工厂插件创建门窗洞口构件：选择门所在面后执行生成门洞命令，框选门四角的8个点后单击"安装门窗"按钮，选择门的样式

g）单面创建过程7：门的创建

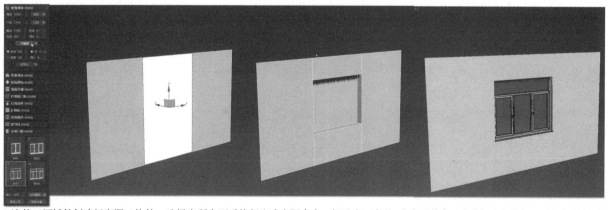

8.渲梦工厂插件创建门窗洞口构件：选择窗所在面后执行生成窗洞命令，框选窗四角的8个点后单击"安装门窗"按钮，选择门的样式

h）单面创建过程8：窗的另一种创建方式

图4-13 3ds Max单线面片创建室内空间场景（续）

（2）3ds Max双线面片创建室内空间场景　如图4-14所示为3ds Max双线面片创建室内空间场景。

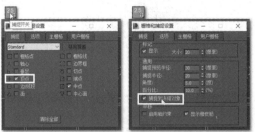

1.基础设置：设置顶点捕捉，设置"捕捉到冻结对象"
a）双面创建过程1：捕捉设置

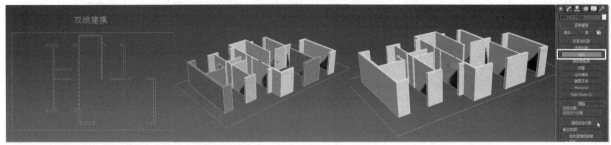

2.按照墙体进行定点捕捉描绘，完成后全选执行塌陷命令
b）双面创建过程2：墙体推拉

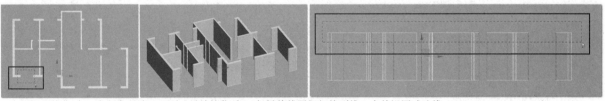

3.在顶视图按住〈Ctrl〉键加选窗口面后，继续按住〈Ctrl〉键将线层级切换到线，在前视图减选线
c）双面创建过程3：窗线连接

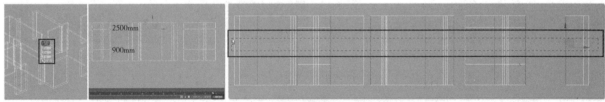

4.设置连接数量为"2"，框选窗口上下点，设置Z轴高度，切换到面层级，以交叉模式进行面的减选
d）双面创建过程4：窗线位置调整

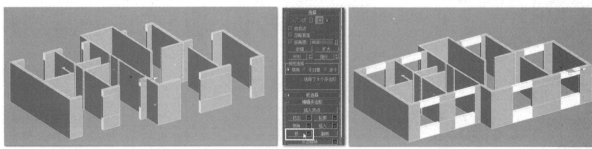

5.对减选的面执行桥接命令

e）双面创建过程5：窗洞创建

图4-14　3ds Max双线面片创建室内空间场景

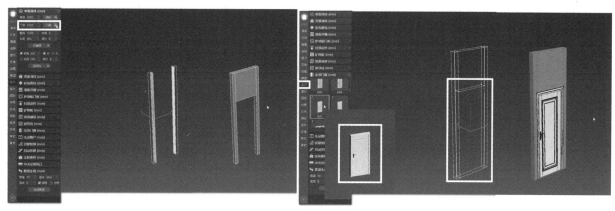

6.渲梦工厂创建门洞：选择面后桥接门洞，选择门洞8个点选择门样式生成门

f）双面创建过程6：门的创建

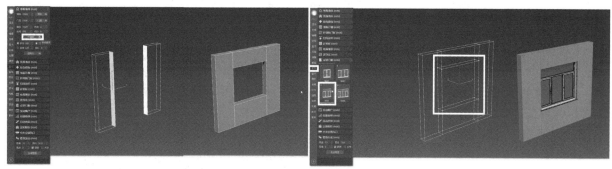

7.渲梦工厂创建窗洞：选择面后桥接窗洞，选择窗洞8个点选择窗样式生成窗

g）双面创建过程7：窗的创建

图4-14　3ds Max双线面片创建室内空间场景（续）

（3）CAD图样导入到3ds Max场景中的注意事项　在描线时，可以是分段进行绘制。绘制完成之后，在样条线编辑层级下，对其进行附加。修改器面板将附加对象同时挤出；也可以取消勾选创建新图形，绘制完成后直接挤出图形。

本节任务点：

任务点1：参照图4-13所示流程，进行3ds Max单线面片创建室内空间场景。

任务点2：参照图4-14所示流程，进行3ds Max双线面片创建室内空间场景。

4.2.3　用天正建筑绘制模型和三维输出

天正建筑相对CAD来说在绘制建筑图方面有很大的优势。对三维建模来说也有很多方便之处：首先，利用天正建筑导出的CAD图样（.t3格式）导入3ds Max中，边线可直接挤出使用；其次，利用天正建筑绘制的图样可直接导出三维模型（.t5格式适用于SketchUp和3ds Max），节省了基础场景建模的时间，而且兼具有基础材质。

如图4-15所示为天正建筑的整个绘制与导出过程。

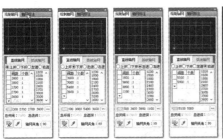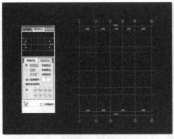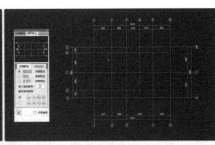

1.轴网创建：根据CAD图样开间进深尺寸输入轴间数值，单击"创建轴网"按钮

2.轴网标注：开间方向轴号从"1"开始，拾取起始轴后单击"确定"按钮

3.轴网标注：进深方向轴号从"A"开始，拾取起始轴后单击"确定"按钮

a）场景创建过程1：轴网和标注

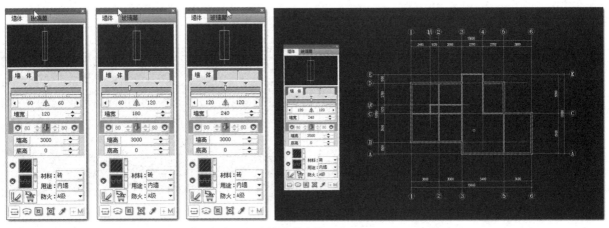

4.墙体创建：根据CAD图样墙体尺寸捕捉轴网创建三种不同规格的墙体

b）场景创建过程2：墙体绘制

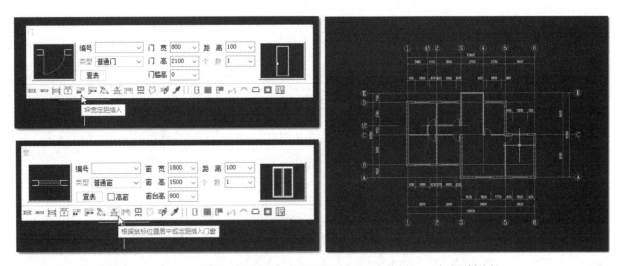

5.门窗创建：根据CAD图样门窗尺寸，门选择以垛宽方式插入，窗选择以快速居中方式插入，完成图样绘制

c）场景创建过程3：门窗插入

图4-15 天正建筑的整个绘制与导出过程

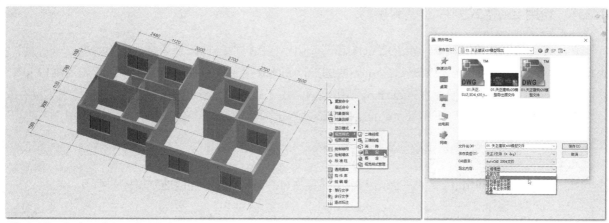

6.模型预览：按〈Shift〉键配合中轴旋转预览模型，右击选择视觉样式为　7.模型导出：文件布图整图导出，设置导出内容为三维模型
真实模式，模式输入"plan"，按两次空格键后可恢复平面状态

d）场景创建过程4：三维模型导出

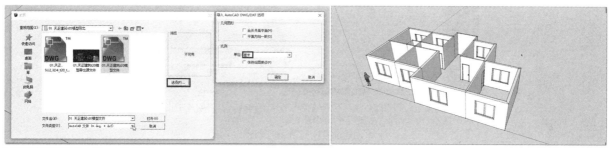

8.天正建筑文件导入SketchUp过程

e）场景创建过程5：导入SketchUp

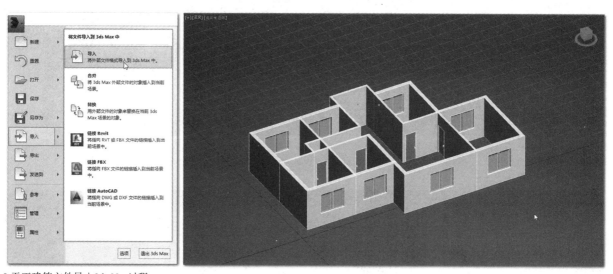

9.天正建筑文件导入3ds Max过程

f）场景创建过程6：导入3ds Max

图4-15　天正建筑的整个绘制与导出过程（续）

本节任务点：

　　任务点：按照图4-15所示流程，进行天正建筑的整个绘制与导出过程练习。

4.2.4　利用.jpg格式图片建模的技巧

在没有CAD图样的情况下，如果能够利用Photoshop直接提取平面图样条线，在3ds Max中进行墙体模型创建，也会大大提高建模效率，这可以通过Photoshop导出工作路径的方式实现。首先要确保.jpg格式的平面图线型清晰，以便于在Photoshop制作选区。由于这种方法会因为线型的粗细或精细程度存在一定误差，所以比较适合快速草图方案的制作及特殊造型的装饰图案（如书法或logo）的挤出。

1. Photoshop 工作路径导出与建模过程练习

如图4-16所示为利用.jpg格式平面图生成AI路径文件在3ds Max中直接推拉墙体的练习。

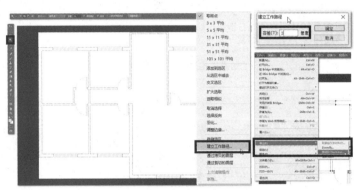

1.导入图片后，利用魔棒工具拾取墙体内部作为选区，右击创建工作路径
容差最不为0.5，创建完成后导出AI格式文件
a）场景创建过程1：工作路径创建与导出

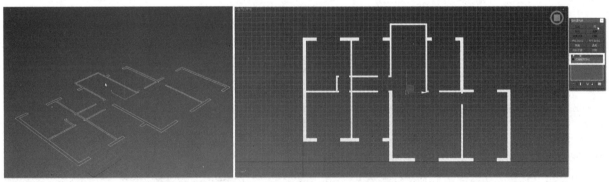

2.打开3ds Max，导入AI文件后执行修改器壳命令
b）场景创建过程2：导入3ds Max

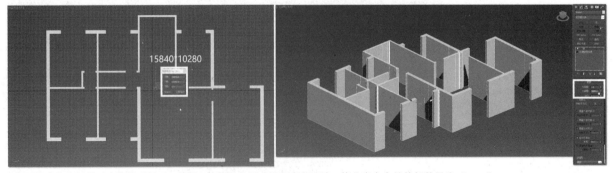

3.使用精确缩放插件（直接拽到界面）根据CAD标注的尺寸进行真实缩放，修改壳命令的外部数量为"3000"
c）场景创建过程3：插件缩放真实比例

图4-16　利用.jpg格式平面图生成AI路径文件在3ds Max中直接推拉墙体练习

2. 补充

利用Photoshop魔棒选区生成工作路径的方法，对图片的清晰度要求较高。通常情况下适合一些体量较小，样条线较为复杂的图案模型的创建，不适合室内墙体的创建，在这里只是提供一种建模的思路。

本节任务点：

> **任务点：** 参照图4-16所示流程，利用.jpg格式平面图生成AI路径文件在3ds Max中直接推拉墙体的练习。

4.2.5　顶棚、地面造型的建模补充

场景模型除了墙体、门窗之外，还有地面、顶棚造型，以及各种线角（踢脚线、棚角线、镜框线、护墙板）。下面将这类造型在SketchUp和3ds Max中创建的方法进行比较。

1. 地面、顶棚模型的创建

（1）地面　如图4-17所示，SketchUp利用封面操作和3ds Max利用多边形编辑及地板插件分别来实现地面模型的创建。

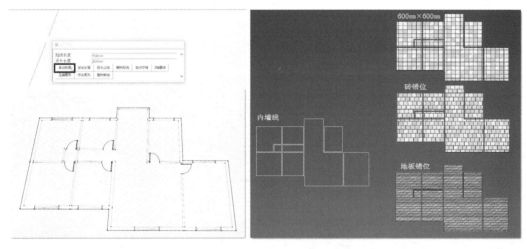

图4-17　SketchUp和3ds Max各自实现地面模型的方式

（2）顶棚　SketchUp利用路径跟随操作、3ds Max利用倒角剖面、扫描命令和渲梦工厂插件来分别实现顶棚模型的创建。

如图4-18所示，室内角线的基本类型有墙体阴角线、顶棚阴角线、背景墙角线、墙体腰线、门套窗套角线、踢脚线。

2. 在路径样条线绘制过程中出现的错误的修改方法

在对门窗洞口和重要造型进行描线时，需要留点，这样经挤出后才会生成门窗洞口线的面片，如

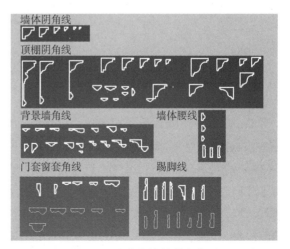

图4-18　室内角线的基本类型

果描点时漏点，可通过样条线编辑或多边形编辑两种方法进行修补。

1）如图4-19所示，可在样条线编辑的过程中进行线的拆分，再利用捕捉（三维捕捉到顶点）命令将点移动到相应位置。

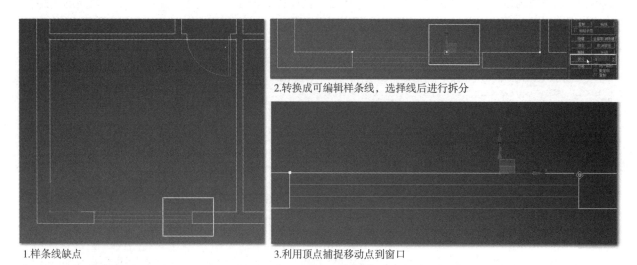

1.样条线缺点　　　　　　　3.利用顶点捕捉移动点到窗口

图4-19　样条线补点和调整过程

2）如图4-20所示，如果样条线已经挤出，需要转换为可编辑多边形，进行线的连接后，再转化成点捕捉（三维捕捉到顶点），将点移动到CAD所示的相应位置。如果没有可捕捉的点，先对齐到一侧，在CAD图样中按快捷键〈DI〉命令测量距离后，再在相应轴线上进行点坐标的相对移动。

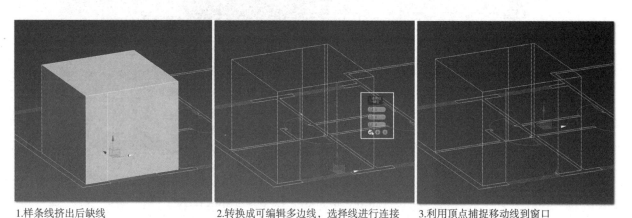

1.样条线挤出后缺线　　　　2.转换成可编辑多边线，选择线进行连接　　　　3.利用顶点捕捉移动线到窗口

图4-20　样条线转多边形补线和调整过程

4.3　建模过程中软件的结合运用

在3.1节中主要讨论了对于单一模型的创建，SketchUp和3ds Max两种软件在操作上的区别，本节主要通过案例练习来说明两种软件是如何搭配使用共同建模的，通常情况下是先利用SketchUp进行基本框架的创建，再通过3ds Max进行特殊造型的处理和细部的深化。

通过前三章的学习基本掌握单体模型的多种创建方式，以及建模思路的养成，为接下来的空间场景设计打下良好基础。根据表4-4，阶段一至阶段三是CAD施工图整理、空间场景及家具的创建，以及光环境的布置，接着，效果图制作进入渲染阶段四，该阶段主要操作内容是渲染和后期处理。为了便于后期处理，此处提供一个思路：在渲染的过程中，渲染明暗两张效果图和彩色通道图（参照第5.3.2

小节"Vray渲染参数设置及出图方法"中图5-61所示)。这样做的原因在于:暗的场景,可以在后期中调亮,亮的场景在后期调整中,受光部分可能会出现曝光,而曝光的地方在后期很难得到弥补和处理。如果有一个暗的场景作为补充的话,可以很容易实现场景中的亮度和对比度控制。同时可以结合彩色通道图,实现空间界面和物体材质明暗层次的区分。

表4-4 效果图各制作阶段的内容

效果图各制作阶段	阶段一:CAD尺寸整理	阶段二:场景及室内模型创建		阶段三:光环境布置	阶段四:渲染和后期处理
创建内容	平面布置、墙体、地面、顶棚、立面造型、固定家具尺寸	基础场景和外环境 墙体、地面、顶棚、门窗、地形环境	室内固定家具和软装元素 家具、灯饰、布艺、画品、花品、饰品	(1)室外照明:太阳光;室内照明:普遍照明、局部照明、重点照明、装饰照明 (2)摄像机角度(平视、仰视、俯视) (3)输出比例(1:1、4:3、16:9)	亮、暗效果图各一张彩色通道图 亮度 对比度 色调 人物配景
创建方式	CAD	SketchUp	3ds Max	3ds Max	Vray/CR,Photoshop

4.3.1 利用SketchUp完成墙体界面框架及固定家具建模

根据表4-5的内容,将客厅空间的CAD图样导入SketchUp后,在SketchUp中进行墙体、门窗以及固定家具的创建,并在赋予材质库自带材质后进行项目实际贴图纹理的替换。该过程如图4-21所示。

表4-5 室内效果图制作SketchUp操作部分的流程

操作步骤	CAD图样导入	SketchUp创建墙体门窗	SketchUp创建顶棚	SketchUp创建固定家具	SketchUp赋予和替换材质
内容	墙体门窗、地面铺装、顶棚造型(剖面图);固定家具三视图	墙体、门窗构件	顶棚造型、筒灯、帘盒	衣柜、鞋柜、背景墙、隔断	颜色与纹理选择、临时材质赋予、真实材质替换
重要命令、插件	图例删除、图块处理	成组、组件	路径跟随	成组、组件	材质编辑与纹理调整

建模过程中,应同时打开CAD图样,以测量建模尺寸,以及解读施工材料和工艺,保证模型创建的准确度,同时按照施工图的材料索引要求,下载场景中需要的贴图文件。

1.CAD图样整理

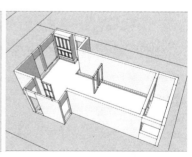

3.墙体门窗,固体家具创建

（图片顺序对应）2.CAD图样导入

4.顶棚和场景整理

5.基础材质赋予

6.真实材质替换

图4-21 室内效果图制作SketchUp操作部分的流程

本节任务点：

任务点：在配套资料中将"客厅空间建模用.cad"文件导入SketchUp中，按照图4-21所示步骤完成SketchUp在室内效果图制作中的操作。

4.3.2　利用3ds Max完成室内软装素材导入及渲染

根据表4-6的内容，上3ds Max场景内完成SketchUp模型的材质替换，灯光摄像机的基本布置，软装元素的导入并进行效果图和材质通道图的输出。其过程如图4-22所示。

表4-6　室内效果图制作3ds Max操作部分的流程

操作步骤	3ds 模型导入与摄像机设置	材质替换	场景灯光布置	模型导入	渲染输出
内容	SketchUp 模型	贴图替换	顶棚灯位	软装元素	场景效果图通道图
主要命令、插件	模型编组、Vray 材质库	材质属性调整	灯光插件、灯光素材	复制粘贴插件	通道插件

1.3ds Max模型导入　　　　2.材质替换，灯光和摄像机布置　　　　3.软装元素导入

4.灯光和摄像机调整　　　　5.通道图　　　　6.效果图

图4-22　室内效果图制作3ds Max操作部分的流程

本节任务点：

任务点：在配套资料中将"SketchUp导出客厅.3ds"文件导入3ds Max中，按照图4-22所示步骤完成3ds Max在室内效果图制作中的操作。

本章小结

通过本章学习，拓展了场景建模的思路，同时结合客厅效果图案例制作将SketchUp和3ds Max进行了结合运用：SketchUp负责基础空间和基础材质创建，创建完成后导出3ds Max文件；3ds Max导入SketchUp场景模型后完成材质替换，补充灯光、摄像机设置以及软装元素的导入，最终进行场景渲染。

效果图的真实性表现是材质、灯光和摄像机共同配合的结果，其中材质除了与材质属性有关外，还与软装方案中的配色有关；灯光布置除了需要满足基本的照明要求外还要体现出层次性；摄像机构图需要能够体现空间设计的主题性，同时需要后期处理调整，这一部分将在第5章中展开学习。

第5章　3ds Max灯光摄像机布置与渲染输出

本章综述：本章通过介绍灯光类型和构图方式，进行室内空间的灯光布局练习。通过调整灯光材质细分以及利用各种可快速渲染的方法进行场景测试和最终渲染，结合通道进行基础性的后期处理，以完成居住空间方案效果图。

5.1　室内灯光类型及其空间布置

5.1.1　灯光原理

了解真实环境中的光线角度与颜色变化的关系，对效果图的真实性表现尤为重要。自然光条件下，不同的时间节点和天气产生的色温不同，可以通过色谱进行色温的定位。如图5-1所示，根据光谱颜色在软件场景中进行太阳光位置角度、光照范围、光照颜色强度及阴影的设置，以此达到一定的仿真效果。

图5-1　居住空间在不同时间点的光线角度及颜色变化

光源的光色，就是色温。光源的色温是通过与"黑体辐射体"的比较而确定的。黑体辐射体的温度越高，光谱中的蓝色成分越多，红色成分越少。自然界不同时间点和特殊天气下的色谱，大致分三类：暖光色色温<3300K，颜色发黄；中间色色温3300~5000K，光色较白；冷光色色温>5000K，光色偏蓝。如图5-2所示，自然界光色变化可通过室内灯光进行模拟，室内灯光通过色温控制实现冷暖光的变化（图5-3）。居住空间在不同时间点和特殊天气下的场景光线，与室内光源共同营造出室内灯光的过渡及层次效果。

灯光在室内设计中的应用主要是为了弥补自然采光的不足，实现空间之间的联系过渡，引导视线，突出界面空间层次及氛围营造等，在进行室内空间布光时，可参考以下原则：

（1）灯光宜精不宜多　不仅是在效果图的虚拟空间中灯光不宜太多，在现实居住空间设计过程中也要做到尽量精简。效果图场景中过多的灯光容易因失去主从关系而显得没有视觉中心，渲染速度也会受到严重影响。居住空间设计中，要充分了解空间的层高、面积以及人在空间中具体的活动行为对光的需求，然后再根据空间设计主题和风格来设计灯光的形式。

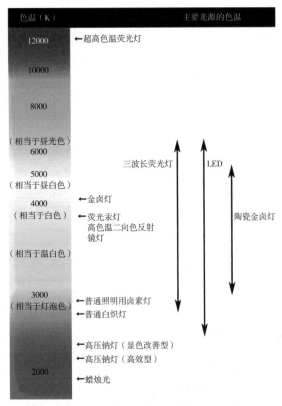

图5-2 自然光与室内不同灯具类型的色温对照图

图5-3 室内色温与灯光颜色对照（单位：K）

（2）灯光应具有层次性，以体现场景的明暗分布 切不可把所有灯光一概处理，应根据需要选用不同种类的灯光，如选用聚光灯还是泛光灯；根据需要决定灯光是否有投影，以及阴影的深浅；根据需要决定灯光的亮度与对比度（参照表5-1来进行灯光亮度调整）。如果要达到更真实的效果，一定要在灯光衰减方面下功夫，可以暂时关闭某些灯光以排除干扰。 同时充分利用灯光的排除和包含功能，对重点造型的光的需求给予补充。

（3）布光时应该遵循由主体到局部，由简到繁的过程 对于灯光效果的形成，应该先调角度以定下主格调，再通过调节"灯光的衰减"等特性来增强现实感，最后再调整灯光的颜色做细致修改。

表5-1 居住空间不同功能区的照明方式、灯光类型、方位及参考照度

功能区	照明方式、灯光类型及方位		参考照度（平均值，单位为lx）		
			低	中	高
客厅	直接照明	吊灯、吸顶灯：顶棚中央	75	100	150
		轨道灯射灯或筒灯：电视、沙发背景墙 落地灯：沙发旁	150	200	300
	间接照明	镶嵌灯：客厅吊灯内圈，电视柜底部			
玄关	直接照明	筒灯：鞋柜或隔断斜上方	75	100	150
	间接照明	镶嵌灯：鞋柜内部或下方，试衣镜四周			
卧室	直接照明	吊灯、吸顶灯：顶棚中央	75	100	150
	间接照明	台灯：床头柜上镶嵌灯、衣柜内部、床头背景墙 装饰灯：床头背景墙两侧	30	50	75
餐厅	直接照明	吊灯：餐桌上方 600~700mm	50	75	100
	间接照明	镶嵌灯：餐桌台面下方			
书房	直接照明	台灯：书桌上 落地灯：单体沙发座椅旁	150	200	300
	间接照明	镶嵌灯：书柜内部上方	30	50	75

（续）

功能区	照明方式、灯光类型及方位		参考照度（平均值，单位为 lx）		
			低	中	高
厨房、卫生间	直接照明	吸顶灯：顶棚中央	50	75	100
	间接照明	镶嵌灯：吊柜、镜面底部 壁灯：与窗帘垂直的墙面上			

5.1.2　室内灯光的分类创建

在室内设计中，明确室内灯光的层次，及其灯光类型和灯具的尺寸、光源颜色及照度，对3ds Max模拟场景灯光的布置非常关键。灯光照明主要用来体现空间设计的界面转折和空间的布局形式，可分为直接照明和间接照明两类。

1. 直接照明及其灯具类型

直接照明：光线通过灯具射出，其中90%~100%的光通量到达工作面上的照明方式为直接照明。这是光源通过直射的方式将光线投射于墙面、顶棚、家具等界面上，使室内的光线均匀分布。室内界面的强化多集中在客厅背景墙、玄关等视觉中心区域。常采用直接照明中的普遍式照明为基础，以重点照明和装饰照明为主突出视觉中心。

照明设计的照射范围和形态的载体是灯具，灯具的选择应与空间的体量和形状相协调。其中参与直接照明的灯具有：安装于顶棚的吊灯、吸顶灯、射灯、筒灯以及轨道灯，包括放置型的台灯和落地灯，如图5-4所示。其中射灯、筒灯可调节方向，轨道灯可调节方向和位置，他们都能够灵活地适应空间的照明需求。

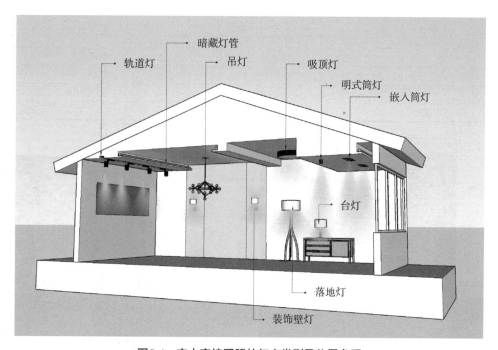

图5-4　室内直接照明的灯光类型及位置参照

（1）有关实现太阳光效果练习　实现太阳光的效果一般常用两种方式，一种是利用Vray渲染器中的Vray太阳光工具，另一种是利用标准目标平行光模拟太阳光。

1）Vray太阳光是 Vray渲染器自带的一款效果非常真实的太阳灯光，从Vray1.4版本开始就经常与

“VR天空”贴图一起使用，这样能使场景产生真实的白天阳光照明的效果。

2）利用标准目标平行光模拟太阳光。

如图5-5~图5-7所示为实现太阳光效果的操作步骤，其中，关于场景中所需的材质参数可以参考表5-2中的内容。

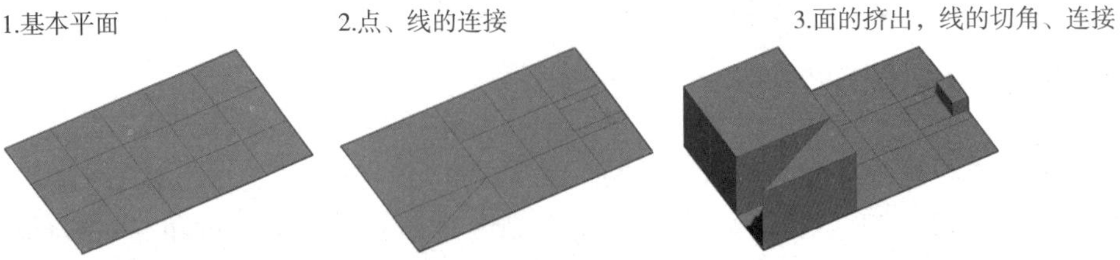

图5-5　建筑场景创建过程

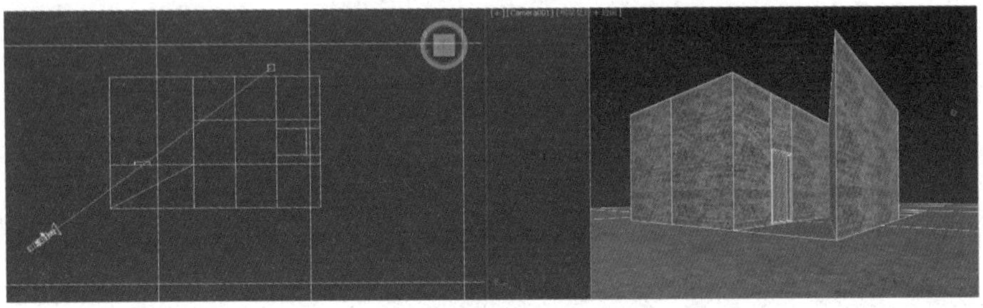

图5-6　摄像机平面位置及摄像机视角

表5-2　场景所需材质参数汇总

材质名称	材质类型	漫反射	反射	折射	凹凸	自发光	UVW
环境地面	土壤	贴图	Dent，大小 5000 50/50/50，0.3，菲		贴图，30		
门口地面	大理石	贴图	60/60/60，0.6，菲		贴图，15		
砖墙	砖	贴图	50/50/50，0.3，菲		贴图，15		
门	木材	贴图	60/60/60，0.6，菲		贴图，10		
环境	自发光					贴图，2	

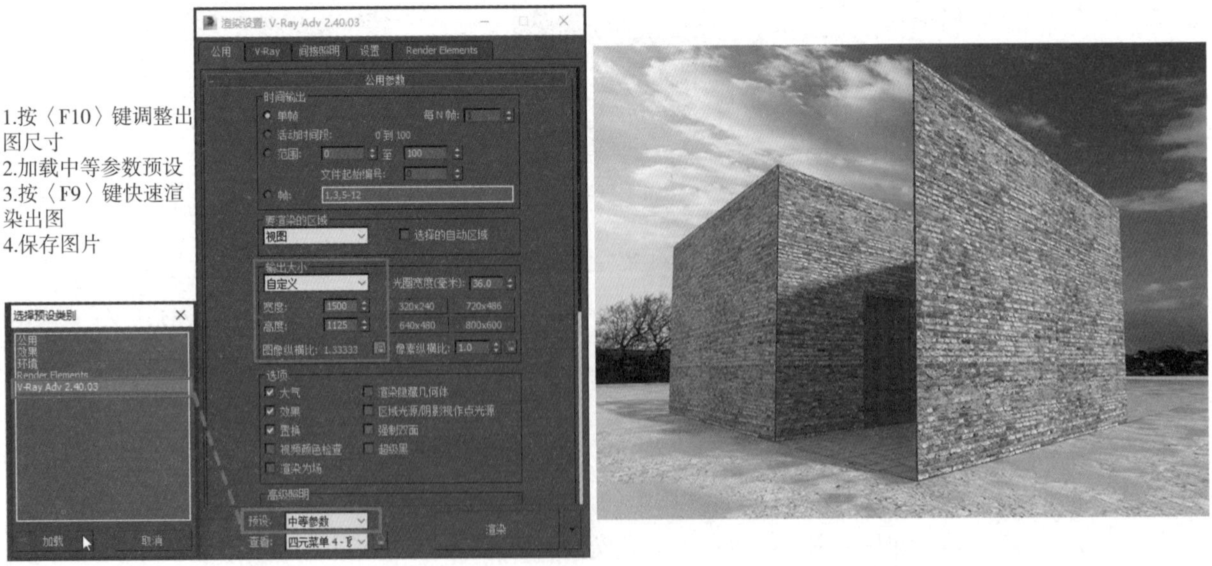

图5-7　预渲染参数导入渲染及保存

（2）有关实现筒灯、射灯和轨道射灯的灯光效果的练习　即有关室内局部照明的光域网类型的选择和虚拟空间的布置。处理居住空间的重点照明，可以通过空间中对于重点物品的展示方式来表现，按需要对光源的色彩、强弱以及照射面的大小进行合理调配，从而也增强了空间的光影层次感。如图5-8所示为筒灯、射灯及轨道射灯样式的参照。

筒灯和射灯光源在3ds Max场景中的光域网样式如图5-9所示。通常情况下，筒灯在家装中的设置间距应为700~1000mm，距墙距离以间距距离的一半为宜。射灯的聚光性较强，距墙150mm时能够起到重点照明的作用，距墙400~500mm时则聚光性相对减弱，此时能够起到营造氛围的作用。

图5-8　筒灯、射灯及轨道射灯样式的参照

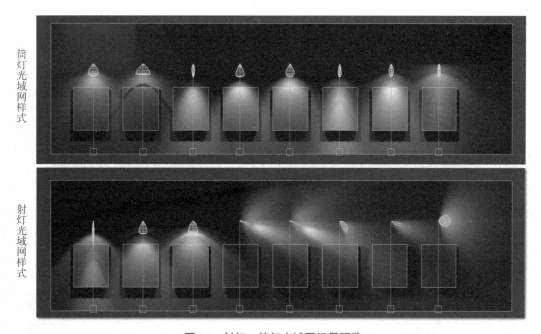

图5-9　射灯、筒灯光域网场景预览

参照图5-10在前视图创建一个光域网文件，尝试加载不用类型的光域文件。

1.调整基本参数
2.在前视图创建灯光，在顶
视图整体框选以调整位置
3.加载所需光度学灯光类型文件
4.实时渲染预览，通过调整百分
比调整其强度

图5-10　光度学灯光创建及光域网文件加载

光域网的优势在于：能够在场景中实现局部照明和重点照明，营造较为丰富的灯光层次，拉伸空间感。其常用来突出空间中特定区域，相对于面光源更有明确的目的性。

通过观察图5-11场景中直接照明的光域网投射在墙体和地面上的形状，大致将其分为三类：一种是能够完全投射到地面的光域网，强度较高，这种照明适合作走廊空间和重点照明的射灯光源；另一种是能够投射到墙上，但在地面显示很微弱，这种照明适合作局部照明；最后一种是散射较大的光域网，适合作前两种光源之间的过渡光源。

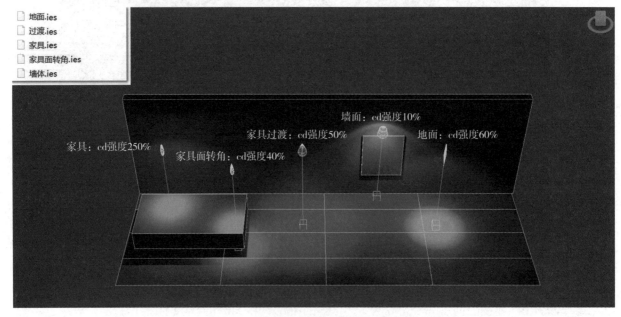

图5-11　直接照明的灯光类型及其预览图

（3）壁灯装饰照明　通过色光营造带有装饰感气氛或戏剧性的空间效果，又称气氛照明。居住空间设计中的装饰照明能够提升空间装饰层次感（图5-12）。

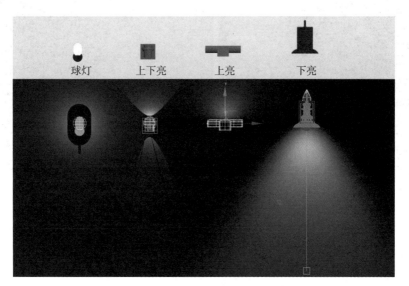

图5-12　壁灯装饰照明及其灯光形状预览

2. 间接照明练习

间接照明的特点是"见光不见灯"，即光源通过墙体或其他材料反射后产生照明。在室内设计中通常以暗藏的灯管或灯带形式存在，起到弱化界面的作用。如图5-13所示，间接照明主要是通过二级发光顶棚中的暗藏灯管，以及位于柜体隔板底部的嵌入式灯管实现。其光线特点是呈带状，光线过渡比较柔和。

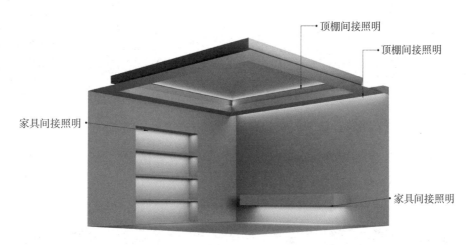

图5-13　间接照明常见设置位置

以实现二级顶棚暗藏灯光照明样式的操作为例：一种方式是采用Vray矩形片光源或光域网矩形灯来实现。第二种是采用间隔工具进行球形灯的阵列。但以上两种方法容易产生噪点，可选择第三种通过利用网格灯光将四周立面转换为发光面片的方式来实现。

（1）片光源　先从前视图创建与发光槽等大的矩形光源，调整亮度，通过镜像或实例复制，复制相对的灯光。加选这一组灯光，开启45°角度捕捉进行旋转复制，注意，因为他们通常不等长，所以不采用实例复制的方式。另外灯光不能缩放，只能通过修改器调整其长宽尺寸（图5-14）。

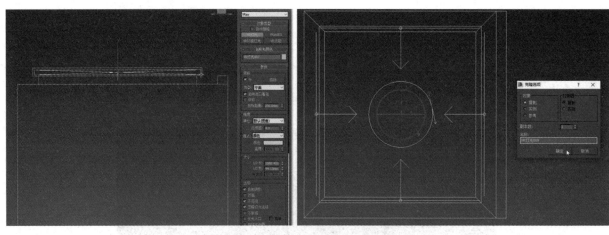

图5-14   片光源制作过程及参数面板

（2）间隔工具（阵列复制）   间隔工具不仅能够在路径样条线上复制模型，也可以将球光源（Vray平面光的一种类型）沿顶棚路径进行复制（实例复制）。此方法特别适用于曲面或弧形的暗藏灯光照明（不适合用于矩形片灯模型的创建）。如图5-15所示为利用间隔工具制作球光源的过程及参数面板。

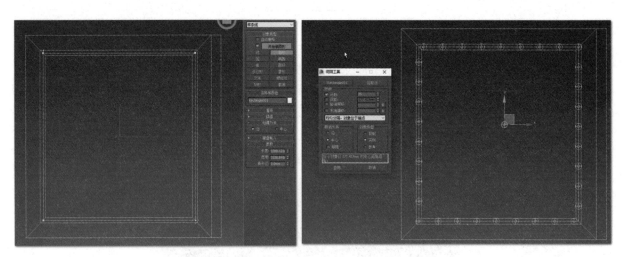

图5-15   利用间隔工具制作球光源的过程及参数面板

（3）网格灯光   通常会有一种暗藏灯光的创建方式，即先绘制矩形线，利用线性可见方式形成圆管实体，再给予自发光材质以实现间接照明的效果。但是这种利用自发光作为光源对象的方式容易产生噪点，建议选择"网格灯光"方式将圆管或分离出来的面模型代理成Vray发光体（图5-16）。

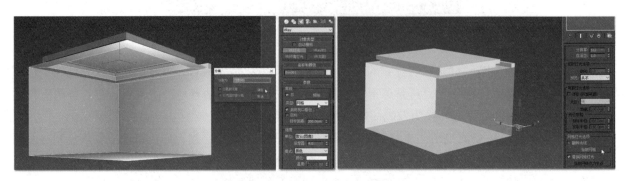

图5-16   网格灯光制作过程及参数面板

本节任务点：

任务点1：参照图5-5进行建筑场景的创建，参照表5-2的内容进行材质属性的设置，参照图5-6的内容利用目标平行光模拟太阳光，导入预设后并进行预渲染，使得最终效果同图5-7所示。

任务点2：参照图5-14~图5-16，练习室内二级顶棚间接照明的三种灯光创建方法，即片光源、间隔工具阵列的球体光、网格代理的平面光。

5.1.3　六种室内灯光的生成流程

不同灯具的照明形式呈现出不同的灯光形态，这些灯光形态影响着空间中物体的体积感、颜色以及肌理质感。在居住空间中，初学者可利用常用的灯光素材实现以下六种室内灯光生成的方法。

1. 六种室内灯光的设置

如图5-17所示为六种常见的灯光类型及其空间位置，其具体的位置、强度及颜色设置见表5-3。

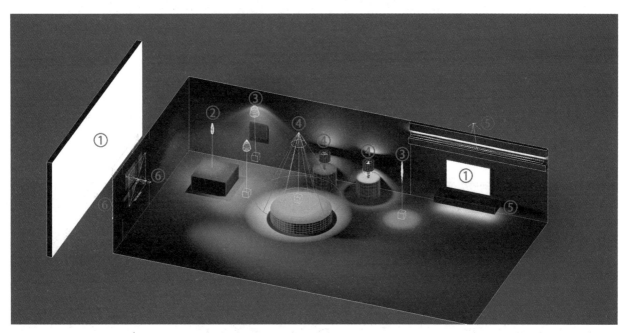

图5-17　六种常见的灯光类型及其空间位置

表5-3　六种常见灯光类型的位置、强度及颜色设置

序号	名称	类别	位置	强度及颜色
①	自发光		多媒体、灯面、灯罩、外景	1.2，贴图颜色
②	家具组团光	直接照明	家具面、家具转角	2.4，偏暖
③	界面光（墙体、地面）		玄关、背景墙、走廊墙体	墙体4000lx，地面20000lx
④	主光，装饰光源		吊灯、吸顶灯	主光0.8，暖光为主，装饰光源3.5，暖光为主
⑤	间接光	间接照明	二级顶棚、柜体内、柜底、踢脚线	2.6，暖光为主
⑥	外环境光、补光、过渡光		窗户（幕墙）、空间过渡	外4.6，补光0.1，过渡4000lx

2. 六种室内灯光的场景布局练习

如图5-18所示，利用简单体块代替室内空间中的各项软装元素，再利用不同类型的灯光进行比较快速的场景布置和渲染测试，以模拟真实场景的灯光效果，具体的操作过程如下：

1）导入CAD平面位置图，根据基础家具的模块尺寸及框架创建模型。

2）复制光度学灯光文件，将配套资料中的室内灯光六种常见室内灯光模型复制到主场景中，按照图5-19的位置进行灯光复制（同类型实例复制）。

3）加载中等参数进行渲染（参照图5-7中所示内容），对不同的灯光强度进行适当调整，得到最终的渲染效果（图5-18右）。

图5-18　局部室内环境灯光组团练习场景比较

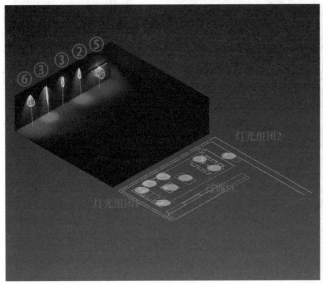
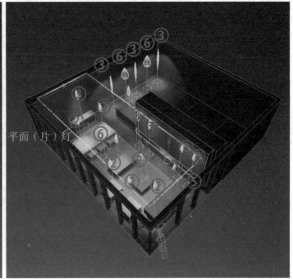

图5-19　场景灯光布置过程

3. 六种室内灯光场景开启练习

通过对已经完成六种室内灯光布置的场景进行开启练习，以比较打光的具体位置和角度对灯光强度的颜色的影响。

（1）自发光材质部分（类型：多媒体家电、灯罩面、外景环境贴图）　参照图5-20练习自发光贴图材质球设置，并完成外景贴图自发光材质的创建。

图5-20　多媒体设备自发光贴图及参数面板

（2）直接照明部分　直接照明中的界面墙体灯光有强化界面的作用，多呈阵列形式排列；直接照明中家具组团光的特点是其照射形状呈椭圆形，可以拉伸空间装饰层次。直接照明中的主灯，其强度低于照射于墙体和家具的灯光强度，常起到普遍照明作用。尝试对场景中的直接照明进行开启练习，测试渲染后如图5-21所示效果。

（3）间接照明及环境补光部分　间接照明类别有二级顶棚、暗藏柜灯、灯具内部装饰灯、踢脚线灯。环境补光分为室外光和室内光两部分，室外补光多以冷光源为主，用于照亮顶棚及家具亮部；室内补光多位于摄像机后，以暖光源为主，用于照亮物体的暗部细节。场景灯光全部开启后，导入中等参数进行渲染（图5-22）。

图5-21　直接照明部分（主光、家具组团光、地面墙体界面光）预览效果

图5-22　外部光源参与下的冷暖颜色过渡

本节任务点：

　　任务点1：打开配套资料中的相应文件，先按照图5-17中所示内容进行六种灯光类型的创建，然后移动到对应的场景位置，系统掌握室内空间灯光的生成流程。

　　任务点2：可尝试按照配套资料中的相应CAD文件进行简单的场景体块创建，或打开家具组团灯光场景，参照图5-19进行六种灯光的布局练习，注意不同灯光类型的位置及作用。

　　任务点3：打开配套资料中的相应文件，按照任务点1中的六种灯光类型，依次选取并尝试开启灯光，预渲染观察不同灯光类型在场景中的位置及空间效果。

5.1.4　场景灯光布置练习

　　本节主要针对三种常见光环境进行场景灯光布置练习：以自然光为主的空间，由自然光向室内人工光过渡的空间以及以室内人工光为主的空间。该练习主要用3ds Max2020及Vray5.0实现，制作过程中用到的素材类型及其应用方法见表5-4。

表5-4　场景布光素材类型及其应用方法

素材类型	应用方法
材质库（材质库 .mat 格式）	材质面板单击"Standard"按钮，左上角单击三角符号打开材质库
灯光库（室内灯光六种类型、ies 光域网库、布光插件）	除光域网加载光度学 Web 外，其余进行复制粘贴或合并入主场景
渲染参数预设（.rps 格式）	单击"加载预设"按钮
复制粘贴插件（.ms 格式）	分别拖入场景界面，进行复制粘贴
通道输出插件（.mse 格式）	拖入场景界面使用

　　1. 以自然光为主的餐厅空间练习

　　步骤1：先备份一份场景文件，再打开场景文件进行摄像机的创建和角度调整（图5-23）。

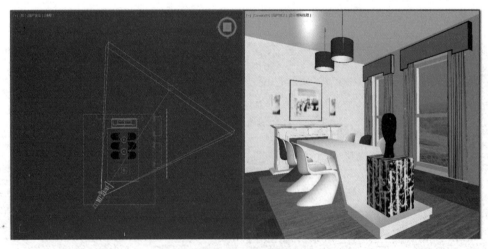

图5-23　摄像机位置和摄像机视角

　　步骤2：参照效果图，分析场景中主要灯光类型及其颜色过渡层次，对灯光类型文件进行选择，利用复制粘贴插件将适合场景的灯光文件导入主场景中，进行灯光文件的复制（同类型关联复制），如图5-24所示。

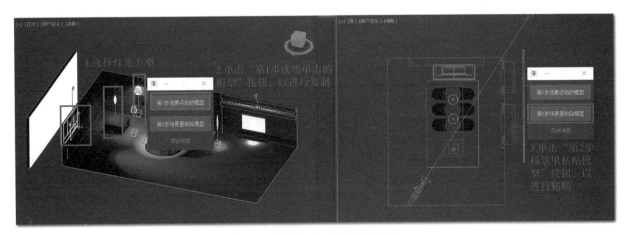

图5-24　场景灯光文件的复制粘贴

步骤3：如图5-25所示，加载预渲染参数进行场景效果预渲染，调整灯光强度及颜色，调整完成后设置出图尺寸进行最终渲染，保存为.jpg格式（打开Vray5.0版本渲染设置面板，单击"开始IPR"按钮，执行实时渲染的命令，如图5-26所示）。

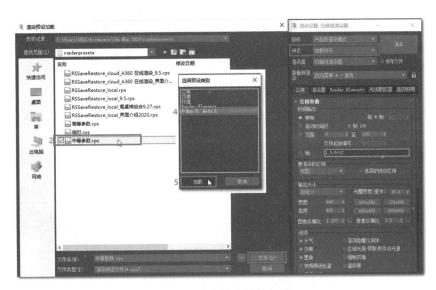

图5-25　预渲染参数的加载

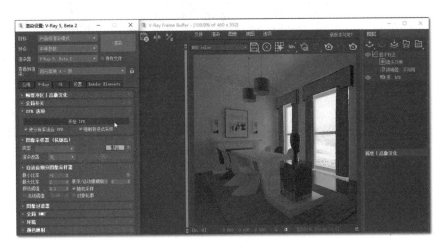

图5-26　渲染设置开启IPR实时渲染

步骤4：将通道插件素材拖入场景界面中，执行生成通道图片命令，同样保存为.jpg格式（图5-27）。

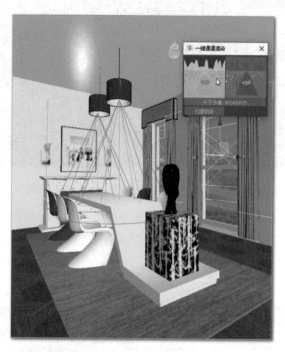

图5-27　场景灯光布置及渲染通道导入

步骤5：将最终渲染的效果图和通道图导入Photoshop中进行色调的基础调整（图5-28）。

图5-28　通道图和渲染效果图（以自然光为主）

2. 自然光向室内人工光过渡的客餐厅空间练习

在配套资料中打开图5-29所示的素材场景，参照场景灯光位置，结合自己的理解进行有关自然光向室内人工光过渡空间场景的灯光布置和场景渲染（图5-30）。

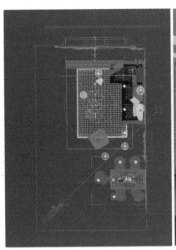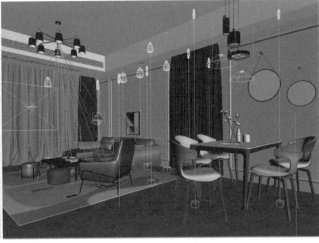

图5-29　自然光向人工光过渡的场景的灯光布置

图5-30　自然光向人工光过渡场景的通道图和渲染效果图

3. 以室内人工光为主的客厅空间练习

以室内人工光为主的场景灯光布置常用于室内夜景效果的表现，其操作过程主要涉及对家具组团灯光的位置选择及强弱层次变化的控制，以及补光的使用。打开配套资料中图5-31对应的场景文件，参照其场景灯光位置，结合自己的理解进行有关以室内人工光为主的空间场景的灯光布置和场景渲染（图5-32）。

图5-31　以室内人工光为主的场景的灯光布置

图5-32 以室内人工光为主的场景的通道图和渲染效果图

本节任务点：

任务点1：在配套资料中打开以自然光为主的餐厅空间练习文件，进行场景布光练习，最终输出一张通道图和效果图（图5-28）。

任务点2：在配套资料中打开有关自然光向室内人工光过渡的客餐厅空间练习文件，进行场景布光练习，最终输出一张通道图和效果图（图5-30）。

任务点3：在配套资料中打开以室内人工光为主的客厅空间练习文件，进行场景布光练习，最终输出一张通道图和效果图（图5-32）。

5.2 构图形式与摄像机布置

5.2.1 居住空间室内场景构图形式

1.居中对称构图

（1）居中对称构图的特点 对称构图复合美学法则中的对称与平衡原则。平衡结构是一种自由生动的结构形式。平衡状态具有不规则性和运动感。室内界面构成的平衡感是指参与界面构成的上与下、左与右在面积、色彩、重量等量上的大体平衡。在室内界面中，对称与平衡产生的视觉效果是不同的，前者端庄静穆，有统一感、格律感，但若过分均等就易显呆板；后者生动活泼，有运动感，但变化过强会产生视觉认知失衡。应注意把对称、平衡两种形式有机地结合起来灵活运用。

（2）空间场景应用的特点 室内场景中家具摆放和界面划分通常会运用到对称和平衡的美学法则，如图5-33所示，软装的摆放方式以对称为主，而挂画摆放方式所展现的平衡感又增加了空间的活力。图5-34所示的家具组合，则是利用家具的材质肌理、颜色及图形比例大小，在视觉上营造动态平衡感，以营造一种生动活泼的装饰氛围。

墙面

装饰画

图5-33　卧室背景墙（对称）

灯具

花瓶

长椅1

装饰画

长椅2

图5-34　家具组合（平衡）

2. 黄金分割构图（三分法）

（1）黄金分割与黄金矩形　黄金分割是一种数学上的比例关系，其具有严格的比例性、艺术性、和谐性，蕴藏着丰富的美学价值。如图5-35所示，左侧图为黄金分割比的原始形式，右侧图为适合建筑几何关系分析的黄金矩形。

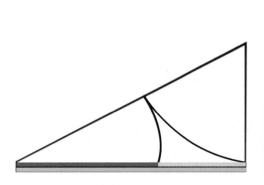

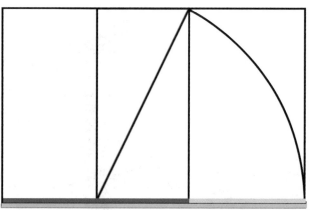

黄金分割比例
黄：红=0.618
黄：红=红：蓝

黄金矩形（1.6矩形）比例
黄：红=0.618
红：黄=1.618
黄：红=红：蓝

图5-35 黄金分割与黄金矩形（1.6矩形）

黄金比例是一种特殊的比例关系，也就是1：1.618。在摄影中黄金比例非常实用，经过适度数据简化和概念延伸后，也会用于室内设计中界面的构成分割，元素的空间摆放，软装的色彩搭配以及空间照明的比例控制等。

（2）设计比例中的黄金分割

1）室内界面设计比例：通常利用黄金分割比例（接近1：3）作为家具（电视）位置摆放和界面（背景墙）划分的依据，营造出非对称的均衡或对称的稳定效果（图5-36、图5-37）。

图5-36 非对称的黄金分割

图5-37　对称的黄金分割

2）摄像机构图中的黄金比例拓展：除了在界面设计上注重黄金比例的构成，在方案的展示过程更加注重其运用于摄影构图的形式，这不仅能够引导视觉上对主题形象的感知，还能起到规避设计中的缺憾，将最好的观察视角展示出来的效果。除了黄金比例1∶3外，还有2∶3、3∶5、5∶8等近似值的比例关系拓展（图5-38），应用方式相对灵活。

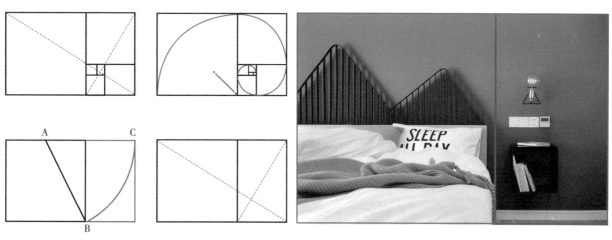

图5-38　摄像机构图比例拓展及场景

空间体验是连续二维认知的叠加，用黄金分割法确定单一视觉界面上的构成关系，并没有完成空间体验构图。还应考虑空间主体元素与陪体之间的呼应，充分表达主题的思想内容，同时还要考虑软装色彩及光线的构成补充等。由此，黄金比例的内容拓展还适用于软装家具位置的平面位置、软装色调的搭配以及灯光照明类型和比例的确立。

3）家具摆放比例：如图5-39所示，在空间设计中的家具摆放方面，需要参照黄金比例2∶3进行配置，在规划空间时先将空间分为两个部分：一个部分较大，大约占据空间的2/3，这个空间安放房间主要的功能家具。剩下的1/3空间摆放一些次级功能的陈设，这两个部分的家具摆放占据的空间也要遵循2：3原则。控制好整体与局部、局部与局部之间的比例关系，能够产生比较好的留白效果。

图5-39　主次家具占空间比例为1：3

4）软装颜色搭配比例：对空间软装元素颜色比例的控制一般要遵循6：3：1的原则，如图5-40所示，主色彩面积占总面积60%的比例，次要色彩占30%的比例，辅助色彩占10%。比例的大小与其所展示主题的重要性成反比，大面积的颜色往往是背景色。如墙面地板的空间主色，是为了衬托桌椅窗帘等家具元素的配色，而一些小件装饰物的辅助色是为了引导视觉落脚点，以更好地强化主题。

图5-40　主、次色彩与点缀装饰色比例为6：3：1

5）空间照明比例：在照明设计主要通过控制灯光类型和照射强度产生光的亮暗面来营造空间层次，所以同样需要参照一定比例。整个空间的基础照明（普遍照明）、照亮墙面的效果照明（界面照明）、对于焦点事物的展示照明（重点照明和装饰照明），当三者照度比值达到1∶5∶10时（图5-41），在明暗对比度和视觉中心氛围营造方面会有一个相对较好的呈现，类似于当下流行的无主灯照明效果。

图5-41　普遍照明、界面照明与展示照明（重点照明和装饰照明）比例为1∶5∶10

3. 取景框

（1）框景　框景，就是将另一个空间场景利用一个相对完整的边界框起来。如图5-42所示，在室内空间的构图中，通过框景形式和内容占比的控制，外框和内景都可以作为表达主体。

图5-42　主体框景的外框和内景

（2）空间场景应用的特点　如图5-43所示，空间之间的过渡，除了利用镂空界面中的框景外，也可以利用顶棚与家具的界面组合成取景边框起到框景的作用。

图5-43　顶棚与家具的界面组成取景边框

4. 形态归纳（室内家具布置特点）

室内家具作为软装系统中占比最大、使用率最高的元素，其摆放的位置会影响人的行为动线和视觉感知，也决定着空间格调的主要特征。

从空间整体性的角度出发，一方面家具本身能够自我组合（图5-44），形成一定完整的边界，同时能够起到空间划分和行为引导的作用；另一方面可利用不同地面铺装的边界（图5-45），作为各类型家具摆放的边界，这样家具的灵活摆放也能够在可控范围之内进行。

图5-44　家具自我组合边界　　　　**图5-45　不同地面铺装的边界作为家具布置的边界**

5. 动态延伸线（视觉界面的构成形式）

点线面的视觉感知从认知的角度上具有二维性，二维中的点线面元素产生的节奏与韵律又会根据人的经验进行空间还原和再现。交叉线（对角线）是"黄金分割"的另一形式，其基本思想是提供了一条指引视线的引导线，较为理想的状况是某两个边角之间的连线（图5-46）。

如图5-47所示，视觉感知是界面与家具边线共同引导产生的，其中有真实的空间延续表达，也有根据逆向思维得到的视觉感知，利用视错觉起到延伸空间感受的目的。

图5-46　以对角线作为动态延伸线　　　　　　　　图5-47　线性延伸

5.2.2　室内摄像机的布置

（1）剪切摄像机　剪切摄像机通常应用于两种情况：一种是为了保证摄像机内场景的界面完整性，将摄像机移出墙体外（图5-48），利用近景剪切将遮挡摄像机的墙体或家具进行剪切；另一种情况是为了取得单一空间特殊的广角剖视效果，或者是两个空间的串联效果（图5-49）。

图5-48　完整展示单一空间场景的剖切效果

图5-49　完整展示关联两个空间场景的剖切效果

（2）镜头矫正　通常情况下，摄像机位置和目标点处在同一水平线上，以保证视线内墙体或竖向的物体不变形。如果场景层高本身很低，有意从效果图上提升其视觉高度，会采用仰视的摄像机位（图5-50左摄像机目标点高于摄像机），这时竖向的物体会产生变形（图5-50中）。需要右击摄像机机头，在左上角选择"矫正摄像机"，通过修改器面板的参数调整，保证摄像机内墙体或竖向的物体不变形（图5-50右）。

图5-50　摄像机视角的矫正过程

（3）景深效果　影响景深的因素有三个，分别是光圈口径、镜头焦距和摄影距离。它们与景深的关系分别为：光圈越大，景深越小；光圈越小，景深越大。焦距越长，景深越小；焦距越短，景深越大；摄距越近，景深越小；摄距越远，景深越大。

对于物理摄像机景深效果的设置应先在顶视图设置一个物理摄像机，进入修改面板后，在物理摄像机卷展栏下勾选"启用景深"，在Vray里调节上述三个参数来使景深范围和焦平面落在被拍摄物体上。在操作界面中可以看到在物理摄像机前端出现了三条限制的线，这三条线之间的间距越近，虚实的对比就越强烈。可以通过调整光圈来控制它们的间距，通过聚焦距离将三条线控制在构图的主体附近（如图5-51左侧所示），这样在摄像机渲染视口可以出现近实远虚的效果（如图5-51右侧所示）。

图5-51　物理摄像机景深效果设置

（4）全景摄像机　全景图能够生成手机或计算机端的动态交互展示，也可以配合VR眼镜进行场景漫游，相对静态单帧的效果图来说，其感受更加真实。在制作上其主要是通过调整摄像机类型来实现，虽然其设置步骤相对比较简单，但场景模型要求界面完整，内部家具布置应完整无死角。

步骤1：利用布局设置两个视口（图5-52）。其中一个是顶视图，另外一个是摄像机视图，室内中心打镜头（目标摄像机与物理摄像机均可），按〈C〉键进入摄像机视口，从顶视图手动移动摄像机目标点旋转一周，观察摄像机中物体场景的显示是否完整，如图5-52所示，根据场景完整度需要调整摄像机机位。

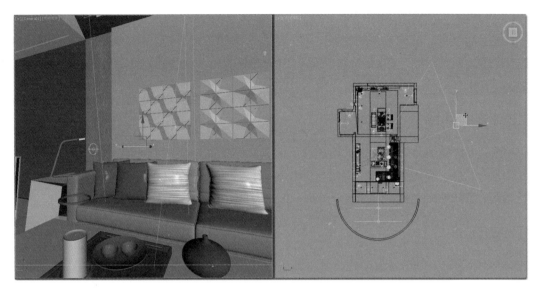

图5-52　摄像机目标点的移动与视口观察调整

步骤2：按〈F10〉键，设置出图比例为2∶1，锁定出图尺寸为3000×1500像素，以保证清晰的尺寸。在Vray相机面板中将其类型改成球形，勾选"覆盖视野"，然后参数改成"360°"。其他的参数参照常见参数进行设置，渲染最终效果如图5-53所示。

图5-53　全景图输出

本节任务点：

任务点1：自己找一个3ds Max场景，进行全景摄像机案例练习。

任务点2：在由任务点1得到的场景模型的基础上进行全景图的VR展示方法练习。

任务点3：在顶视图绘制路径样条线，进行路径动态摄像机案例练习。

5.3 渲染细分调整与渲染提速方法

5.3.1 渲染细分调整

细分的设置能够提升渲染效果的质量，细分越高，图像的细节越具体，对比较复杂的部分着色像素会更多，物体边缘更圆滑。在3ds Max中效果图的材质赋予、灯光布置以及渲染设置中都有与细分有关的设置。

1. 材质细分：反射细分与折射细分。

图5-54所示为材质细分设置面板，增加材质细分能够提高材质的清晰度，以及反射和高光的细腻程度。如果细分过低，高光处容易出现明显的颗粒感，甚至出现奇怪的黑圈。提高细分可以降低颗粒的感觉，让高光部分更加真实。但是细分过高，渲染时间会加长。

2. 灯光细分设置

如图5-55所示为灯光细分设置面板，其中默认测试图灯光细分为"8"。如果计算机配置较好，出图时参数可以调整到24~30之间。

图5-56所示为灯光缓存细分设置面板。其中，对于"全局照明引擎"可以选择"准蒙特卡洛"也可以选择"灯光缓存"，选择"灯光缓存"品质会稍好一点，但很有限。如果选择"灯光缓存"，这里的细分应调为600~1000。

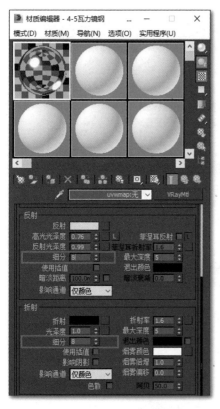

图5-54 材质细分设置面板　　**图5-55 灯光细分**　　　　　**图5-56 灯光缓存细分设置面板**
　　　　　　　　　　　　　　　　　 设置面板

3. 图像采样器（反锯齿）自适应 DMC 图像采样器

图5-57所示为自适应细分设置面板，其中的最小细分和最大细分是场景中每个像素所使用的采样样本的最小数量，主要用来控制图像整体采样的质量，包括图像的细节处和非细节处的采样情况，一般最小细分设置为1，最大细分默认为4，以控制细节处的采样质量。当这个值控制在4~24之间时，数量越大对图像的细节处的处理就会越具体且没有噪点，但渲染时间也会加长。

注意，对材质和灯光的设置都是针对单一物体或灯光的，调整起来相对复杂，尤其是对于下载的外部模型处理起来就更麻烦了，针对这种情况，可以利用全局灯光材质细分插件，将其拖拽到场景界面后可对整个场景的材质和灯光进行细分调整（图5-58），同时也能够提升渲染速度。

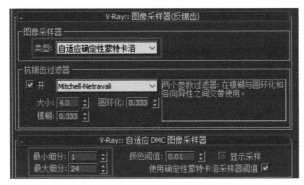

图5-57　自适应细分设置面板

图5-58　全局灯光材质细分插件

本节任务点：

　　任务点：打开一个3ds Max场景，从材质、灯光和渲染三个方面对细分进行调整，并进行测试渲染，以观察渲染效果的变化。

5.3.2　Vray渲染参数设置及出图方法

1. 测试渲染和光源调整

初步渲染是针对场景中灯光和材质进行参数及位置的调整，在光源稳定的环境下材质的调整更加方便。

覆盖材质（单一低属性）下的测试渲染：在进行光环境的布置时，通常会采用覆盖材质（如图5-59所示边纹理材质，简称白模）进行灯光颜色、强度及位置的测试渲染检查。检查后按照灯光层次进行光源参数和位置的调整。当光环境测试调整完成后，逐步完善场景中模型的材质。另外，真实材质下的初步渲染，应根据场景主次关系和远近关系进行材质参数的取舍调整，以节省渲染时间。

由于材质属性和渲染参数的大小，与效果图的渲染时间直接相关。在图5-60所示的渲染的三个过程中，材质属性高的模型其渲染会占用更多的时间。通常情况下，材质属性按照占用渲染时间的长短依次为：折射>凹凸>反射>贴图>颜色。当然材质本身的细分属性也会影响到渲染时间，所以在进行材质的调整中，要从全局出发有所取舍，在图的质量和渲染时间成本两方面做好平衡。

举个简单的例子，对于场景中的一个玻璃瓶，由于其材质属性中的折射属性很高，光子进入瓶体进行衰减需要大量时间，使原本需要15分钟的渲染时间拖延至45分钟，一旦有需要调整的其他地方又需重新渲染。本着从效果图表达的整体性以及后期效果图处理可以修补的角度出发，需要对场景中相对次要的，或者离主视角较远的占有较高属性的材质进行降级，甚至取消除颜色和贴图以外的属性参数（如反射和凹凸），删除窗户上的玻璃模型（对外景贴图进行模糊处理），以达到场景优化和快速渲染的目的。

图5-59　白模覆盖材质设置

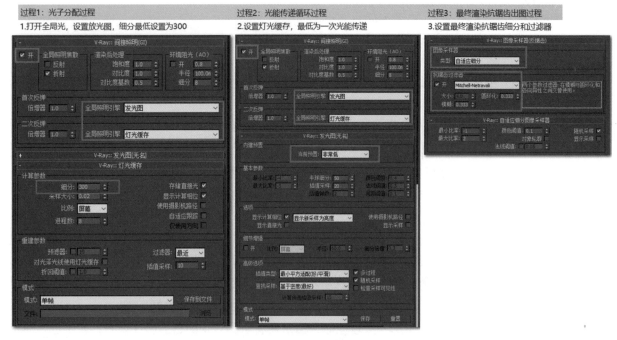

图5-60　测试渲染参数的设置

2. Vray 渲染器 2.4 版本和 5.0 版本正式渲染的设置及出图技巧

表5-5所示为Vray正式渲染参数参照列表。

渲染参数加载方式：按〈F10〉键打开渲染面板，底部预设选择"加载预设"，找到测试参数文件后单击，选择对应的Vray安装版本后单击"确定"按钮。测试渲染后检查灯光强度，确认材质贴图纹理显示以及摄像机角度没有问题后，参照表5-5中最终出图的渲染参数进行设置，执行渲染命令，保存出图。

表5-5　Vray正式渲染参数参照列表

Vray2.4 版本至 Vray3.6 版本的出图参数	Vray4.0 版本至 Vray5.2 版本的出图参数（灯光混合、降噪器）
公用出图尺寸：2400~3000 像素	公用出图尺寸：2400~3000 像素
Vray 图像采样（抗锯齿） （1）3.6 版本打开高级模式 类型渲染块最小阴影率：32/64 （2）2.4 低版本：类型为自适应 DMC（确定性蒙特卡洛） 渲染块采样器最小细分：1；最大细分：24 抗锯齿过滤器：Mitchell-Netravali	Vray 面板： （1）全局设置专家模式：全局灯光评估（全光求值） （2）Vray 图像采样（抗锯齿） 类型渲染块最小阴影率：16/32/64 渲染块采样器最大细分：6/12/24；噪点阈值：0.005 抗锯齿过滤器：Mitchell-Netravali
颜色贴图指数曝光；模式为颜色贴图和伽马	颜色映射类型：莱茵哈德；专家模式伽马值2.2；勾选子像素映射模式：颜色映射和伽马
间接照明 GI：发光贴图配合灯光缓存 发光贴图：高；半球细分：50；采样：20	间接照明 GI： （1）BF 算法配合灯光缓存，开启 BF 算法才能开启灯光混合 （2）勾选"环境阻光"，半径：15（亮暗转折清晰）
灯光缓存：1500；采样大小：0.02	灯光缓存：1500；采样大小：0.02
设置 DMC 采样：适应数量 0.8；最小采样值：12 噪波阈值：0.005；全局细分倍增：1.0	设置动态内存限制：4000~6000（8G 内存计算机），16000（16G/32G 内存计算机）
Vray 系统：动态内存限制：4000~6000（8G 内存计算机）	
渲染元素添加 VrayRenderID（材质通道）	渲染元素 （1）添加 Vray 灯光混合 （2）添加降噪器和 Vray 附加纹理（边线清晰） （3）添加 VrayRenderID（材质通道） （4）添加 VrayRaw 反射和添加 VrayRaw 折射
	渲染帧窗口 （1）添加渲染元素，设置曝光控制为莱茵哈德，高光增强调至 0，抑制曝光 （2）单击灯光混合中到复合按钮，可以适时调整场景灯光

最终渲染过程中，如果渲染灯光控制不好则容易出现曝光，界面转折模糊，渲染时间过长等问题，可以参照下列有关渲染输出的实用技巧来解决这些问题：

（1）将亮暗输出两张效果图进行叠加处理　适度的曝光会增加场景的真实性，但过度曝光在后期处理中其调整难度会增大，需要结合另一张较暗的底图进行补充（图5-61）。这种处理方式不仅节省了在3ds Max场景中反复调整光源的时间，同时在后期处理中，也处理样式提供了更多的可能，使画面更加有层次感。

场景亮暗的关键调整点有：①灯光的数量及倍增值；②渲染全局光参数中灯光缓存的高低（光能

传递次数与参数高低之间的数字差有关，传递次数越多，场景越亮）；③渲染颜色设置中的曝光模式设置（线性曝光容易出现过度，指数曝光光线稳定，但场景容易偏暗）；④渲染背景环境的亮度（渲染环境越亮，室内场景越亮，但会降低室内灯光的层次感）。

图5-61　亮暗两张效果图的输出

（2）通道图渲染输出　其基本原理是将一种材质渲染成一种颜色，利用颜色划分材质，方便在Photoshop后期处理中进行物体的选择。Vray渲染器自带的通道渲染器（渲染元素添加VrayRenderID）与插件渲染（一键通道.ms），可对通道中材质颜色进行调整，为后期处理中色块的选择打下基础。

（3）AO图渲染输出　AO图是一张黑白通道图，主要的作用是在Photoshop后期处理中使场景的阴影关系得到充分的体现，以及材质分量感的体现。如图5-62所示，其制作过程和方法步骤如下：

1）在3ds Max菜单栏中选择"编辑"后单击"暂存"按钮，将场景中的灯光删除（按照物体类别选择灯光，按〈Ctrl+A〉键全选后删除）。

2）在GI全局光设置中，将默认灯光设置为"关闭全局照明"，并对V-Ray选项卡进行设置。

3）在材质编辑器中设置一个以"OCC"命名的标准（Standard）材质球，"OCC"也就是OA阻光，本意为环境光吸收，可以让效果图更加真实和有分量感。设置自发光为"100"，在其漫反射通道中添加一个"VR污垢"贴图，设置细分为"20"，设置半径为200mm。

4）将设置好的OCC材质球拖拽至渲染设置中的覆盖材质位置，以实例方式复制。渲染摄像机视图，将其保存为".tga"格式。

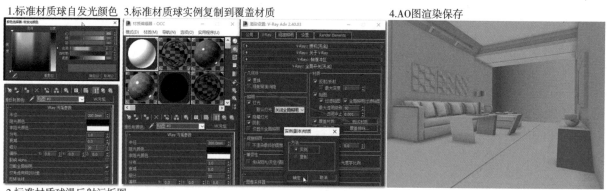

图5-62　AO图渲染输出设置

（4）四分之一出图思路

1）假设最终尺寸为2000×1500像素，首先将尺寸调整为原大小的1/4，也就是500×375像素。

2）如图5-63所示思路1，勾选"不渲染最终的图像"，设置全局光发光图和灯光缓存的贴图保存位置，进行渲染。

3）如图5-64所示思路2，加载发光贴图和灯光缓存贴图，将渲染最终尺寸调为4倍大小，即2000×1500像素。取消勾选"不渲染最终的图像"，设置抗锯齿参数，进行最终图像的渲染。注意中途不能进行摄像机机位的调整，也不能对灯光的大小进行调整。

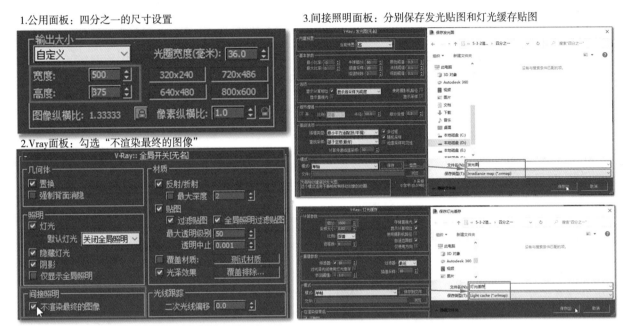

图5-63　四分之一出图思路1

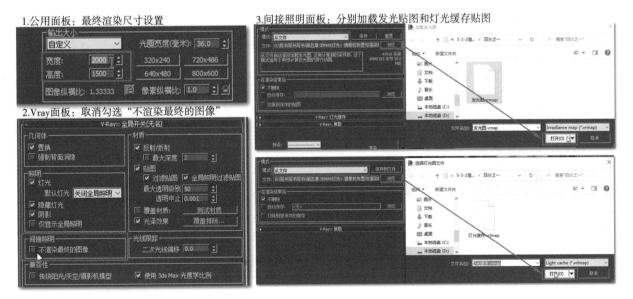

图5-64　四分之一出图思路2

（5）分块渲染　如图5-65所示，加载分块渲染大图的插件，方法是直接将插件拖入到主界面，选择适合的分块数量，在设置完文件夹保存的路径后进行渲染。渲染完成后，将分块的渲染图片导入

Photoshop进行合成。

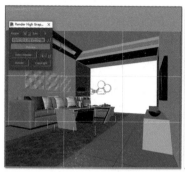
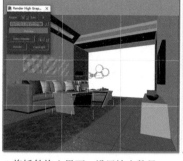

1.将插件拖入界面，设置输出数量　　2.将渲染出的图导入Photoshop中进行合成　　3.最终合成的效果图

图5-65　分块渲染与合成

（6）联机渲染　如果有多台主机的话，利用局域网将主机联机后一起开始3ds Max渲染可以大大提升渲染的速度（图5-66）。

1.收集联机渲染的计算机名、IP　　　　2.将需要渲染的文件重新归档和解压到一个共享文件夹中

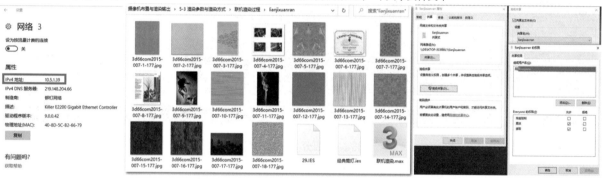

3.打开Vray DR spawner　　　　4.按〈F10〉键打开渲染面板，设置分布式渲染，加载多个计算机服务器进行联机渲染

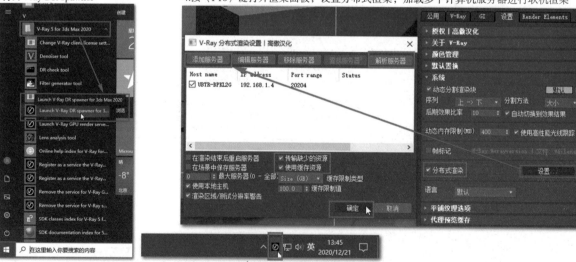

图5-66　联机渲染过程

1）如图5-66所示，想要使用3ds Max联机渲染的话，必须保证参与联机渲染的多台计算机都处于同一局域网内，即可以通过路由器连接并能相互访问。

2）设置3ds Max联机渲染的主机。在A机新建一个文件夹，右击把文件夹设为共享文件夹，勾选

"允许网络用户更改文件"。这样在同一局域网的其他计算机就可以访问并联机渲染这台机器上的3ds Max文件了。打开已经完成的3ds Max场景,将这个3ds Max文件放入到局域网中开始联机渲染。单击"工具"按钮,使用资源收集器,将3ds Max场景里的所有贴图和光域网,与文件一起导出到局域网里的联机渲染文件夹中,也可以手动归档后进行解压(不解压路径)。注意,使用局域网进行3ds Max联机渲染的文件夹名称必须是全英文或者是数字的。

3)把所有进行3ds Max联机渲染的计算机上的Launch V-Ray DR spawner打开,计算机右下角会显示该按钮。

4)然后在3ds Max里按〈F10〉键打开渲染面板,在Vray系统子面板里勾选"分布式渲染",添加局域网里的机器,进行3ds Max联机渲染的连接,按下"渲染"按钮,就可以使用局域网进行3ds Max联机渲染了。

另外注意一点,渲染的图如果出现一块有材质、一块没材质的情况,说明有可能材质没有设置成网络路径,或者计算机之间有防火墙,无法正常联机。最后联机渲染的计算机,最好为同一个版本的3ds Max和Vray,有时候会因为不同版本或者不同的安装程序,导致无法正常联机。

(7)网络云渲染　云渲染能够将场景模型打包后交给网络上的服务器进行代理渲染,可设置四台或六台甚至更多的计算机同时渲染,节省时间成本,常见的云渲染平台有炫云(图5-67),扮家家云渲染、渲影农场、赛诚云渲染、渲染100等。

图5-67　渲染平台的部分特征(炫云)

本节任务点:

任务点1:按照表5-5设置Vray出图参数后进行预设保存和加载练习。

任务点2:打开3ds Max场景,加载渲染通道插件后进行通道图输出。

任务点3:打开3ds Max场景,进行AO图渲染输出。

5.3.3　渲染提速的方法

SolidRocks插件能够在渲染过程中免去调节Vray渲染设置中各项参数的步骤。如图5-68所示,SolidRocks插件中的按钮,主要与效果图真实性相关的材质,灯光和摄像机的创建有关,最主要的是其能够简洁地进行渲染参数设置,也可以进行智能降噪,通过IPR实时渲染直观高效地进行渲染输出。

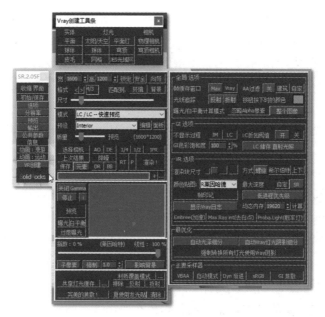

图5-68 调节Vray各项参数面板

任务点：安装SolidRocks插件，针对一个3ds Max场景文件进行渲染输出设置。

5.3.4 渲染过程中常见问题的解决

1. 问题一：色彩的溢出

对于初学者来说，对于大面积饱和度比较高的材质，其颜色在渲染时，由于反射或漫反射会对周边的界面，甚至对整个空间进行"染色"，使空间发黄或发红，后期处理无法调整。这时需要将材质球进行包裹处理，使其不产生溢色，结合图5-69所示内容和如下步骤进行操作。

图5-69 Vray材质包裹设置

1）拾取场景中溢色的材质球，单击"Standard"按钮，在弹出的对话框里选择VR材质包裹器。

2）保持默认的选择，将旧材质保存为"子材质"。这样就不用再去调整材质原来的参数了。

3）取消勾选"生成全局照明"。

注意，CR渲染器是3ds Max的另一个常用渲染器，在其渲染过程中也会出现材质溢色的情况。对此的解决办法是先将原本的材质转换成CR的光线切换器材质，将原材质由"全局照明"移动到"直接可见"里。在全局照明中添加CR的标准材质。返回到光线切换器面板，将全局照明材质实例复制到反射和折射材质中，则此时对空间造成全局照明和反射折射影响的是灰色材质（全局照明，反射和折射材质），直接可见的是原本的红色材质，这样就解决了材质溢色的问题。

2. 问题二：材质丢失

通常情况下，材质的丢失是由于下载的模型与主场景模型所在的文件夹位置不同，或是在建模过程中将主场景文件移动到其他位置导致的。如果材质丢失可参见如下步骤，结合图5-70进行操作。

（1）贴图的重新链接

1）单击材质球查看贴图所在文件的位置，重新进行贴图的链接。

2）单击运行材质路径载入Relink Bitmaps.ms脚本，在自定义用户界面的工具栏中将其拖拽到菜单栏中，单击"打开"按钮。

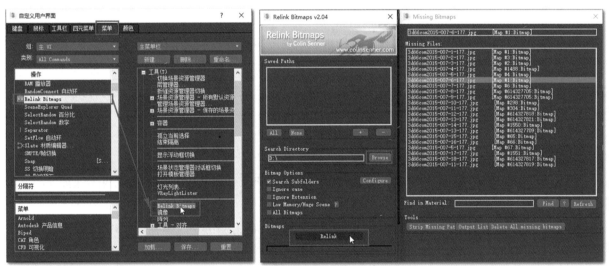

1.加载脚本后设置按钮位置　　2.设置贴图文件夹路径后重新链接

图5-70　脚本的加载和设置

3）此时，在操作界面的右侧会显示场景缺失的贴图，在左侧可以搜索指定贴图可能存在的文件夹位置，然后单击"Relink"按钮。

（2）避免材质丢失的外部模型导入方法

1）导入模型的方法是先将下载模型的压缩包放置到主场景3ds Max文件所在的文件夹中，解压到当前文件后，再进行文件的导入合并。

2）利用复制粘贴插件，进行模型的合并，能够避免模型材质丢失，建议导入模型后进行整个场景文件的重新归档。

（3）贴图的收集

1）利用导出场景贴图到指定文件夹插件，将现有场景的所有贴图指定路径进行导出，导出后将3ds Max文件另存到这个文件夹中再次打开即可。

2）也可以在现有场景归档为压缩包后，如图5-71所示，在进行解压时，勾选高级选项中的"不解压路径"。这样就避免了因贴图路径过长而出现材质丢失或渲染出错的情况。

图5-71　不解压路径进行贴图收集

3. 问题三：斑点和黑斑

斑点和黑斑出现的概率较低，通常是因为渲染参数面板的设置不当造成的，在进行渲染参数设置时应尽可能先调用预设参数进行调整，当对场景中材质、灯光、摄像机三个方面掌握娴熟后，再进行渲染过程的控制和调整。去除斑点的方式是取消勾选"显示采样"。有效降低黑斑的方式是增加材质细分，增加灯光细分，详细的细分类型选择和参数调节可参照第3.4.2小节进行调整。

4. 问题四：噪点

噪点的产生，一般与场景中灯光细分、灯光与模型的交叉、材质的细分相关，对于这种情况，可以通过在渲染设置面板中增加光子数量和灯光缓存次数来缓解。除此之外，调整图像采样的插值以及添加降噪器同样也可以以增加细分和柔化噪点的形式减少噪点的出现。但最根本的解决办法是增加光域网的灯光数量的占比，减少片光源的使用（参照图6-5片光源向点光源过渡），同时避免光源与模型之间产生交叉或直接遮挡关系，尤其是在窗户大面积外光源进入的位置。

（1）灯光细分与材质细分的调整

1）灯光细分　Vray面光源的采样细分一般在20左右，太高会直接影响渲染时间。半球光和球光的细分一般在30以上。

2）材质细分　一般来说场景前中景区域的主要材质，如地板、乳胶漆以及离摄像机比较近的材质细分会加高到20，如果计算机配置允许可以调到30。

（2）光子贴图与灯光缓存面板的调整　一般来说最大比率与最小比率分别为3和1就行，半球细分与插值采样为50左右。灯光缓存的细分在1000~1500之间，当然值越大效果越好，勾选"预过滤"，设置为"20"。

（3）图形采样器和颜色贴图的调整　自适应细分最小比率为-1，最大比率为2，颜色贴图选择指数曝光。或者调整自适应DMC图像采样器，最大细分调整为24。

一般来说完成这些设置后，图是不会有噪点存在的，但有时这样做后仍然会有噪点出现，这时还需要勾选指数右边的第一和第二个选项才可以有效避免。出现这种情况的原因是场景中白色物体如乳胶漆的颜色值给到了255（白色值达到255 3ds Max渲染时可能会产生计算错误），一般250左右就可以，这样就能够有效地避免噪点产生了。

（4）降噪器的使用（Vray4.0版本以上）　降噪器的使用，大大降低了场景出现噪点的概率，要做到完全没有噪点，还需要控制好灯光和材质细分。

5.问题五：保存图片后发现比渲染图暗

这是由于系统伽马值不一致导致，在保存图像时左下角单击"覆盖"按钮，如果图片发暗，伽马值调为2.2。如果图片发亮，伽马值调为1.0，以.jpg格式进行保存。也可以在首选项设置里，勾选"启用Gamma/LUT校正"，并保持伽马值为2.2。

5.4　材质通道与Photoshop后期处理

图5-72所示为效果图的前期处理过程和需要的素材，前期处理主要包含三个流程：

1）模型创建：主体场景的创建，材质属性的赋予，灯光层次和摄像机的布置，以及合理的渲染参数设置。

2）环境布置：环境布置包括室内软装搭配如花品、饰品、植物的配置，同时也包括室外的环境背景，如天空、绿地或者是地形的创建。为了更好地表达空间的尺度，环境布置也会包括一些人物素材的应用。环境布置的多少，决定了后期处理中的工作量。如果在环境布置中没有布置以上内容，则需要准备相应的素材，在后期处理时进行添加。

3）出图要求：为了保证后期处理中图片素材的质量，通常会将渲染效果图保存为.tif格式。按〈F10〉键设置合适的输出比例以及输出图片的大小，通常情况下像素在2000以上就能够达到清晰的效果。同时利用插件输出颜色通道图，二者保存格式应相同，否则在后期处理叠加时无法对齐。

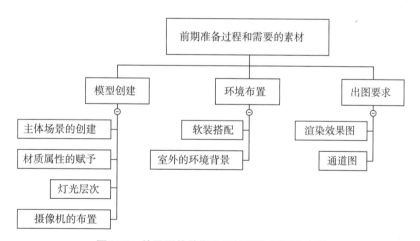

图5-72　效果图的前期处理过程和需要的素材

5.4.1　通道图的调整与输出

通道图的作用：通道图主要方便后期针对环境背景界面、软装单体或某一材质进行单独调整。根据表5-6中的内容，通道处理应充分考虑后期需要处理的界面造型转折或单体，以及需后期更换的天空或外景窗户、特殊物体或造型。

表5-6　通道图处理的元素解析

三大界面		八大元素		灯光	
顶棚	造型、灯光层次	家具、灯饰、布艺、花品、画品、饰品、收藏品、生活用品	受光面与背光面肌理的体现 软装颜色之间的呼应（同类色、邻近色、对比色）	直接照明 [普遍照明（主灯、外景光、补光）]；局部、重点照明（筒灯、射灯、轨道灯）；装饰照明（壁灯、台灯、落地灯）	层次性体现 比例控制 冷暖色过渡
	与墙体交界转折				
墙体	界面的构成感				
	材质肌理				
地面	规格分缝、反射				

通道图渲染的逻辑是一种材质变成一种单色。操作方式是在效果图渲染完成后，将通道图插件"一键通道.ms"拖拽到场景界面上，选择颜色窗口进行输出。或是将渲染设置面板的渲染元素，添加 Vray Render ID 来渲染通道。

直接输出的通道图显然是没有经过后期处理考虑的。好的效果图的标准有很多，其中界面清晰明确，尤其是顶棚与墙体界面的转折关系要明确体现出来。通常情况下，顶棚和墙体会被赋予同样的材质（如白色乳胶漆）。如果在渲染时不进行颜色的划分，后期通道的输出将失去意义。同样墙体界面的分缝面，顶棚造型的层次面以及物体的受光面与背光面，都需要进行颜色区分，以便后期魔棒工具的拾取，调整前后的比较如图5-73所示。

墙体分缝　界面转折　受光面　顶棚层次

材质编辑处理 ➤

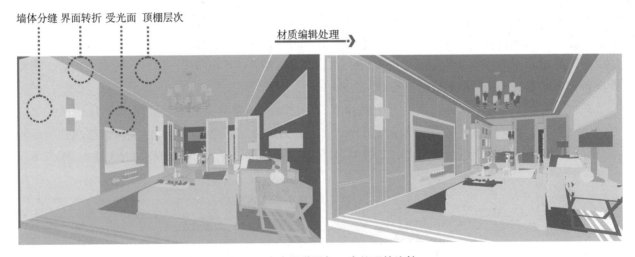

图5-73　一次通道图与二次处理的比较

材质调整和通道输出的方法：将需要区分通道颜色的物体（进入多边形编辑中选择面或分离后）重新赋予不同的材质，再次导入"一键通道渲染.ms"插件，进行通道图的渲染和保存。在操作之前先将原有的场景进行备份，此时，摄像机角度和最终输出格式及尺寸不能再进行修改，需与原效果图保持一致。

本节任务点：

任务点：利用"一键通道渲染.ms"插件和多边形面编辑进行通道的二次处理。

5.4.2　Photoshop后期处理的基本流程

渲染输出的效果图需要后期处理的三个方面：在色相、明暗和饱和度等色调上可能需要进一步调整。其中可能存在的一些常见问题有材质的噪点、贴图颜色不对或比例失调。为了解决这些问题需要进行贴图的替换或环境背景、人物、植物装饰品的添加。这些操作如果是在3ds Max中进行调整，则重新渲染时会很耗费时间，而在Photoshop后期处理中利用材质颜色通道就能够很快进行调整，如图5-74所示。

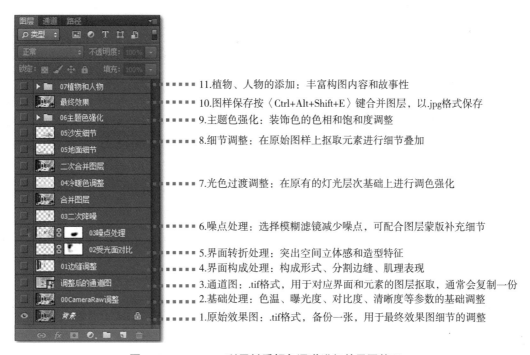

11.植物、人物的添加：丰富构图内容和故事性

10.图样保存按〈Ctrl+Alt+Shift+E〉键合并图层，以.jpg格式保存

9.主题色强化：装饰色的色相和饱和度调整

8.细节调整：在原始图样上抠取元素进行细节叠加

7.光色过渡调整：在原有的灯光层次基础上进行调色强化

6.噪点处理：选择模糊滤镜减少噪点，可配合图层蒙版补充细节

5.界面转折处理：突出空间立体感和造型特征

4.界面构成处理：构成形式、分割边缝、肌理表现

3.通道图：.tif格式，用于对应界面和元素的图层抠取，通常会复制一份

2.基础处理：色温、曝光度、对比度、清晰度等参数的基础调整

1.原始效果图：.tif格式，备份一张，用于最终效果图细节的调整

图5-74　Photoshop利用材质颜色通道进行效果图整理

1. 效果图处理的基本流程

如图5-74所示，按照自下而上的顺序依次打开图层，使各图层逐层显示，以观察效果图前后变化，了解不同阶段处理的重点和命令产生的效果。

（1）Camera Raw基础色调调整　色温、曝光度、对比度、清晰度等参数的基础调整。相当于Photoshop内置的基本调整功能：对比曲线、色阶、饱和度、色调等。效果图经过Camera Raw调整后基本就能满足使用需求。

效果图处理时应强化设计主题，首先要将空间界面的转折关系、受光与背光面的转折关系呈现出来，另外对于界面的分缝细节会影响到视觉上构成形式的美观感受的情况，同样可以通过材质颜色通道将对应图层复制后单独进行亮度、对比度的调整来解决。

（2）界面构成处理　构成形式、分割边缝、肌理表现。

（3）界面转折处理　突出空间立体感和造型特征。

效果图渲染过程中很容易出现噪点，可以在3ds Max中通过调整材质灯光细分，渲染设置中的采样细分，或者在渲染元素中添加降噪器以减少噪点的产生，同样细分添加后效果图渲染的时间也会加长。可以通过Photoshop滤镜中表面模糊或直接进行颜色填充的方式对噪点进行处理。

（4）噪点处理　通道选取噪点材质后单独复制，选择模糊滤镜以减少噪点，可配合图层蒙版还原因过度模糊而失去的材质细节。

（5）光色过渡调整　3ds Max场景灯光布置时容易忽视整个空间冷暖光线过渡的问题，需要在原有的灯光层次基础上进行色调强化，通常会将冷暖色渐变图层进行颜色叠加，也可以用光域网笔刷工具增加光线。

经过上述的模糊或柔化处理后，可能会将原有的材质肌理弱化，使效果图缺少质感和细节表现。针对这种情况，可以从原始图层将需要修改的木材、布料等肌理感强的图层复制后，通过透明度或图层蒙版进行叠加。

（6）细节调整　在原始图样上抠取元素进行细节叠加。

主题色的颜色呼应关系是软装设计要解决的部分，这不仅体现在家具造型或组合方式上的统一，还体现在软装图案元素之间的统一，还包括颜色上的相互对应，可以是一种颜色，也可以是同类色的组合，目的是实现多样统一的整体视觉感受。需要在后期中强化这些关系，以增强空间的层次感和整体性。

（7）主题色加强　重点是对体现主题色的装饰品的色相和饱和度进行调整。

植物在3ds Max中通常因为面数过多而被忽略掉，或者以网格代理的形式存在。后期可以通过图片素材添加到场景中，相对来说处理起来比较灵活。人物的添加主要是为了建立起空间的尺度感知，体现空间的使用功能以及人物之间因透视产生的空间延伸感。需要注意植物或人物的色调与整体软装颜色之间的协调性。

（8）植物、人物的添加　丰富构图内容和故事性。

2. 利用 LUT 调色插件预设进行效果图整体调色

在效果图渲染帧窗口就直接通过LUT颜色预设插件进行调色，其能够生成十几种电影滤镜色调，方便后期在颜色上的调整。

本节任务点：

任务点：参照图5-74所示的流程尝试利用通道图对效果图进行后期处理。

5.4.3　效果图后期处理的重点

效果图后期处理的重点分别为构图视角、采光层次、光线冷暖关系和人物、植物素材的补充四项内容。

1. 构图视角

构图视角决定了引导第一视觉认知的落脚点：首先从视点高度上，构图的视点应尽量放低。这一方面可避免因过度俯视而导致平面面积过大而使人缺失了对整个空间的感知；另一方面，视点的降低能够从视觉上提升空间的高度。有时为了强化空间的视觉高度，在3ds Max的虚拟场景中，会将目标点高于摄像机位置，为了避免摄像机内场景的变形，要运用摄像机镜头矫正将摄像机的高度与目标点的高度调整一致。

效果图应完整体现出空间界面与家具组团的位置关系。图5-75所示是一个典型的反面案例，在其中，出现了墙线倾斜、界面不完整、家具不完整三个问题。一般来说，效果图中至少应显示出空间中的三个界面，这样才会使观察者建立空间的概念。具体来说，就是要保持与家具适当的距离，尽量不要产生画面剪切家具的效果，通过元素的完整性保证家具组团的完整性，以体现出空间的整体感。恰当的摄像机高度，以及与家具保持合适的距离，还有场景自身空间界面关系的明确，配合家具的组团布置，有利于场景主题的表达。

在一个空间场景中可能会出现几个视觉落脚点，所以在构图过程中应有意识地安排前景、中景和背景家具组团的关系。如图5-76所示的客厅效果图中依靠家具组团在颜色、造型上的呼应，结合在平面围合形成的张力，营造出画面的层次感和空间感。

2. 采光层次

不同时间段和特殊天气对室内设计的主题表达具有辅助作用。光线带动了室内空间的流动性，通过光线，不仅能够表达出材质固有色、反射、折射、凹凸等物理属性，还能够体现空间的构成关系，产生层次丰富的室内环境。在室内设计中，想要实现光的设计与室内的功能特征相匹配，首先要进行光场设计，以确定适合场景主题表达的光源环境。

时间点和天气是通过以下元素确定的：室外光与室内光所占比例、室外光线照射室内的角度和距离、室内光源的类型以及层次（普遍照明、局部照明、重点照明、装饰照明）、光源是否参与形态构成（直接照明、间接照明）、光源是否参与空间引导、光源是否参与空间分割（图5-77）。

2.界面不完整

1.墙线倾斜

3.家具不完整

图5-75　摄像机距离角度和镜头矫正调整

图5-76　家具组团关系的视角强调

图5-77　光源参与形态构成

3. 光线冷暖关系

构图时注意寻找那些能够反映主题色调的细节，如光线和色彩共同营造的冷暖颜色呼应关系，往往就是室内空间主题的表达，同时也是拉伸空间感的重要方式。如图5-78所示冷暖关系的设计不仅与光源的冷暖有关，还与室内界面和软装元素的冷暖风格相关，需要协调两者在空间中的关系，营造冷暖自然过渡的室内空间环境。

图5-78　光与材质对场景冷暖氛围的营造

4. 人物、植物素材的补充

　　室内场景的效果图制作的目的，主要是为了真实生动地预见空间装饰的最终效果。其中"真实"的体现就在于软件操作中物体材质与虚拟灯光和摄像机的配合使用，而"生动"则可以通过故事性的补充来表达。

　　具体来说，故事性的补充主要是为了以下两个目的：

　　一是为了能主动表达设计意图，让图自己"说话"。在空间的视角视域范围，通过加入正在发生行为动作的人物，使原本单调的效果图由于人的参与而产生情感共鸣。

　　二是人的行为展示能够辅助人们对场地功能的解读，体现空间的使用价值。在效果图制作后期，有必要将空间的功能与人物素材结合在一起。如图5-79所示，此时添加的人物可以是真实场景中的人，也可以是人的剪影。

图5-79　效果图中人物的添加比较

　　人物、植物素材在效果图中的应用，主要起到表达空间尺度，表现空间使用功能以及辅助延伸空间的作用。除此之外，植物还能够丰富空间色调，营造主题风格。图5-80所示为人物素材常见的三种格式：.jpg格式、.png格式、.psd格式或.tif格式。.png格式的素材是透明图层，可直接用于后期制作中；.jpg格式的素材需要将人物的背景去掉，抠图技巧需要利用钢笔工具或套索工具，模糊不清的边缘可通过通道进行抠取；.tif格式和.psd格式是可以包含图层信息的格式。

图5-80　人物素材常见的三种格式

另外，在添加人物或植物素材时，还应注意：

（1）人物

1）人物的颜色要与主场景色调一致，各人物服装所体现的季节要一致。

2）室内视高应保证透视与身高比例的准确性。

3）人物的行为要与场地环境契合，能够辅助空间功能的表达。

4）人物的视线关系要与场景元素发生联系。

5）人物之间错落分布的透视关系应有助于空间的视觉延伸。

（2）植物

1）植物的风格和花盆形式的选择，要与场景风格格调保持一致。如地中海风格的空间适用的植物类型通常为亚热带常绿硬叶林。此类植物的特点为叶片一般较厚，叶表面有蜡质，具体包括葡萄、橄榄、柑橘等。在室内环境中，餐桌上可放置雏菊类植物，阳台上可放置绿萝、吊兰或爬藤类植物。

2）植物的具体作用：体现室内风格特征，作为主题色调的补充；打破大面积块面；对阴阳角进行遮挡；丰富构图，作为画面构图的边界。

5.4.4　自然光源室内效果后期处理

如图5-81所示为自然光源室内效果后期处理前后的比较。

1. Photoshop 后期处理

Photoshop后期处理方式包括单层图层操作和整体图片操作。

1）单图层操作是利用通道图，选择不同色块载入选区，将渲染场景图片中对应的选区复制出来进行单独处理。这种方法的优势在于能够将空间界面进行明确处理。针对场景中的单一物体可以进行重点处理，甚至可以替换场景中的材质。同时通过不同物体图层的遮盖关系，可以很轻松地将后期素材如人物和植物素材，添加到场景里。

2）整体图片操作是将图片进行整体色调调整，包括对比度、色相和饱和度等内容。通常对于渲染场景素材完整，灯光层次关系清晰和界面前、中、后关系明确的渲染图片可以选择整体处理的方式。

a）处理前 　　　　　　　　　　　　　　　b）处理后

图5-81　自然光源室内效果后期处理前后的比较

2. 自然光源室内效果后期处理的一般步骤练习

图5-82所示为自然光效果图处理流程，其中，主要的操作步骤有：

（1）Camera Raw调整主体场景　Camera Raw可调整主体场景的明暗、对比度和色调（图5-83），同时主体场景的材质肌理可以利用通道进行增强或替换。其应用命令分别是曲线（快捷键为〈Ctrl+M〉）、色阶（快捷键为〈Ctrl+L〉）、色彩平衡（快捷键为〈Ctrl+B〉）、明度饱和度（快捷键为〈Ctrl+U〉）。选区建立的过程中，除了对通道色块使用魔棒工具外，同时应配合利用套索工具和钢笔工具进行选择。

5.场景合并后用Camera Raw调色

4.场景颜色冷暖过渡

4.软装冷暖色处理协调

3.增加空间地面的反射

2.更换背景环境和材质肌理贴图

材质通道

1.Camera Raw调整主体场景

效果图

图5-82　自然光效果图处理流程

图5-83　Camera Raw 调整主体场景的明暗、对比度和色调

（2）更换背景环境和材质肌理贴图　如图5-84所示，在场景中，如果有天空、水或玻璃的外景元素存在，考虑到其真实性和生动性的表达，一般会选择将其替换成真实照片的素材，此时要处理好透视中水平线的高度和透视角度。同时场景中的界面材质也可以进行替换（图5-85），还应注意图片纹理的位置和大小。

1.选择色彩范围，选取背景图层

3.导入背景，放置到窗户图层上

2.从背景拷贝图层中按〈Ctrl+J〉键进行复制

4.按住〈Alt〉键，在窗户与外景图层中间单击创建剪切蒙版

图5-84　更换天空背景

1.选择色彩范围，选取地板图层

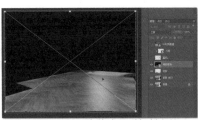
2.导入地板图层，将其放置到复制出的地板上面

3.按住〈Alt〉键，在窗户与外景图层中间单击创建剪切蒙版

图5-85　更换地板贴图

（3）增加空间地面的反射　增加反射的目的是为了让场景材质显得更加通透，增强空间感。但通常在效果图制作过程中，物体材质中反射参数赋予得越高，渲染速度越慢，尤其是对于镜子或者是玻璃等通透性比较强的材质来说。为了节省渲染的时间，可以根据摄像机中物体的远近以及是否为表达的主体，进行材质反射的有效分配。如图5-86所示，增加主体场景中地面的反射，减弱场景中小的或者是远离摄像机的物体反射参数。同时应注意尊重材质本身的反射属性，可以适当进行夸张但不能失真。

1.羽化30像素创建选区，
按住〈Ctrl+J〉键复制图层
2.按住〈Ctrl+T〉调整大小，
右击"垂直翻转"按钮

3.为选区添加动感模糊滤镜，设置90°角度和50模糊像素值

4.为反射图层添加30%的透明度，图层混合模式为柔光，用框选后移动和缩放的方式调整反射阴影的位置，保证物体和阴影的对称关系

图5-86　增加场景的反射

（4）软装冷暖色与场景颜色冷暖过渡。如图5-87所示对抠取出的个体在进行色相、饱和度、曲线对比度、色彩平衡的调整后，通常会进行整体的调整。此时主要考虑光线、色调的统一性，以及前、中、后场景的空间层次。可以适当对前景虚化或模仿摄像机镜头进行遮光暗角处理。室内外冷暖光的过渡，可用渐变色叠加的方式强化这一效果（图5-88）。

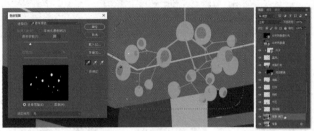

1.框选选区，选择色彩范围，拾取需要调色的材质，从背景图层进行复制

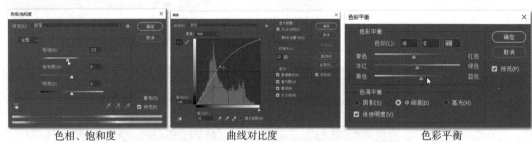

色相、饱和度　　　　　　　　　曲线对比度　　　　　　　　　色彩平衡

2.对复制出来的软装图层进行调色，将其分为两类，黄色软装和蓝灰色软装，对两类图层进行编组管理

图5-87　软装冷暖色协调处理

1.设置前景色为浅蓝色，背景色为淡黄色，打开渐变编辑器，沿窗口光照方向新建一个渐变图层。将其透明度调整为30%，图层模式设置为柔光

2.按〈Ctrl+Alt+Shift+E〉键将可见图层合并后，打开Camera Raw滤镜对其进行最终的色调调整

图5-88　场景颜色冷暖过渡

3. 补充

Photoshop具有三大蒙版，分别为图层蒙版、剪切蒙版和快速蒙版，图层蒙版可用于两个图层之间

的叠加隐藏，剪切蒙版主要是为玻璃添加外景环境贴图，快速蒙版主要是作选区使用。Photoshop的三大蒙版的使用要点如下：

1）图层蒙版的应用口诀是"白加黑减"。图层蒙版中的黑色画笔可以结合透明度对当前图层进行隐藏，以看到下一图层，而白色画笔可以恢复被隐藏对图层。图层蒙版的优势在于在不破坏图层信息的情况下，可以随时对图层进行恢复、禁用或删除。

2）剪切蒙版的应用口诀是"下形上色"。剪切蒙版可以利用下一图层的形状对上一图层进行遮罩，以实现在下一图层的形状中显示上一图层颜色的效果。调整的过程中，可以对上一图层进行多次添加，同时也可以进行大小缩放，颜色对比度饱和度的调整，以及进行图层蒙版处理。

3）快速蒙版和羽化命令非常相似。快速蒙版可以通过带有透明度设置和边缘虚化功能的笔刷进行部分图层的选取，选取之后可以进行色调、明暗、模糊、锐化的处理。

本节任务点：

任务点：进行自然光源室内效果后期处理一般步骤的练习。

5.4.5　夜景光源室内效果后期处理

夜景光源室内效果后期处理主要涉及在3ds Max中场景光源的布置，以及后期在Photoshop室内场景明暗、对比度、色调以及外景的处理。在绘制夜景光源室内效果图时，对于能在3ds Max场景中修改的参数尽可能在渲染测试过程进行修改，出图后要进行类似于图5-89所示的场景灯光层次分析，以便有针对性地进行后期处理。

1.调整主体场景的明暗、对比度和色调　　　2.更换背景及贴图

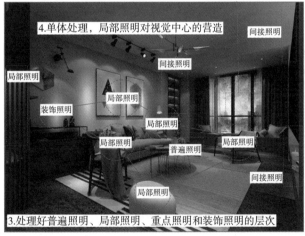

图5-89　夜景光源室内效果后期比较

夜景光源室内效果后期处理是否妥当的最主要的决定因素是效果图是否有感染力，这主要是通过对摄像机取景的方式和构图比例控制，以及对灯光层次的处理来实现。在3ds Max的虚拟场景中，首先应明白真实夜景光源室内空间的光场环境，才能有针对性地对虚拟场景进行摄像机和灯光的调整。如图5-90所示为夜景光源室内效果后期处理流程，其中，主要的操作步骤有：

1）首先，利用Camera Raw 调整主体场景的明暗、对比度和色调（图5-91），再进行外景环境贴图的更换（图5-92），注意，更换的外景环境贴图应与室内颜色相协调。

2）处理好普遍照明、局部照明、重点照明和装饰照明的层次。这主要通过亮度主次关系调整和照

明比例的控制来实现。当整个空间的基础照明（普遍照明）、照亮墙面的效果照明（界面照明）、对于焦点事物的展示照明（重点照明、装饰照明）三者的照度比值达到1：5：10时的照明效果是最佳的。此外，还需注意照明类型与光线的照射方式是否对应，对光线不足的区域要进行灯光的补充。如图5-93所示，叠加图层后利用图层蒙版笔刷处理好普遍照明、局部照明、重点照明和装饰照明的层次。

5.场景合并后利用Camera Raw调色

4.单体处理

3.处理好普遍照明，局部照明，重点照明和装饰照明的层次

2.外景环境贴图的更换

材质通道

1.Camera Raw 调整主体场景的明暗、对比度和色调

效果图

图5-90　夜景光源室内效果后期处理的流程

图5-91　Camera Raw 调整主体场景的明暗、对比度和色调

利用通道分别从背景图层中复制出窗户玻璃和纱帘，导入夜景背景后均放置在复制图层上方，利用剪切蒙版替换背景，将纱帘的透明度调整为35%

图5-92　外景贴图的更换

复制背景拷贝层，为其添加图层蒙版，调整黑笔刷透明度以营造照明层次（椭圆组团和阵列线性）

图5-93　照明层次的营造

3）单体处理。在夜景光源效果图中，为了表现室内灯光层次，场景渲染时会出现整体颜色偏暗和噪点产生的问题。为了避免出现这些问题，在后期处理时需要利用颜色通道把这部分材质复制出来，进行单体的处理（图5-94）。

利用通道复制出墙体和顶棚图层后，进行表面模糊滤镜调整，减少噪点

图5-94　单体处理

4）整体色调处理。如图5-95所示，在进行空间亮度调整之后，再利用Camera Raw 调整整个场景的明暗、对比度和色调。

复制墙体顶棚图层后合并，单击缩略图建立选区后填充白色，设置图层模式为柔光，增加室内亮度。合并整体图层后进行Camera Raw调整

图5-95　空间亮度调整和Camera Raw 调整

本节任务点：

任务点：进行夜景光源室内效果后期处理一般步骤的练习。

本章小结

本章主要学习了自然采光与室内灯光不同类型灯光的场景打法，结合摄像机构图进行效果图的最终渲染和输出。灯光打法的重点在于根据场景需求选择合适的灯光类型，快速实现场景灯光的布置。通过案例分析解读构图形式对方案展示的重要作用。结合日景与夜景案例进行从通道图到后期渲染流程的练习，对后期处理过程中的重点步骤有了基本了解。

第6章　效果图评价标准及案例问题汇总

本章综述：本章提出了室内效果图的两项评价标准，即真实性和设计感，并且从材质贴图、灯光层次以及摄像机构图三个方面阐述达到这两项评价标准的具体操作方法。此外，本章汇总了有关效果图真实性和设计感问题的案例，并提出了相应的解决方案。

6.1　室内效果图评价标准

室内效果图评价标准主要有两项，即真实性和设计感。在室内效果图的绘制中，为了能够达到这两项标准，常常通过对场景中材质贴图的协调性、灯光的层次性以及摄像机构图方式三个方面的操作来实现。

6.1.1　要点一：材质贴图的协调性

1. 色调关系的协调性

对于出现场景材质使用过多（体现在材质面板材质球不够用）的情况，是由于方案设计上缺乏对主色调比例的控制导致的。初学者由于没有深刻的居住空间设计体验，容易控制不好室内色彩的比例，其绘制的效果图会出现"取色过多，花乱、邻近色黏结导致界面关系不清"的情况。

室内色彩分为三个部分：背景色、主体色和强调色，三者间的面积应形成6：3：1的黄金比例关系。其中背景色是指室内大面积的色彩，一般是墙体的颜色。主体色是在背景色的衬托下大件固定家具的色彩，如沙发、窗帘布艺等家具的色彩。强调色虽然面积小但却是室内重点装饰和点缀的色彩，其常为主体色的邻近色或互补色。

（1）空间配色比例　空间配色种类不宜超过三种，其中一种颜色指的是一组同类色。此外，灰色常作为过渡色，白色常作为背景色，黑色的面积通常较小，多以边缝的颜色存在（图6-1）。

（2）界面和组团颜色的搭配　如图6-2所示，对各界面和组团颜色进行合理的搭配，以展现空间的整体性。

图6-1　空间场景材质配色分析

图6-2　界面和组团颜色的搭配

（3）空间色彩属性和风格表达 空间色彩的属性可以展现空间的风格特征（图6-3）。

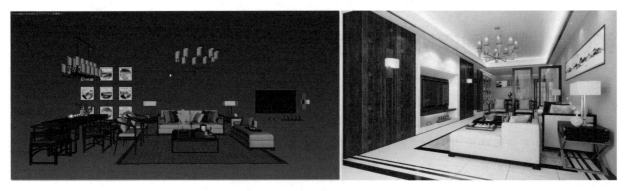

图6-3 空间色彩属性和风格表达

2. 模型贴图的真实性

关于模型贴图的调整方法有：

1）图案类的贴图，一般以二方或四方连续的壁纸或布艺呈现，其图案的大小会影响空间真实比例的表达，此时可以通过修改器中的UVW贴图来调整贴图大小以及位置。

2）边缝类的贴图在视觉上容易形成分割界面的效果，从而影响人对空间尺度的判断。一般情况下，居住空间中地面和墙面通常以相对固定规格尺寸的装饰材料为主，如图6-4所示，客厅地面材料以规格尺寸为600mm×600mm或800mm×800mm的地砖为主，墙面以规格尺寸为600mm×600mm或600mm×1200mm的瓷砖为主。

3）纹理类的贴图，其肌理越具体、粗糙质感越强在视觉上越显得真实。

图6-4 模型贴图尺寸的调整

在刚开始对场景中的物体材质进行处理时容易出现两种极端现象：一种是所有的场景材质只有颜

色或纹理贴图，没有其他的物理属性，这种情况下，效果图的优势是渲染速度快，但最终效果容易失真；另一种是按照很高的材质属性去调整，细分值也很高，这又导致了渲染时间成倍地增加。

为了避免出现这两种情况，建议初学者采用折中的处理手法：场景中各材质的贴图按照中景属性最高，前景次之，背景最小的原则进行设置，以便在渲染时间和效果图质量两者之间取得平衡。

6.1.2 要点二：灯光的层次性

初学者在绘制效果图时，常会出现光源类型和光的形状、颜色及照度（亮度）不对应的问题，这主要是因为初学者对施工图中顶棚灯具的类型及空间位置布置不清楚导致的。所以，在学习空间布光时，需要先了解室内空间中的照明方式，不同照明方式对应的灯具种类，这些灯具在不同空间中的照度、颜色以及位置。

1. 灯光层次性的作用

灯光的层次性主要体现在局部光—重点照明—过渡光—环境补光的层次性，其对空间拓展和突出主题有重要的作用。在场景布光时，注重灯光层次对空间张力的作用，还可以营造出空间秩序感。

2. 灯光层次的调整方法

（1）灯光类型　灯光类型主要分为点光源和片光源。点光源也就是3ds Max灯光类型中的光度学灯光，能够加载不同类型的灯光形状文件（IES光域网）实现多样化的照明效果。同时光度学灯光是室内重点照明、局部照明和装饰照明主要应用的灯光类型。片光源也就是Vray平面光，使用不当会出现光源形状较为单一没有层次，过度靠近墙体以致出现分割阴影的效果，渲染后很容易产生噪点的问题。所以，在进行场景灯光布置时应以点光源为主，减少片光源的使用（图6-5）。

初学满足场景的照亮
布光特点：片光源为主

熟练后开始营造灯光的层次
布光特点：点光源为主

图6-5　片光源向点光源过渡

（2）布光顺序及其空间位置　应先布置局部照明后再布置整体及补光照明，以逐步照亮场景。先利用局部照明使物体产生阴影，以增强空间的立体视觉感受，以及形成视觉落脚点。实际的学习中，在进行虚拟灯光的布置时，初学者通常会像图6-5（左）所示的一样，首先选择片光源进行普遍照明的设置，这样操作的结果是重点照明或局部照明的亮度很高，经渲染后，场景灯光环境很容易曝光。

1）局部照明和重点照明光域网的选择和布置原则：在进行灯光布置时，局部照明应选用小而强的光域网，过渡照明应选用大而弱的光域网；重点照明和局部照明光源的位置，应设置在家具的正上方，常称为"面上亮"。同时要打开阴影，实现灯光对物体的重点照明的效果。如图6-6所示为室内灯光类型与家具的对应关系。

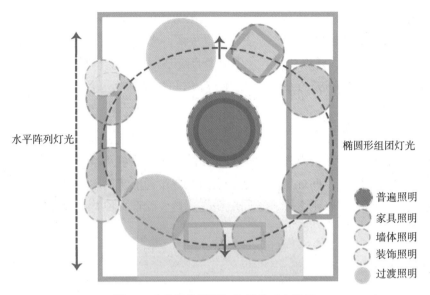

图6-6　室内灯光类型与家具的对应关系

2）大、中、小光域网间的间距：所谓光域网的大小，是指光域网灯头散射范围与聚焦半径的大小，漫反射越小，聚焦能力越强，适合物体的重点照射；漫反射越大，聚焦能力越弱，适合物体之间光的过渡。以客厅空间为例，首先将聚焦能力强的光域网，布置在需要照射的重点物体上，这样就会形成图6-6中显示的灯光网，再通过布置聚焦能力弱的过渡灯光对其进行衔接。这样不仅能减弱灯光之间的阴影，同时也提高了整个光环境亮度，相对直接用片光源更能增强效果图的真实性。

6.1.3　要点三：摄像机构图方式

摄像机构图方式对效果图表达的影响主要体现在以下四个方面：

1）合理的摄像机构图方式，有利于空间内容的完整性表达。取景中可适度将摄像机的视角压低，以此将细节收入到效果图中，让人读图时能够更好地理解整体的设计主题。如图6-7所示，通过对摄像机镜头进行矫正和位置调整，效果图中的界面和家具组团有了较好的呈现效果。

2）摄像机构图中合理的前景、中景、背景的前后关系能够提升效果图的秩序感、节奏感。

3）在摄像机构图中，应对不同界面的繁简程度进行调整，有留白的部分，也有需要重点强调的部分。

4）在摄像机构图中，通过植物、画作、人物的加入，可以提高效果图的真实性。

图6-7　摄像机位的调整前后对比

6.2　案例问题汇总及其解决方案

6.2.1　案例问题一：场景模型管理混乱

案例问题：相同材质的模型处于分离状态；同类构件不成组；单体模型面数过多，没有进行过优化；下载的多余模型没有删除。

解决方案的主要操作：模型的附加、成组；复制中的实例关联；运用图层进行模型的隐藏；对复杂的模型进行减面或网格代理。

如图6-8所示是为解决场景模型管理混乱的问题，而进行的主要操作。

1）将场景中的木纹柜体和墙板以多边形附加或塌陷的方式变成一体，并统一调整其贴图大小。

2）将顶棚筒灯成组，并将顶棚光域网灯带设置成关联关系，对其强度百分比统一进行设置。

3）将客厅模型和餐厅模型分别放置到不同的图层中，利用图层隐藏功能进行场景模型管理。

4）将场景中装饰品的面数优化减少至原来的50%，将沙发、坐墩模型进行网格代理和导入替换。

5）将场景外多余的模型删除。

图6-8　解决场景模型管理混乱问题的主要操作

具体操作步骤：

1）如图6-9所示，将场景中的木纹柜体和墙板以多边形附加或塌陷的方式变成一体，并统一调整其贴图大小。

2）如图6-10所示，将顶棚筒灯成组，并将顶棚光域网灯带设置成关联关系，对其强度百分比统一进行设置。其中筒灯成组后，筒灯下的光域网生成，可借助快速布光插件或一键生成灯光插件生成具有关联性的光度学灯光。

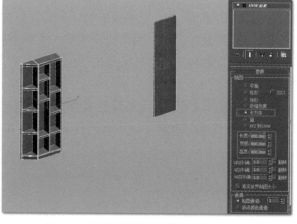

图6-9　同类材质模型的塌陷和UVW调整

筒灯成组

筒灯光域网的关联实例复制

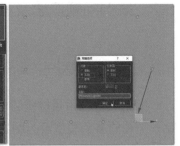

图6-10　筒灯成组及光域网关联

3）如图6-11和图6-12所示，将客厅模型和餐厅模型分别放置到不同的图层中，利用图层隐藏功能进行场景模型管理。利用图层隐藏功能对场景模型进行管理的方式，能够在渲染不同摄像机时隐藏不需要显示的模型，以减少渲染时间。

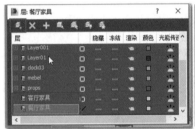
图层创建和命名

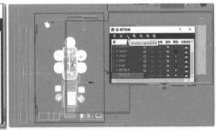
模型拾取和归类

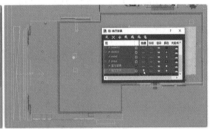
利用图层隐藏模型

图6-11　场景模型的图层归类和隐藏（餐厅）

图层创建和命名

模型拾取和归类

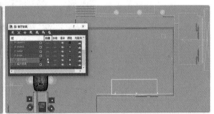
利用图层隐藏模型

图6-12　场景模型的图层归类和隐藏（客厅）

4）如图6-13所示，将场景中装饰品的面数优化减少至原来的50%，将沙发、坐墩模型进行网格代理和导入替换。其中，网格代理能够大大减小场景的总面数（在代理前要确保模型的材质贴图已经调整好），同时导出模型各部分之间的附加关系，及时吸取材质，方便后期将材质重新赋予代理网格模型。

5）如图6-14所示，将场景外多余的模型删除。在场景渲染之前要检查场景外是否有多余的模型存在，并对其进行删除。除了多余模型外，最初导入的CAD图样也可以进行删除，以避免渲染过程中出现报错。

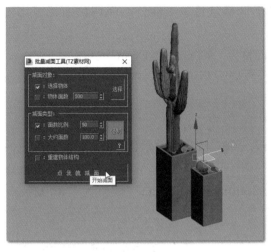
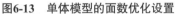

图6-13　单体模型的面数优化设置

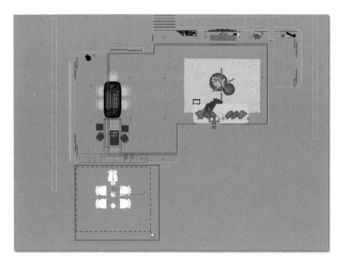

图6-14　删除多余模型

本节任务点：

任务点：参照图6-8所示内容，进行解决场景模型管理混乱问题的主要操作。

6.2.2　案例问题二：场景贴图繁杂混乱

案例问题：场景中颜色种类过多，色调比例失调；部分材质纹理比例错误，部分材质贴图丢失。

解决方案的主要操作：重新调整软装方案；材质贴图的比例调整；材质打包（寻找丢失贴图），个人材质库的整理方案。

如图6-15所示是为解决场景贴图繁杂混乱的问题，而进行的主要操作。

图6-15　解决场景贴图繁杂混乱问题的主要操作

1）重新整理软装材质，控制颜色种类为三种，以确保背景色、主体色、强调色面积占比为6∶3∶1的比例。

2）将地面材质UVW贴图大小从"600mm×600mm"调整为"800mm×800mm"。

3）将场景中丢失的材质利用Relink Bitmaps插件进行找回，并将场景材质进行重新归档和解压（不解压路径）。

具体操作步骤：

1）如图6-16所示，重新整理软装材质，控制颜色种类为三种，以确保背景色、主体色、强调色面积占比为6∶3∶1。

2）如图6-17所示，将地面材质UVW贴图大小从"600mm×600mm"调整为"800mm×800mm"。

图6-16　重新调整软装材质　　　　图6-17　纹理贴图的调整

3）如图6-18和图6-19所示，将场景中丢失的材质利用Relink Bitmaps插件进行找回，并将场景材质进行重新归档和解压（不解压路径）。

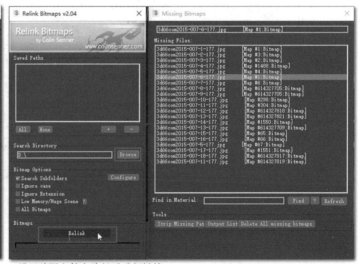

1.加载脚本后设置按钮拉置　　　　　2.设置贴图文件夹路径后重新链接

图6-18　材质找回

图6-19　场景归档和重新解压

本节任务点:

任务点:参照图6-15所示内容,进行解决场景贴图繁杂混乱问题的主要操作。

6.2.3　案例问题三:场景灯光没有层次

案例问题:场景曝光;灯光照度均匀,缺少重点照明;场景时间点表达不明确;顶棚噪点过多。

解决方案的主要操作:灯光组团划分和过渡;场景灯光布置先暗后亮,先局部后整体最后补光处理;渲染调整。

如图6-20所示是为解决场景灯光没有层次的问题,而进行的主要操作。

3.添加渲染元素:Vray灯光混合,Vray降噪器,Vray附加纹理

图6-20　解决场景灯光没有层次问题的主要操作

1)对场景进行重新布光和预渲染。

2)调整灯光细分和材质细分,以及渲染设置细分,将渲染参数保存后进行最终渲染,渲染单边尺

寸最小为1500像素，格式为.jpg。

3）在Vray渲染器中添加渲染元素：Vray灯光混合、Vray降噪器、Vray附加纹理，进行最终效果图的灯光调整和边缘转折的清晰度以及自动降噪调整。在上述步骤完成后，进行最终效果图的渲染输出。

具体操作步骤：

1）如图6-21所示，对场景进行重新布光和预渲染。可以选择直接将灯光素材的3ds Max文件拖拽至主场景以进行合并。也可以单独打开灯光素材文件，根据需要利用复制粘贴插件进行选择性复制。然后根据室内灯光类型与家具的对应关系，在顶视图移动灯光位置。同类型灯光应为实例复制，以便在调整亮度和颜色时可关联修改。

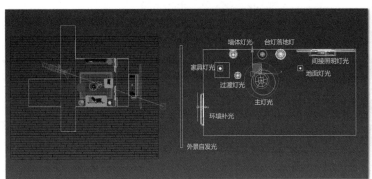 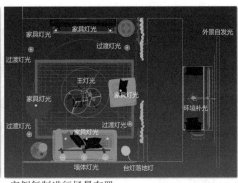

灯光素材文件导入　　　　　　　　　　　　　　　　实例复制进行场景布置

图6-21　灯光类型的实例复制和布置

2）如图6-22所示，调整灯光细分和材质细分，以及渲染设置细分，将渲染参数保存后进行最终渲染，渲染单边尺寸最小为1500像素，格式为.jpg。这一步骤主要是确保在较小的参数下效果图能够顺利渲染输出，如果预渲染发现渲染出错或渲染时间过长，需要对材质、灯光细分以及渲染参数进行调整。

场景预渲染　　　　　　　　　　　灯光边缘柔化　　　灯光强度降低　　　自发光强度降低

图6-22　预渲染和灯光调整

3）如图6-23所示，在Vray渲染器中添加渲染元素：Vray灯光混合、Vray降噪器、Vray附加纹理，进行最终效果图的灯光调整和边缘转折清晰度以及自动降噪调整。在上述步骤完成后，进行最终效果图的渲染输出。

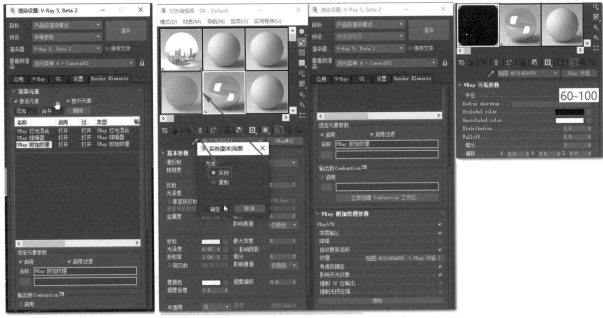

渲染元素添加：Vray灯光混合、Vray降噪器、Vray附加纹理　　　　　为附加纹理添加污垢材质球设置，使场景连线更加清晰

a）

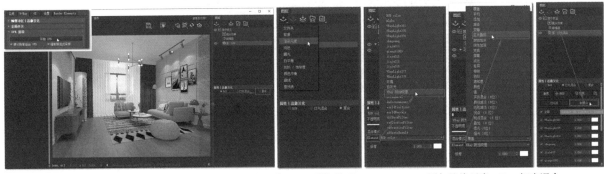

实时渲染面板设置　　　　　　　添加渲染元素：Vray附加纹理　　　　　添加渲染元素：Vray灯光混合

b）

打开灯光混合的图层，调整场景灯光的透明度和强度，进行最终渲染

c）

图6-23　Vray渲染元素设置

3ds Max 与 SketchUp 协同建模和室内效果图表现

本节任务点：

任务点：参照图6-20中所示内容，进行解决场景灯光没有层次问题的主要操作。

6.2.4 案例问题四：场景构图呈现不完整

案例问题：界面显示不完整；家具被剪切；墙体倾斜变形严重。

解决方案的主要操作：镜头矫正；摄像机距离的调整；摄像机角度的调整。

如图6-24所示是为解决场景构图呈现不完整，而进行的主要操作。

1）摄像机镜头矫正。利用摄像机剪切功能重新调整摄像机视图。

2）设置横向广角摄像机角度，进行渲染输出。

图6-24　解决场景构图呈现不完整问题的主要操作

具体操作步骤：

1）如图6-25所示，摄像机镜头矫正。利用摄像机剪切功能重新调整摄像机视图。如果调整过程中为了扩大视野，将摄像机移出墙外，则需要进行摄像机的平面剪切设置，将墙体剪切。

2）如图6-26所示，设置横向广角摄像机角度，进行渲染输出。如果摄像机视角内边缘处有多余家具的局部（或有家具遮挡主体），影响了整体构图，可以将遮挡物进行隐藏，或先将其设置成晶格线框后给予自发光材质，以保证画面视觉中心的完整呈现。

摄像机矫正　　　　　　　　　　　　　　　　　　摄像机1角度渲染输出

图6-25　摄像机矫正和渲染输出

246

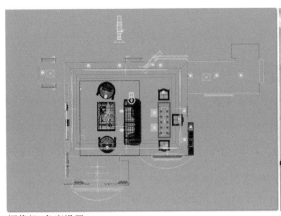

摄像机2角度设置　　　　　　　　　　　　摄像机2渲染输出

图6-26　广角摄像机的设置和渲染输出

本节任务点：

任务点：参照图6-24所示内容，进行解决场景构图呈现不完整问题的主要操作。

本章小结

　　本章主要阐述了室内效果图的两项评价标准，即真实性和设计感，并从材质贴图、灯光层次以及摄像机三个方面来说明，为达到这两项标准需要进行的操作。除此之外，本章还汇总了有关这两项评价标准的四个案例，以此提升初学者在绘图过程中解决问题的能力。

后　记

三维建模软件3ds Max及SketchUp，施工图绘制软件CAD（天正建筑插件）及后期处理软件Photoshop是环境设计和建筑学专业课程学习的必备软件。随着软件版本的更新，以往操作烦琐的命令可以通过插件辅助实现一键化快速操作。虽然建模软件工具的更新速度在不断加快，但建模流程和建模思路永远不会过时。对于建模思路的养成及拓展应用训练，深植于本书常用命令成型原理演示及多命令组合的案例练习中。建议初学者对课程案例反复操作直至熟练，掌握基本建模思路及建模技巧后，形成最适合自己操作习惯的建模方法。同时，笔者建议在软件练习过程中，对空间软装方案设计及施工图绘制进行拓展学习。设计解读分析能力的提升和施工图绘制的规范性，会对效果图表现中的色调呈现、比例控制和细节表达大有裨益。

为了增加可操作性，本书提供了任务点的配套模型，读者也可以根据自身比赛或项目需要创建自己的模型场景。建模过程的命令操作节点学习，采用了命令笔记和建模节点流程图的表达形式，方便复习和指导学习。希望读者不仅能够从中得到建模思路的拓展，也能够从教材的编写思路及教学内容阶段性设计上有所收获。

本书能够顺利出版，是我从教5年来最大的心愿。这首先要感谢我的母校东北大学，从大二到研究生毕业5年的工作室学习，让我有了很大提升，书中的许多建模思路和技巧就是在那时跟随老师和学长学习的积累。感谢我的授业恩师张书鸿教授，张教授对教育事业的热爱，对学生的耐心和待生活的乐观态度，永远是我们青年教师学习的榜样。

感谢大连艺术学院的领导和同事们的支持，使我能够集中精力在软件课程教学上不断试错改进，逐步完善教材内容。感谢家人的支持，成为我专心投入教学和写作的内在动力。同样感谢我的学生们，传统案例教学中一个模型只用一种方法已被淘汰，他们更倾向于大开脑洞想出自己独特的建模方法，这也是本书要进行建模思路拓展训练的主要起因。建模方法掌握得越多，独立解决问题的能力也就越强。软件学习的过程固然困难重重，但课程结束能够渲染出一张完整效果图的成就感，也是不言而喻的，希望本书能够对他们的专业课程学习有所帮助。

欢迎关注本书的微信公众号平台（微信号：xiaoguotubiaoxian21），进行交流和学习。由于教学资源和学情需求不同，书中可能会有疏漏和不足之处，望批评指正。

编　者